国防科技图书出版基金

新型纳米复合含能材料
Novel Nanocomposite Energetic Materials

罗运军　李国平　著

国防工业出版社

·北京·

图书在版编目(CIP)数据

新型纳米复合含能材料/罗运军,李国平著. —北京:国防工业出版社,2023.1
ISBN 978-7-118-12608-2

Ⅰ.①新… Ⅱ.①罗… ②李… Ⅲ.①纳米材料-功能材料-研究 Ⅳ.①TB383

中国版本图书馆 CIP 数据核字(2022)第 205226 号

※

*国防工业出版社*出版发行

(北京市海淀区紫竹院南路23号 邮政编码100048)
三河市腾飞印务有限公司印刷
新华书店经售

*

开本 710×1000 1/16 插页 2 印张 22¼ 字数 387 千字
2023 年 1 月第 1 版第 1 次印刷 印数 1—1500 册 定价 148.00 元

(本书如有印装错误,我社负责调换)

| 国防书店:(010)88540777 | 书店传真:(010)88540776 |
| 发行业务:(010)88540717 | 发行传真:(010)88540762 |

致 读 者

本书由中央军委装备发展部**国防科技图书出版基金**资助出版。

为了促进国防科技和武器装备发展,加强社会主义物质文明和精神文明建设,培养优秀科技人才,确保国防科技优秀图书的出版,原国防科工委于1988年初决定每年拨出专款,设立国防科技图书出版基金,成立评审委员会,扶持、审定出版国防科技优秀图书。这是一项具有深远意义的创举。

国防科技图书出版基金资助的对象是:

1. 在国防科学技术领域中,学术水平高,内容有创见,在学科上居领先地位的基础科学理论图书;在工程技术理论方面有突破的应用科学专著。

2. 学术思想新颖,内容具体、实用,对国防科技和武器装备发展具有较大推动作用的专著;密切结合国防现代化和武器装备现代化需要的高新技术内容的专著。

3. 有重要发展前景和有重大开拓使用价值,密切结合国防现代化和武器装备现代化需要的新工艺、新材料内容的专著。

4. 填补目前我国科技领域空白并具有军事应用前景的薄弱学科和边缘学科的科技图书。

国防科技图书出版基金评审委员会在中央军委装备发展部的领导下开展工作,负责掌握出版基金的使用方向,评审受理的图书选题,决定资助的图书选题和资助金额,以及决定中断或取消资助等。经评审给予资助的图书,由国防工业出版社出版发行。

国防科技和武器装备发展已经取得了举世瞩目的成就,国防科技图书承担着记载和弘扬这些成就,积累和传播科技知识的使命。开展好评审工作,使有限的基金发挥出巨大的效能,需要不断摸索、认真总结和及时改进,更需要国防科技和武器装备建设战线广大科技工作者、专家、教授,以及社会各界朋友的热情支持。

让我们携起手来,为祖国昌盛、科技腾飞、出版繁荣而共同奋斗!

国防科技图书出版基金
评审委员会

国防科技图书出版基金
2019 年度评审委员会组成人员

主 任 委 员　吴有生
副主任委员　郝　刚
秘 书 长　郝　刚
副 秘 书 长　刘　华　袁荣亮
委　　　员（按姓氏笔画排序）

于登云　王清贤　王群书　甘晓华　邢海鹰
刘　宏　孙秀冬　芮筱亭　杨　伟　杨德森
肖志力　何　友　初军田　张良培　陆　军
陈小前　房建成　赵万生　赵凤起　郭志强
唐志共　梅文华　康　锐　韩祖南　魏炳波

序

纳米复合含能材料一般由金属、金属氧化物和(或)有机、无机含能材料组分的纳米颗粒及基体组成。其氧化剂一般包括金属氧化物、硝酸盐、高氯酸盐、高含氟有机物、二氟氨基有机物以及正氧平衡炸药等;燃料一般为金属、金属合金、金属氢化物、金属硼氢化物、石墨或某些烃类化合物以及负氧平衡炸药等。纳米复合含能材料中的氧化剂和燃料等组分具有纳米级分散,并可通过调节这种分散水平的尺度来调控其性能。故与单质含能材料相比,它不受化学稳定性和合成方法的限制,理论上可通过合理组成设计达到与常规复合含能材料一样高的理论能量密度;与传统火炸药相比,其材料微观结构更均匀,主要组分的分散均匀性显著提升,做功时传质过程对其性质影响更小,能量释放更加接近理想状态,可以达到更高的能量输出。纳米复合含能材料不仅在理论上结合了两类传统含能材料的性能优点,而且可通过在纳米级尺度内改变氧化剂与燃料之间的分散-结合状态来实现其能量释放过程和相应性能的有效调控。纳米复合含能材料的能量释放效率、能量释放速率等较微米级复合材料提高至少20%,可以显著提高推进剂、点火药以及炸药等的能量、爆速和燃速,因此纳米复合含能材料成为目前备受关注的新型含能材料之一。

本书从纳米复合含能材料的定义和性能入手,主要阐述了5类性能优良的纳米复合含能材料的设计、制备、结构与性能关系。这5类纳米复合含能材料是作者及其研究小组近20年的研究成果。全书分为6章:第1章主要介绍纳米复合含能材料的定义与分类、结构和性能特点、点火和反应机理,制备方法等,并且对其应用前景进行概述;第2章主要介绍以石墨烯为骨架的纳米复合含能材料,首先介绍石墨烯凝胶作为纳米复合含能材料凝胶骨架的意义,然后系统介绍氧化石墨烯气凝胶、AP/GA、Fe_2O_3/GA、AP/Fe_2O_3/GA 纳米复合含能材料的制备、结构与性能;第3章从SiO_2凝胶的形成机理、结构和性能特点入手,系统介绍RDX/SiO_2、AP/SiO_2、RDX/AP/SiO_2、CL-20/AP/SiO_2的制备和性能,同时简单概述国内外文献中报道的其他以SiO_2为骨架的纳米复合含能材料;第4章首先介绍酚醛树脂(RF)凝胶的形成及其结构特点,然后以 AP/RF 纳米复合含能材料为例,系统阐述以 RF 凝胶为骨架纳米复合含能材料的制备方法以及复合含能材料的结构和性能的影响因素;第 5 章主要介绍硝化纤维素(NC)气凝胶的制备、形成机理以及其性能特点,并依次介绍以 NC 凝胶为骨架的二组元、三组元和四组元纳米复合含能材料的制备、构效关系,对其综合性能进行了比较分析;第 6 章主要介绍聚叠氮缩水甘油醚(GAP)凝胶的制备、形成机理和影响结构的主要因素,同时系统阐述以所制备的 GAP 凝胶模板的纳米复合含能材料的制备方法、性能和反应特性以及相关影响其结构和性能的因素。

  本书的第 1、2、3、5 章由罗运军撰写,第 4、6 章由李国平撰写。在本书的撰写过程中得到陈人杰、兰元飞、林治峰、晋苗苗、王学宝、李念珂、李胜楠、焦钰珂、朱国翠等人的帮助。在出版过程中得到了国防工业出版社的极大关心,并提出了许多宝贵意见,在此一并表示衷心的感谢!

  本书得到了国防科技图书出版基金项目资助,感谢各位评审专家提出的宝贵建议!

  本书可供从事含能材料,尤其从事纳米复合含能材料的科研、生产、管理等工作的人员参考,也可作为高等院校从事相关研究工作的教师和研究生的教材和参考书。

  由于作者水平有限,书中错误在所难免,敬请读者批评指正。

作者
2022 年 10 月

目录

第1章 绪论 ··· 1
 1.1 概述 ··· 1
 1.2 纳米复合含能材料的定义和分类 ·· 3
  1.2.1 纳米复合含能材料的定义 ··· 3
  1.2.2 纳米复合含能材料的分类 ··· 3
 1.3 纳米复合含能材料的制备方法 ··· 3
  1.3.1 超声物理混合法 ··· 4
  1.3.2 机械球磨法 ·· 4
  1.3.3 溶胶-凝胶法 ··· 5
  1.3.4 气相沉积法 ·· 7
  1.3.5 电泳沉积法 ·· 7
  1.3.6 纳米粒子的超分子自组装 ··· 8
  1.3.7 纳米复合含能材料制备方法的比较 ································· 14
 1.4 纳米复合含能材料的点火和反应机理 ······································ 15
  1.4.1 扩散反应机理 ·· 15
  1.4.2 熔融-扩散机理 ··· 16
  1.4.3 凝聚相界面反应和纳米结构损失 ··································· 17
  1.4.4 纳米铝粉的反应活性增加 ·· 19
 1.5 纳米复合含能材料的应用 ··· 22
  1.5.1 在推进剂中的应用 ·· 22
  1.5.2 在炸药中的应用 ··· 22
 1.6 纳米复合含能材料的发展趋势 ·· 23
 参考文献 ··· 25

第2章 石墨烯基纳米复合含能材料 27

2.1 概述 27
2.2 AP/GA 纳米复合含能材料 27
2.2.1 AP/GA 纳米复合含能材料的制备 28
2.2.2 AP/GA 纳米复合含能材料的结构 29
2.2.3 AP/GA 纳米复合含能材料的热分解性能 33
2.2.4 AP/GA 纳米复合含能材料的其他性能 40
2.3 Fe_2O_3/GA 纳米复合含能材料 41
2.3.1 Fe_2O_3/GA 纳米复合含能材料的制备 41
2.3.2 Fe_2O_3/GA 纳米复合含能材料的结构 43
2.3.3 Fe_2O_3/GA 纳米复合含能材料对 AP 热分解性能的影响 52
2.4 AP/Fe_2O_3/GA 纳米复合含能材料 58
2.4.1 AP/Fe_2O_3/GA 纳米复合含能材料的制备 58
2.4.2 AP/Fe_2O_3/GA 纳米复合含能材料的结构表征 59
2.4.3 AP/Fe_2O_3/GA 纳米复合含能材料的热性能 64

参考文献 71

第3章 二氧化硅基纳米复合含能材料 74

3.1 概述 74
3.2 RDX/SiO_2 纳米复合含能材料 74
3.2.1 RDX/SiO_2 纳米复合含能材料的制备 75
3.2.2 RDX/SiO_2 纳米复合含能材料的结构 76
3.2.3 RDX/SiO_2 纳米复合含能材料的形成机理 83
3.2.4 RDX/SiO_2 纳米复合含能材料热性能 85
3.2.5 RDX/SiO_2 纳米复合含能材料其他性能 90
3.3 AP/SiO_2 纳米复合含能材料 91
3.3.1 AP/SiO_2 纳米复合含能材料的制备 91
3.3.2 AP/SiO_2 纳米复合含能材料的结构 92
3.3.3 AP/SiO_2 纳米复合含能材料的性能 96
3.4 RDX/AP/SiO_2 纳米复合含能材料 101
3.4.1 RDX/AP/SiO_2 纳米复合含能材料的制备 101

   　3.4.2　RDX/AP/SiO$_2$ 纳米复合含能材料结构 ……………………… 103
   　3.4.3　RDX/AP/SiO$_2$ 纳米复合含能材料热性能 ……………………… 108
   　3.4.4　RDX/AP/SiO$_2$ 纳米复合含能材料其他性能 ………………… 117
  3.5　CL-20/AP/SiO$_2$ 纳米复合含能材料 ……………………………………… 119
   　3.5.1　CL-20/AP/SiO$_2$ 纳米复合含能材料的制备 …………………… 119
   　3.5.2　CL-20/AP/SiO$_2$ 纳米复合含能材料结构 ……………………… 120
   　3.5.3　CL-20/AP/SiO$_2$ 纳米复合含能材料的热性能 ………………… 122
  3.6　其他 SiO$_2$ 基纳米复合含能材料 ……………………………………… 125
   　3.6.1　SiO$_2$/RDX/AP/Al 纳米复合含能材料 ………………………… 125
   　3.6.2　金属氧化物/二氧化硅(SiO$_2$)纳米复合含能材料 …………… 125
  参考文献 …………………………………………………………………………… 125

第4章　酚醛树脂基纳米复合含能材料 ……………………………………… 127
  4.1　概述 ……………………………………………………………………… 127
  4.2　酚醛气凝胶的制备与结构表征 ………………………………………… 128
   　4.2.1　酚醛凝胶的制备 ………………………………………………… 128
   　4.2.2　酚醛气凝胶的制备 ……………………………………………… 129
   　4.2.3　酚醛反应原理 …………………………………………………… 131
   　4.2.4　酚醛气凝胶的结构 ……………………………………………… 133
  4.3　AP/酚醛气凝胶纳米复合含能材料 …………………………………… 144
   　4.3.1　AP/RF 气凝胶纳米复合含能材料的制备 ……………………… 144
   　4.3.2　AP/RF 气凝胶纳米复合含能材料的制备及表征 ……………… 144
   　4.3.3　RF 气凝胶基体的孔结构对 AP 晶粒大小的影响 ……………… 151
   　4.3.4　AP/RF 质量比(w(AP)/w(RF))对复合含能材料结构及
   　　　　 热分解性能的影响 ……………………………………………… 153
   　4.3.5　RF 反应物浓度对复合含能材料的结构及热分解性能的
   　　　　 影响 ……………………………………………………………… 156
   　4.3.6　常压干燥所得 AP/热固性酚醛树脂气凝胶纳米复合含能
   　　　　 材料的结构及性能 ……………………………………………… 158
   　4.3.7　国内外有关 RF/AP 纳米复合含能材料的研究报道 ………… 162

- **4.4 其他酚醛(RF)基纳米复合含能材料** ... 163
  - 4.4.1 HP$_2$/RF 纳米复合含能材料 ... 163
  - 4.4.2 CuO/RF 纳米复合含能材料 ... 166
  - 4.4.3 RDX/RF 纳米复合含能材料 ... 168
  - 4.4.4 HMX/AP/RF 纳米复合含能材料 ... 170
- 参考文献 ... 171

第5章 硝化棉基纳米复合含能材料 ... 175
- **5.1 概述** ... 175
- **5.2 硝化棉气凝胶** ... 175
  - 5.2.1 NC 气凝胶的制备 ... 176
  - 5.2.2 NC 气凝胶的结构 ... 176
  - 5.2.3 NC 气凝胶的形成机理 ... 178
  - 5.2.4 NC 气凝胶的性能 ... 180
- **5.3 NC 基二组元纳米复合含能材料** ... 190
  - 5.3.1 Al/NC 纳米复合含能材料 ... 190
  - 5.3.2 RDX/NC 纳米复合含能材料 ... 203
  - 5.3.3 AP/NC 纳米复合含能材料 ... 216
  - 5.3.4 三种二组元纳米复合含能材料的结构及性能对比 ... 235
- **5.4 NC 基三组元纳米复合含能材料** ... 235
  - 5.4.1 RDX/Al/NC 纳米复合含能材料 ... 236
  - 5.4.2 RDX/AP/NC 纳米复合含能材料 ... 247
  - 5.4.3 AP/Al/NC 纳米复合含能材料 ... 264
  - 5.4.4 三组元纳米复合含能材料与二组元纳米复合含能材料结构及性能对比 ... 277
- **5.5 NC 基四组元纳米复合含能材料** ... 279
  - 5.5.1 RDX/AP/Al/NC 纳米复合含能材料的制备 ... 279
  - 5.5.2 RDX/AP/Al/NC 纳米复合含能材料的结构 ... 282
  - 5.5.3 RDX/AP/Al/NC 纳米复合含能材料的点火温度及燃速 ... 287
  - 5.5.4 RDX/AP/Al/NC 纳米复合含能材料的其他性能 ... 289
  - 5.5.5 四组元纳米复合含能材料与三组元纳米复合含能材料的对比 ... 291

5.6 其他硝化棉(NC)基纳米复合含能材料 ……………………………… 292

参考文献 …………………………………………………………………… 295

第6章 GAP基纳米复合含能材料 ……………………………………… 297

6.1 概述 ……………………………………………………………………… 297

6.2 GAP凝胶的合成原理 …………………………………………………… 298

6.3 RDX/GAP纳米复合含能材料 ………………………………………… 299

 6.3.1 RDX/GAP纳米复合含能材料的结构 ………………………… 300

 6.3.2 RDX/GAP纳米复合含能材料的热性能 ……………………… 303

 6.3.3 RDX/GAP纳米复合含能材料的落锤感度 …………………… 305

 6.3.4 RDX/GAP纳米复合含能材料的爆热 ………………………… 305

6.4 CL-20/GAP纳米复合含能材料 ……………………………………… 306

 6.4.1 CL-20/GAP纳米复合含能材料的结构 ……………………… 306

 6.4.2 CL-20/GAP纳米复合含能材料的热性能 …………………… 308

 6.4.3 CL-20/GAP纳米复合含能材料的落锤感度 ………………… 311

 6.4.4 CL-20/GAP纳米复合含能材料的爆热 ……………………… 312

6.5 RDX/AP/GAP纳米复合含能材料 …………………………………… 312

 6.5.1 RDX/AP/GAP纳米复合含能材料的结构 …………………… 313

 6.5.2 RDX/AP/GAP纳米复合含能材料的热性能 ………………… 315

6.6 PETN/NC/GAP纳米复合含能材料 ………………………………… 316

 6.6.1 PETN/NC/GAP纳米复合含能材料的结构 ………………… 317

 6.6.2 NC/GAP/PETN纳米复合含能材料的热性能 ……………… 320

 6.6.3 NC/GAP/PETN纳米复合含能材料的机械感度 …………… 322

6.7 NC/GAP/CL-20纳米复合含能材料 ………………………………… 324

 6.7.1 NC/GAP/CL-20纳米复合含能材料的结构 ………………… 324

 6.7.2 NC/GAP/CL-20纳米复合含能材料的热性能 ……………… 327

 6.7.3 NC/GAP/CL-20纳米复合含能材料的能量性能 …………… 329

 6.7.4 NC/GAP/CL-20纳米复合含能材料的机械感度 …………… 330

6.8 HMX/GAP纳米复合含能材料 ………………………………………… 330

 6.8.1 HMX/GAP纳米复合含能材料的结构 ………………………… 331

 6.8.2 HMX/GAP纳米复合含能材料的热性能 ……………………… 332

参考文献 …………………………………………………………………… 333

Contents

Chapter 1 Generalities ········· 1
1.1 Introduction ········· 1
1.2 Definition and classification of nanocomposite energetic materials ········· 3
    1.2.1 Definition of nanocomposite energetic materials ········· 3
    1.2.2 Classification of nanocomposite energetic materials ········· 3
1.3 Preparation method of nanocomposite energetic materials ········· 3
    1.3.1 Ultrasonic physical mixing method ········· 4
    1.3.2 Mechanical milling ········· 4
    1.3.3 Sol – gel method ········· 5
    1.3.4 Vapor deposition method ········· 7
    1.3.5 Electrophoretic deposition ········· 7
    1.3.6 Supramolecular self assembly of nanoparticles ········· 8
    1.3.7 Comparison of preparation methods of nanocomposite energetic materials ········· 14
1.4 Ignition and reaction mechanism of nanocomposite energetic materials ········· 15
    1.4.1 Diffusion reaction mechanism ········· 15
    1.4.2 Melting diffusion mechanism ········· 16
    1.4.3 Interfacial reaction and nanostructure loss in condensed phase ········· 17
    1.4.4 The increase in reaction activity of Nano Al ········· 19

1.5 Applications of nanocomposite energetic materials ········ 22
    1.5.1 Applications in propellant ········ 22
    1.5.2 Applications in explosives ········ 22
1.6 Development trend of nanocomposite energetic materials ······ 23
Reference ········ 25

Chapter2   Graphene based nanocomposite energetic materials ··· 27

2.1 Introduction ········ 27
2.2 AP/GA nanocomposite energetic materials ········ 27
    2.2.1 Preparation of AP/GA nanocomposite energetic materials ······ 28
    2.2.2 Structure of AP/GA nanocomposite energetic materials ········ 29
    2.2.3 Thermal decomposition of AP/GA nanocomposite energetic materials ········ 33
    2.2.4 Other properties of AP/GA nanocomposite energetic materials ········ 40
2.3 Fe_2O_3/GA nanocomposite energetic materials ········ 41
    2.3.1 Preparation of Fe_2O_3/GA nanocomposite energetic materials ··· 41
    2.3.2 Structure of Fe_2O_3/GA nanocomposite energetic materials ······ 43
    2.3.3 Thermal decomposition of AP effected by Fe_2O_3/GA nanocomposite energetic materials ········ 52
2.4 AP/Fe_2O_3/GA nanocomposite energetic materials ········ 58
    2.4.1 Preparation of AP/Fe_2O_3/GA nanocomposite energetic materials ········ 58
    2.4.2 Structure of AP/Fe_2O_3/GA nanocomposite energetic materials ········ 59
    2.4.3 Thermal decomposition of AP/Fe_2O_3/GA nanocomposite energetic materials ········ 64
Reference ········ 71

Chapter3   Silica – based nanocomposite energetic materials ······ 74

3.1 Introduction ········ 74

- 3.2 RDX/SiO$_2$ nanocomposite energetic materials ... 74
  - 3.2.1 Preparation of RDX/SiO$_2$ nanocomposite energetic materials ... 75
  - 3.2.2 Structure of RDX/SiO$_2$ nanocomposite energetic materials ... 76
  - 3.2.3 Forming mechanism of RDX/SiO$_2$ nanocomposite energetic materials ... 83
  - 3.2.4 Thermal properties of RDX/SiO$_2$ nanocomposite energetic materials ... 85
  - 3.2.5 Other properties of RDX/SiO$_2$ nanocomposite energetic materials ... 90
- 3.3 AP/SiO$_2$ nanocomposite energetic materials ... 91
  - 3.3.1 Preparation of AP/SiO$_2$ nanocomposite energetic materials ... 91
  - 3.3.2 Structure of AP/SiO$_2$ nanocomposite energetic materials ... 92
  - 3.3.3 Properties of AP/SiO$_2$ nanocomposite energetic materials ... 96
- 3.4 RDX/AP/SiO$_2$ nanocomposite energetic materials ... 101
  - 3.4.1 Preparation of RDX/AP/SiO$_2$ nanocomposite energetic materials ... 101
  - 3.4.2 Structure of RDX/AP/SiO$_2$ nanocomposite energetic materials ... 103
  - 3.4.3 Thermal properties of RDX/AP/SiO$_2$ nanocomposite energetic materials ... 108
  - 3.4.4 Other properties of RDX/AP/SiO$_2$ nanocomposite energetic materials ... 117
- 3.5 CL-20/AP/SiO$_2$ nanocomposite energetic materials ... 119
  - 3.5.1 Preparation of CL-20/AP/SiO$_2$ nanocomposite energetic materials ... 119
  - 3.5.2 Structure of CL-20/AP/SiO$_2$ nanocomposite energetic materials ... 120
  - 3.5.3 Thermal properties of CL-20/AP/SiO$_2$ nanocomposite energetic materials ... 122

3.6 Other SiO_2 – based nanocomposite energetic materials 125
 3.6.1 SiO_2/RDX/AP/Al nanocomposite energetic materials 125
 3.6.2 Metal oxide /SiO_2 nanocomposite energetic materials 125
Reference 125

Chapter4 Phenolic resin – based nanocomposite energetic materials 127

4.1 Introduction 127
4.2 Preparation and structure characterization of phenolic resin gels 128
 4.2.1 Preparation of phenolic resin gels 128
 4.2.2 Preparation of phenolic resin areogels 129
 4.2.3 Forming mechanism of phenolic resin gels 131
 4.2.4 Structure characterization of phenolic resin areogels 133
4.3 AP/ phenolic resin areogels nanocomposite energetic materials 144
 4.3.1 Preparation of AP/RF areogels nanocomposite energetic materials 144
 4.3.2 Characterization of AP/RF areogels nanocomposite energetic materials 144
 4.3.3 Effect of pore structure of RF areogels on the size of AP particles 151
 4.3.4 Effect of AP/RF mass ratios on the structure and thermal properties of nanocomposite energetic materials 153
 4.3.5 Effect of concentration of RF on the structure and thermal properties of nanocomposite energetic materials 156
 4.3.6 Structure and properties of AP/RF nanocomposite energetic materials by ambient pressure drying 158
 4.3.7 AP/RF nanocomposite energetic materials prepared by other workers 162
4.4 Other RF – based nanocomposite energetic materials 163
 4.4.1 HP_2/RF nanocomposite energetic materials 163

  4.4.2 CuO/RF nanocomposite energetic materials ················ 166
  4.4.3 RDX/RF nanocomposite energetic materials ················ 168
  4.4.4 HMX/RF/AP nanocomposite energetic materials ············ 170
 Reference ··· 171

Chapter 5 Nitrocellulose – based nanocomposite energetic materials ·· 175

5.1 Introduction ·· 175
5.2 Nitrocellulose areogels ·· 175
  5.2.1 Preparation of NC areogels ···························· 176
  5.2.2 Structure of NC areogels ······························ 176
  5.2.3 Forming mechanism of NC areogels ····················· 178
  5.2.4 Properties of NC areogels ······························ 180
5.3 NC – based two – component nanocomposite energetic materials ·· 190
  5.3.1 Al/NC nanocomposite energetic materials ··············· 190
  5.3.2 RDX/NC nanocomposite energetic materials ············· 203
  5.3.3 AP/NC nanocomposite energetic materials ··············· 216
  5.3.4 Comparison of structure and properties of NC – based two – component nanocomposite energetic materials ············ 235
5.4 NC – based three – component nanocomposite energetic materials ·· 235
  5.4.1 RDX/Al/NC nanocomposite energetic materials ·········· 236
  5.4.2 RDX/AP/NC nanocomposite energetic materials ········· 247
  5.4.3 AP/Al/NC nanocomposite energetic materials ··········· 264
  5.4.4 Comparison of structure and properties comparison of two – component and three – component nanocomposite energetic materials ··· 277
5.5 NC – based four – component nanocomposite energetic materials ·· 279
  5.5.1 Preparation of RDX/AP/Al/NC nanocomposite energetic materials ··· 279

XVII

    5.5.2 Structure of RDX/AP/Al/NC nanocomposite energetic materials ········ 282

    5.5.3 Ignition temperature and burning rate of RDX/AP/Al/NC nanocomposite energetic materials ········ 287

    5.5.4 Other properties RDX/AP/Al/NC nanocomposite energetic materials ········ 289

    5.5.5 Comparison of structure and properties comparison of four – component and three – component nanocomposite energetic materials ········ 291

  5.6 Other NC – based three – component nanocomposite energetic materials ········ 292

  Reference ········ 295

Chapter 6 GAP – based nanocomposite energetic materials ········ 297

  6.1 Introduction ········ 297

  6.2 Synthesis mechanism of GAP gels ········ 298

  6.3 RDX/GAP nanocomposite energetic materials ········ 299

    6.3.1 Structure of RDX/GAP nanocomposite energetic materials ········ 300

    6.3.2 Thermal properites of RDX/GAP nanocomposite energetic materials ········ 303

    6.3.3 Drop weight sensitivity of RDX/GAP nanocomposite energetic materials ········ 305

    6.3.4 Explosive heat of RDX/GAP nanocomposite energetic materials ········ 305

  6.4 CL – 20/GAP nanocomposite energetic materials ········ 306

    6.4.1 Structure CL – 20/GAP nanocomposite energetic materials ········ 306

    6.4.2 Thermal properties of CL – 20/GAP nanocomposite energetic materials ········ 308

    6.4.3 Drop weight sensitivity of CL – 20/GAP nanocomposite energetic materials ········ 311

    6.4.4 Explosive heat of CL – 20/GAP nanocomposite energetic materials ········ 312

6.5　RDX/AP/GAP nanocomposite energetic materials ············ 312
 6.5.1　Structure of RDX/AP/GAP nanocomposite energetic materials ········· 313
 6.5.2　Thermal properities of RDX/AP/GAP nanocomposite energetic materialss ········· 315
6.6　NC/GAP/PETN nanocomposite energetic materials ············ 316
 6.6.1　Structure of NC/GAP/PETN nanocomposite energetic materials ········· 317
 6.6.2　Thermal properities of NC/GAP/PETN nanocomposite energetic materials ········· 320
 6.6.3　Mechanical sensitivity of NC/GAP/PETN nanocomposite energetic materials ········· 322
6.7　NC/GAP/CL-20 nanocomposite energetic materials ·········· 324
 6.7.1　Structure of NC/GAP/CL-20 nanocomposite energetic materials ········· 324
 6.7.2　Thermal properities of NC/GAP/CL-20 nanocomposite energetic materials ········· 327
 6.7.3　Energy properties of NC/GAP/CL-20 nanocomposite energetic materials ········· 329
 6.7.4　Mechanical sensitivity of NC/GAP/CL-20 nanocomposite energetic materials ········· 330
6.8　HMX/GAP nanocomposite energetic materials ················ 330
 6.8.1　Structure of HMX/GAP nanocomposite energetic materials ··· 331
 6.8.2　Thermal properities of HMX/GAP nanocomposite energetic materials ········· 332
Reference ········· 333

第1章 绪　　论

1.1　概述

纳米材料广义上是指在三维空间中至少有一维处于纳米尺度范围内(1~100nm)的材料。由于纳米材料具有大的比表面积,其表面原子数、表面能和表面张力随粒径的下降急剧增大,进而出现小尺寸效应、表面效应、量子尺寸效应及宏观量子隧道效应等区别于大尺寸块体材料的性质,使纳米材料在热、磁、光、电、敏感特性和表面稳定性等方面表现出不同于常规材料的特性。

含能材料广义上是特指一类含有爆炸性基团或含有氧化剂和可燃物,能独立地进行化学反应并释放出能量的化合物或混合物;狭义上是指火炸药,包括炸药、推进剂、发射药、火工品等。相对于一般的能量物质而言,含能材料具有一些独特的性质:①由氧化剂和燃料成分(基团)组成;②可以在隔绝大气的条件下进行成气、放热和做功的化学反应,相应的装置或发动机无需供氧系统;③化学反应能在瞬间输出巨大的功率;④能量释放过程都以氧化还原反应为基础;⑤具有敏感性和不安定性。

由于纳米材料的优异性能,自 20 世纪 80 年代以来,含能材料的超细化、纳米化研究成为含能材料研究的热点。纳米含能材料是指粒径 1~100nm 的含能材料,包括高反应活性单质纳米含能材料以及纳米复合含能材料,既可以是单质含能材料纳米晶体,也可以是纳米尺度的含能复合物,一般由金属、金属氧化物和(或)有机、无机含能材料组分的纳米颗粒及基体组成。含能材料纳米化后,既可以具有普通尺寸含能材料的优异性能,又由于材料尺寸的显著减小,可有效增加组分间的接触面,提高总的比表面积、增大表面能,使其充分发挥出其潜在性能的优势。例如,炸药细化以后,其临界直径更小、爆轰波传播更快更稳定,爆轰更接近理想爆轰,同时爆炸时释放能量更完全以及燃烧效率(能量转化率)和能量释放率更高;含能材料在纳米化以后,比表面积增大,受外力作用时作用力沿炸药颗粒表面迅速传递并分散,单位面积受力降低,降低了热点形成,从而使炸药感度降低;纳米金属粉应用于推进剂中,可以提高其燃烧稳定性及燃速,同时可以改善推进剂的点火性能、提高其总能量,纳米金属粉应用于炸药中,可以提高炸药的爆炸威力及爆热,增加其杀伤威力等。此外,含能材料纳米尺度复合以后,其分子间的传质传热距离缩短,能有效提高含能材料的燃烧和爆炸反应效率。因此,国内外陆续展开了对纳米含能材料的研究,并取得了重要进展。

目前,含能材料主要分为单分子含能材料(氧化基团和还原基团分散尺度处于原子、分子水平)和复合含能材料(分散尺度处于宏观物理状态)两大类。由于单分子含能材料的氧化基团和还原基团处于同一分子中,反应发生在分子内部,反应过程主要受化学动力学控制,可表现出极高的能量释放速率。但是,由于单分子含能材料自身晶体密度与分子结构的限制,该类材料体积能量密度相对较低,其能量密度的最高值仅 $12kJ/cm^3$。而复合含能材料主要由单质含能材料、燃料、氧化剂以及其他功能组分混合(组装)而成,通过合理配方可达到理想氧/燃平衡,其密度也可以很接近单质含能材料,最大能量密度较单质含能材料高近1倍(达 $23kJ/cm^3$)。但是,由于复合含能材料中主要组分(氧化剂、燃料)的分散处于微米级,其能量释放过程除了与其配方组成所固有的性质有关外,还受氧化剂/还原剂间的质量传递过程的制约,所以实际做功时,其能量释放速率和效率一般都不能达到单质含能材料的水平,其高能量密度的优点没有充分发挥出来。

如果可以将单质含能材料的高能量释放效率与复合含能材料的高能量密度优势相结合,开发一种新型含能材料,满足航天、兵器等对含能材料的特殊需求,是含能材料研究工作者迫切需要解决的问题。因此,如何提高复合含能材料的能量释放效率成为目前研究的前沿及热点。如果能够将氧化剂和燃料实现分子级的分散,就不再受氧化剂/还原剂间的质量传递过程所制约,反应中获得类似于单分子含能材料的化学动力学,从而实现复合含能材料的能量释放速率和效率的提高,发挥其高能量密度的优点。当纳米复合含能材料各组分间达到纳米尺度的均匀复合后,其比表面积增大、扩散距离缩短,在反应时能量释放速率可由组分间的扩散速率控制转化为化学反应速率控制,能解决一般复合材料由扩散速率问题导致的能量释放瓶颈。

此外,由于单一的纳米粉体很难均匀分散,无法发挥其比表面积大、表面能和比表面活性高的优点,而纳米复合含能材料可改善纳米粒子的分散性,从而提高其实际应用效果,同时,纳米复合含能材料的性能还可协同综合各组分的性能优点。因此,兼具纳米材料与复合材料优点的纳米复合含能材料在含能材料领域受到了高度重视,国内外对此开展了大量研究工作。

1.2 纳米复合含能材料的定义和分类

1.2.1 纳米复合含能材料的定义

纳米复合含能材料一般由金属、金属氧化物和(或)有机、无机含能组分的纳米颗粒及基体组成。其氧化剂一般包括金属氧化物、硝酸盐、高氯酸盐、高含氟有机物、二氟氨基有机物以及正氧平衡炸药等;燃料一般为金属、金属合金、金属氢化物、金属硼氢化物、碳材料(石墨、石墨烯、碳纳米管等)或某些烃类化合物以及负氧平衡炸药等。

1.2.2 纳米复合含能材料的分类

按照连续相材料的种类,可分为有机连续相类和无机连续相类。其中,有机连续相纳米复合含能材料中,有机连续相不但对含能纳米晶体/纳米金属颗粒起到良好的分散作用,而且在反应中可作为燃料参与反应,使体系的能量得到提高。

按照纳米复合含能材料连续相和分散相的组成,可分为有机连续相 – 有机分散相复合(如 NC/CL – 20、GAP/CL – 20、RF/RDX、RF/HMX 等)、有机连续相 – 无机分散相复合(如 RF/AP、RF/MgClO$_4$、RF/CuO、PTFE/Al 等)、无机连续相 – 有机分散相复合(如 SiO$_2$/RDX、PETN/SiO$_2$、RDX/AP/Al)、无机连续相 – 无机分散相复合(如超级铝热剂、石墨烯/AP、碳纳米管/AP 等)。

按照组成可将纳米复合材料分为金属氧化物类、金属氧化物盐类和复合金属盐类。

按照连续相是否含能,可分为惰性连续相类和含能连续相类。最早采用的有机连续相为惰性 RF 基材料,但 RF 不含能,且 RF 骨架为多碳结构,不利于体系氧平衡的调节。因此,采用含能材料(如 GAP、PBT、PGN 等)作为有机连续相成为了纳米复合含能材料制备的一个研究热点。

1.3 纳米复合含能材料的制备方法

制备方法很大程度上决定了纳米复合含能材料的性能。到目前为止,文献中报道较多的制备方法有超声物理混合法、机械球磨法、溶胶 – 凝胶法、气相沉积法、电泳沉积法和纳米粒子超分子自组装法。

纳米复合含能材料的制备方法按照原料是否参与化学反应主要分为物理法

和化学法两大类。物理法是将普通粒径的含能材料通过一定手段粉碎得到超微纳米含能材料,包括真空冷凝法、高能机械球磨法、高速气(液)流粉碎法、电火花爆炸法等。化学法是从分子、原子或离子状态凝聚的角度来实现含能材料超细化,包括溶胶－凝胶法、喷雾法、沉淀法、冷冻干燥法、溶剂－非溶剂法、球磨法等。

1.3.1 超声物理混合法

纳米粒子在溶剂(如正己烷、异丙醇)中超声混合,蒸发除去溶剂后得到纳米复合含能材料,是制备纳米含能材料最传统和简单的方法。Glavier 等将纳米铝粉和纳米氧化剂粉体置于正己烷中,超声混合制备了 Al/PTFE、Al/MoO$_3$、Al/Bi$_2$O$_3$ 和 Al/CuO 四种纳米复合含能材料,如图 1.1 所示。

图 1.1 采用超声物理混合法制备的纳米复合含能材料的 SEM 图像

总的来说,采用超声物理混合方法对纳米粉末进行混合,是实验室中最简单和广泛使用的制备方法,但是也存在许多缺点,如反应性能的离散和操作可靠性低等。其原因:①大量生产困难,大批量制备不可避免地会导致混合质量下降;②虽然超声物理混合法会增加粒子混合的紧密性,但是干燥过程中粒子分离所形成的团聚体会造成材料的非均相程度增加。

1.3.2 机械球磨法

Dreizin 等在 2004 年首次提出了反应抑制球磨(ARM)法,ARM 法是在高能球磨法的基础上,利用球磨机的转动或振动使硬球对原料进行强的撞击、研磨和搅拌,把金属或合金粉末粉碎为纳米微粒,且在粉碎过程中不发生化学反应的方法。其研究小组采用 ARM 法制备了 Al/Fe_2O_3、Al/CuO 和 Al/MoO_3 等一系列纳米复合含能材料。如图 1.2 所示,以微米级的 Al 和 CuO 起始原料,在正己烷中球磨一定的时间,得到密实的、层状的 Al/CuO 纳米复合含能材料,材料的起始反应温度约为 400K。研磨参数、原材料的用量、研磨球的大小、研磨球与粉末的比例、目标产物的化学计量比及球磨机的类型等因素影响材料的性能。材料中粒子的粒度大小及材料的反应活性主要取决于球磨时间,球磨时间最接近自发反应时间时材料的燃速最高。ARM 法的一个重大问题是所得产品中不可避免地存在一些反应产物,这主要因为在球磨过程中样品组分之间局部发生了反应。

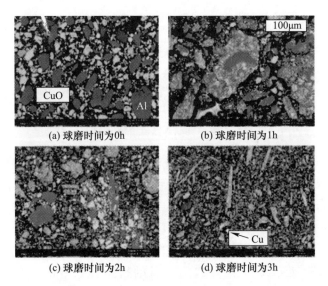

图 1.2　机械球磨法制备的 Al/CuO 纳米复合含能材料的 SEM 图像

1.3.3　溶胶-凝胶法

溶胶-凝胶法是一种制备纳米复合含能材料的重要方法,具有良好的可控性、得到的含能材料具有特定结构;反应或混合过程在液体介质中进行,可得到体系结构均匀、性能良好的材料;同时,溶胶-凝胶法还具有制备过程中温度低、操作安全、过程简单、溶剂环境友好、制备成本低、易实现大规模制备等优点。因此,采用溶胶-凝胶法制备纳米复合含能材料受到了研究者的广泛重视。

溶胶-凝胶过程是一种化学过程,将反应性单体溶于适宜溶剂,经过反应后形成纳米级颗粒,含有该纳米颗粒的体系称为溶胶;体系进一步发生凝胶反应,形成高度交联、孔内含有溶液的三维固体网络,该固体网络称为凝胶。根据干燥方法的不同,采用冷冻干燥法及超临界干燥法得到的材料称为干凝胶和气凝胶。以溶胶-凝胶法制备有机连续相亚稳态复合含能材料时,有机骨架(含能或非含能)原料在溶剂中通过交联反应形成网络结构,燃料或还原剂填充在纳米级骨架孔隙中,形成纳米复合含能材料,如图1.3所示。

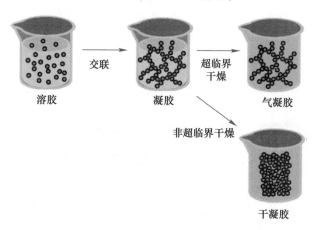

图1.3 溶胶-凝胶法制备纳米复合含能材料示意图

2001年,Gash等首次将溶胶-凝胶法应用于Al/Fe_2O_3纳米含能材料的制备中。将纳米铝粉分散在铁溶胶中,然后加入凝胶剂凝胶,制备出了类似于核壳结构的Al/Fe_2O_3复合物。高分辨透射电镜测试结果表明,Al/Fe_2O_3复合物由纳米铝粉和3~10nm的Fe_2O_3粒子组成,Fe_2O_3与Al粒子接触紧密,如图1.4所示。Al/Fe_2O_3复合物的撞击感度、静电感度、摩擦感度均表现为钝感,测试其能量为1500J/g,燃速为320m/s。相对于其他的制备方法,溶胶-凝胶法具有制备过程部分可控、材料均一性较高、成本较低、易大量制备等优点。

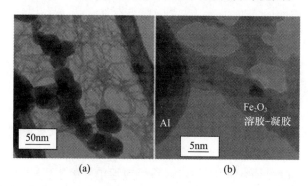

图1.4 溶胶-凝胶法制备Al/Fe_2O_3纳米复合含能材料的TEM图像

1.3.4 气相沉积法

气相沉积包括真空蒸镀、溅射镀膜和等离子体镀等,常用来制备多层薄膜材料。Zhang等利用蒸镀技术在硅基底上制备了Al/CuO纳米复合含能薄膜,如图1.5所示。结果表明,Cu经热氧化处理后转化为CuO和Cu_2O,制备的Al/CuO_x纳米复合含能薄膜在500℃即开始发生固-固反应,该温度远低于铝的熔化温度660℃,材料的总放热量可达2950J/g。Yang等采用热蒸发的方法在硅基底上分别制备了纳米和微米Al/CuO_x,通过比较纳米铝粉和微米铝粉分别和微米CuO_x的反应及其点火特性,发现纳米结构有助于降低Al/CuO_x的点火延迟时间及点火能量。总而言之:①气相沉积法通常在高真空条件下使用,尽可能地减少了纳米铝粉的氧化从而使铝保持了较高的活性含量;②该方法可以较好地控制薄膜的厚度从而使组分之间达到最佳化学计量比;③纳米铝粉薄膜和氧化物薄膜的紧密接触避免了纳米粒子团聚。但是该制备方法依赖于大型设备、制备过程费时费力、制备成本高等成为其发展的瓶颈。

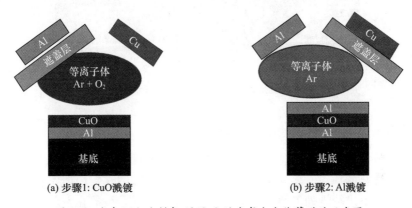

图1.5 气相沉积法制备Al/CuO纳米复合含能薄膜的示意图

1.3.5 电泳沉积法

电泳沉积技术主要利用纳米粒子自身表面带电,能够在电场中作定向运动的原理,制备几十微米到几百微米厚的薄膜材料,如图1.6(a)所示。2012年,劳伦斯·利弗莫尔国家实验室(LLNL)的Sullivan等采用该技术在不同的基体上制备了Al/CuO纳米复合含能薄膜,如图1.6(b)所示。将纳米粒子超声分散在体积比为3∶1的乙醇/水混合溶液中,形成纳米粒子分散液(固体浓度为0.2%),稳定8h后,在200V/cm的电场下进行电泳沉积。通过优化条件,Al/CuO薄膜的密度最高只能达到理论密度的29%,而且干燥过程会使薄膜上产生裂缝。虽然电泳沉积技术制备的纳米复合含能薄膜的性能较为优异,但是该方法仍然有产品致密度不够高、沉积速度慢等缺点。另外,纳米粒子分散液的稳定性也是值得关注的问题。

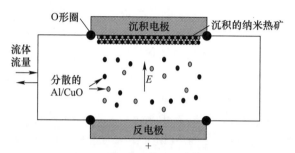

(a) 电泳沉积制备方法示意图

(b) 薄膜的SEM图像

图 1.6　电泳沉积法制备 Al/CuO 薄膜的示意图及 SEM 图像

1.3.6　纳米粒子的超分子自组装

利用分子自组装可控制燃料/氧化剂的界面接触面积,改善纳米复合含能材料中粒子混合的均一性。分子自组装就是在溶剂中,纳米铝粉能够自身或在外部力的指导下进行排列围绕在氧化剂粒子周围,或者是被氧化剂粒子围绕。根据纳米粒子通过自身形成的作用力或借用外部的作用力组装,将组装的方式分为直接组装法和间接组装法。下面将从这两方面来归纳总结自组装技术在 Al 基纳米复合含能材料中的应用。

1) 直接组装法

直接组装法是指不对参与组装的金属燃烧剂 Al 粒子和氧化剂粒子做任何形式的处理(包括表面修饰等),粒子保持原有形貌和性质并在自身作用力的条件下进行组装的方法。其主要包括静电组装法和溶剂挥发诱导组装法。

（1）静电组装法。

Thiruvengadathan 等在 DMF/IPA 混合有机溶剂中,利用纳米铝粉和 Bi_2O_3 粒子带正电荷和功能化氧化石墨烯(GO)带负电荷的特点,静电组装获得了高密度、高反应速率的 GO/Al/Bi_2O_3 纳米复合含能材料,如图1.7所示。在溶液中,带相反电荷的纳米粒子与 GO 通过长程静电吸引引发自组装,与此同时,纳米铝粉粒子表面的 OH 与 GO 表面的 COOH 之间会发生反应形成稳定共价键,增加了组装的稳定性与密实性。GO 的含量影响组装过程中的电中和,过量的 GO 会导致体系稳定,因此不同的 GO 含量下材料的性能不同。GO 含量为5%时材料性能最佳,其能量为1421J/g,燃速为1.26km/s,比冲为71s;而物理混合的样品的能量为739J/g,燃速为1.15km/s,比冲为44s。作者认为,功能性 GO 上含有能量基团($-NH_2$、$-NO_2$ 等),GO 的引入引发了含能组分粒子自发组装,增加了纳米粒子反应物之间的接触,提高了材料的能量和反应速率。

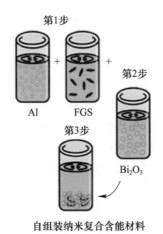

图1.7 功能性氧化石墨烯(GO)参与纳米铝粉和 Bi_2O_3 粒子组装过程的示意图

(2)溶剂挥发诱导组装法。

Zachariah 等研究表明,纳米铝粉和 CuO 粒子与硝化棉的乙醇/乙醚分散液经静电喷雾后,液滴会因溶剂挥发在毛细管作用力下组装成 Al/CuO/NC 纳米含能微球,如图1.8所示。微球的平均粒径约为5μm,密闭爆发器中燃烧的最大压力和增压速率分别是物理混合样品的3.4倍和8.8倍,点火时间比物理混合样品快0.15ms,点火温度为930K。作者认为:①组装后的微米球内部纳米铝粉和 CuO 粒子各自均匀分散且相互之间接触较好,有利于聚积热量和传质,加速内部反应。②NC 的引入削弱了纳米粒子之间的烧结现象。采用同样的方法,从粒径为50nm 的 Al 粒子出发制备了平均粒径为2~3μm 的 Al/NC 微球。Al/NC 微球的燃烧时间为365μs,快于原料 Al 的570μs。纳米铝粉在燃烧的过程中有烧结团聚的现象,燃烧产物的粒径在几十微米;Al/NC 微球燃烧时,NC 的存在抑制了烧结现象,燃烧产物的粒径在1μm 以下。组装制备的方法平衡了尺寸增加与活性升高的矛盾,有效地提升了纳米铝粉的利用率。

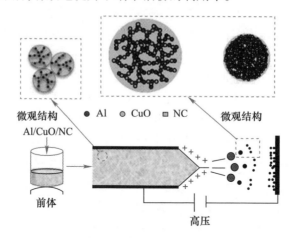

图1.8 静电喷雾制备 Al/CuO/NC 含能微球的示意图

2) 间接组装法

间接组装法是指需要采用底物(如表面活性剂)对金属燃烧剂 Al 粒子和氧化剂粒子进行修饰,粒子在修饰剂的相互作用力下完成组装过程的一种方法。采用的修饰剂包括小分子修饰剂、高分子修饰剂、生物修饰剂。

(1) 小分子修饰剂。

在小分子修饰剂方面,Malchi 等提出了基于两种底物之间静电力的组装方法,如图1.9所示。两种底物分别黏附到 Al 和 CuO 纳米粒子表面,形成带有电

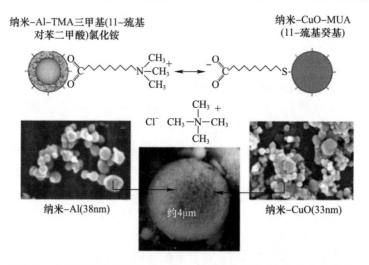

图1.9 小分子修饰剂 TMA 和 MUA 参与组装制备 Al/CuO 含能微球

荷的自组装单分子层。修饰纳米铝粉的是ω-三甲基铵羧酸(TMA)、HOOC(CH$_2$)$_{10}$NMe$_3^+$Cl$^-$,修饰纳米CuO的是ω-羧基酸硫醇HS(CH$_2$)$_{10}$COOH(MUA)。修饰后的纳米粒子在DMSO中静电组装,形成1~5μm的Al/CuO含能微球。测试其燃速为10m/s,高于含同量碳氢化合物超声混合制备的Al/CuO的燃速,但是远低于不含碳氢化合物超声混合制备的Al/CuO的燃速(285m/s)。原因是反应过程中有机表面修饰剂形成的碳层包裹住纳米粒子,碳层不易被氧化,阻碍了粒子之间的传质和传热过程,造成材料整体反应活性降低。

(2)高分子修饰剂。

在高分子修饰剂方面,Cheng等采用两亲性聚合物PVP对Fe$_2$O$_3$纳米管表面进行了改性修饰,然后通过Fe$_2$O$_3$-PVP中的C=O基与Al表面羟基之间的范德华力作用进行自组装,制备了Al/Fe$_2$O$_3$纳米复合含能材料,如图1.10所示。材料中Al粒子和Fe$_2$O$_3$粒子各自分散良好,在PVP的作用下两者之间接触紧密,密闭爆发器测试表明其最大压力、点火温度、点火延迟分别为180kPa、685.8℃、0.026s,性能远好于物理混合对照组的107kPa、1002.2℃、0.06s。

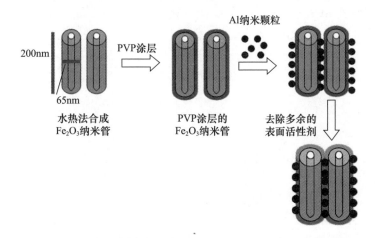

图1.10 高分子修饰剂PVP参与组装制备Al/Fe$_2$O$_3$纳米复合含能材料的示意图

Shende和Subramaniam等采用P4VP修饰CuO纳米棒后与纳米铝粉组装,制备了Al/CuO纳米复合含能材料,如图1.11所示。二者结果类似,组装材料的燃速为1800~2400m/s,高于超声物理混合制备的Al/CuO棒状纳米复合含能材料的燃速(1500~1800m/s)。作者一致认为:P4VP修饰后的CuO中,CuO的含量大于99.9%,因此P4VP并不会增加扩散距离;Al粒子和CuO纳米棒通过吡啶基团紧密连接,增大了反应物纳米粒子之间的接触面积,降低了铝热反应中固体扩散传播的阻力,使燃速得到提升。

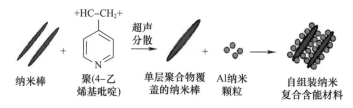

图1.11 高分子修饰剂P4VP参与组装制备Al/CuO纳米复合含能材料的示意图

(3) 生物修饰剂。

在生物修饰剂方面,Fabrice等报道了Al和CuO纳米粒子基于低(聚)核苷酸分子(DNA)组装制备Al/CuO纳米复合含能材料的方法。将两种不同的DNA分别接枝到Al和CuO纳米粒子上:由于巯基与CuO表面的相互作用力较强,使得含巯基的DNA可以直接被接枝到CuO纳米粒子上;亲和素蛋白首先吸附到纳米铝粉粒子上,紧接着生物分子修饰的DNA接枝到这些蛋白质修饰的纳米铝粉粒子上。水溶液中,修饰后的Al和CuO纳米粒子在核苷酸碱基对氢键作用力下组装成Al/CuO纳米含能复合材料,如图1.12所示。DSC测试表明,材料的能量达到1.8kJ/g,起始反应温度为410℃。另外,通过改变纳米铝粉粒子粒径可以实现反应起始温度和能量调节。自组装法可以提高纳米含能复合材料的结构有序性,更好地控制其性能,但引入底物会在一定程度上影响燃烧性能。

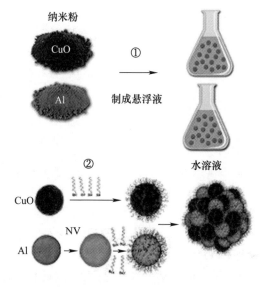

图1.12 生物试剂DNA参与组装制备Al/CuO纳米含能复合材料的示意图

Slocik 等使用铁蛋白成功通过层层自组装制备了 Al/Fe_2O_3 和 Al/AP 纳米复合含能材料,如图 1.13 所示。水溶液中,粒径为 80nm 的 Al 表面与富含羧酸盐的铁蛋白形成肽键后带上负电荷;氧化铁和 AP 表面分别经阳离子化的铁蛋白修饰后带上正电荷;修饰后的 Al 粒子和氧化物粒子在静电引力作用下组装,调节组装的层数可以获得不同 $Φ$ 值(Al 和氧化剂的相对含量)的纳米复合含能材料。组装形成的复合材料的性能高于单纯 Al 和氧化剂混合物的性能,并且可以通过改变组装层数来进行调控。Al/Fe_2O_3 和 Al/AP 纳米复合含能材料的综合性能分别在组装层数为 12 和 1 时达到最佳。作者认为:一方面,含能反应物粒子经组装后传质扩散距离降低;另一方面,铁蛋白中丰富的 C、H、O 元素也对 Al 的氧化有贡献。

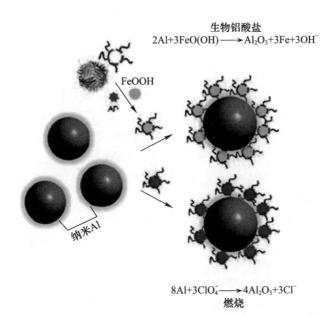

图 1.13 铁蛋白参与组装制备 Al/Fe_2O_3 和 Al/AP 纳米复合含能材料的示意图

静电纺丝法是将功能纳米粒子(如纳米燃料剂、纳米氧化剂等)引入到有机纤维基体中制备纳米复合含能纤维,不仅可明显改善纳米粒子的团聚和分散不均匀性等问题,而且可以将纤维的增强特性和纳米粒子的功能作用结合起来,纺丝纤维具有较大的长径比,有利于提高推进剂材料的力学性能。

烧结法流程工艺主要包括混合、干燥、压制和烧结,用来制备氟聚物基含能性反应材料。氟聚物基反应材料的高能、钝感和独特的能量释放特性,使其成为一类极为重要的国防工业升级用和民用新型含能材料。

1.3.7 纳米复合含能材料制备方法的比较

由于不同含能材料表现出的基本性质(放热量、燃速、反应活性等)不同,下面以 Al/Fe_2O_3 纳米复合含能材料为例,主要从材料的能量方面比较各个方法的优缺点。罗运军等将 30nm 球形的 Fe_2O_3 和 80nm 球形 Al 粉在正己烷中机械球磨 10h,得到的 Al/Fe_2O_3 纳米复合含能材料的放热量为 789J/g,采用超声物理混合的样品的放热量仅为 330J/g。罗运军等还以 $3\mu m$ 的 Al 和 $50\sim100\mu m$ 的 Fe_2O_3 为起始原料,机械球磨 20h,制备了平均粒径为 $2\mu m$ 的 Al/Fe_2O_3 复合含能材料,放热量为 1591.3J/g。而 Gash 等向 $Fe(NO_3)_3\cdot9H_2O$ 作为前驱体的溶胶中加入 30nm 的 Al 粉,采用溶胶 - 凝胶法制备了 Al/Fe_2O_3 纳米复合含能材料,其放热量为 1500J/g。Shin 等同样采用溶胶 - 凝胶法以 $Fe(NO_3)_3\cdot9H_2O$ 为前驱体,100nm 的 Al 粉为金属还原剂制备了不同 Al 含量的 Al/Fe_2O_3 纳米复合含能材料,最大放热量为 991.4J/g,超声物理混合样品的最大放热量为 804.94J/g。Kim 等首先使含纳米铝粉粒子的乙醇分散液和由 $FeCl_3$ 溶液制备的 Fe_2O_3 纳米粒子分别气溶胶化,形成的气溶胶通过高电场时会带上电荷,Al 粒子带上正电荷,Fe_2O_3 粒子带上负电荷,两种带相反电荷的气溶胶粒子在混合时因静电引力而组装形成团聚体,得到静电组装的 Al/Fe_2O_3 纳米复合含能材料。DSC 测试表明,静电组装的 Al/Fe_2O_3 纳米复合含能材料的放热量达到 1800J/g,而简单物理混合的 Al/Fe_2O_3 纳米复合含能材料的放热量仅为 700J/g。王晓倩等采用 P4VP 包覆的 Fe_2O_3 纳米环与纳米铝粉在异丙醇中组装得到 Al/Fe_2O_3 纳米复合含能材料,放热量达到 2039J/g。Sui 等在 Al 和 Fe_2O_3 纳米粒子分散液中采用电泳沉积的电化学方法将 Al 和 Fe_2O_3 纳米粒子镀到金属电极片上,制备出层状结构的 Al/Fe_2O_3 纳米复合含能材料,测试其放热量为 1659J/g。Zhang 等利用气相沉积技术向 Fe_2O_3 多孔薄膜上沉积 Al 原子层,得到 3D 多孔结构的 Al/Fe_2O_3 薄膜,放热量为 2830J/g,虽然与理论值 3960J/g 还有一定的差距,但是是目前为止放热量最高的 Al/Fe_2O_3 纳米复合含能材料。由此可见,制备方法很大程度上影响了 Al/Fe_2O_3 纳米复合含能材料的能量性能。综合分析,简单物理混合法和机械球磨法制备的 Al/Fe_2O_3 纳米复合含能材料的能量在 1000J/g 以下;溶胶 - 凝胶法和电化学法制备的 Al/Fe_2O_3 纳米复合含能材料的能量为 $1000\sim1700J/g$;自组装法和气相沉积法制备的 Al/Fe_2O_3 纳米复合含能材料的能量在 1800J/g 以上。初步来看,自组装法和气相沉积法是制备高性能纳米复合含能材料的首选,但是以上各个方法在适用性、大批量制备、成本、综合性能方面各有不同,如表 1.1 所列。

表1.1 纳米复合含能材料制备方法的优、缺点

制备方法	优、缺点
简单物理混合法	适用性广,低成本,易大量制备;产品性能不高,可控性较差
机械球磨法	适用性广,较低成本,易大量制备;产品难达到真正纳米级复合,预反应的存在导致产品中含有大量杂质
溶胶-凝胶法	较低成本,易大量制备,制备过程部分可控;产品中大量杂质的存在影响性能
自组装法	可小批量制备,产品性能高,且具有良好的可控性;体系中存在的惰性修饰剂对材料性能有不利影响
电化学法(电泳沉积和静电喷雾)	制备过程比较简单,产品性能优良,难以大量生产和应用,安全问题有待解决
气相沉积法	制备过程完全可控,产品性能优异;制备能耗较高,难以大量生产和应用

综上所述,对比各种制备方法,以大量制备、过程可控、产品性能好、能耗低和安全环保作为评价标准,自组装法因良好的可控性、产品性能优良等特点而具有独特的优势,在高性能纳米复合含能材料研究和应用方面具有广阔的前景。

1.4 纳米复合含能材料的点火和反应机理

铝热反应的机理一直备受关注,但是到目前为止,特别是在纳米复合含能材料领域,学术界还没有形成统一的公认的反应机理。其主要原因:①粒子的高比表面积导致严重的团聚现象,形貌和均一性表征困难;②反应时间极短,粒子尺寸小,缺乏高效的原位表征技术;③反应过程在高温中进行,因此形成了复杂多相和非平衡态的环境;④涉及的反应界面复杂,影响反应过程的因素较多,如加热速率、表面钝化层的厚度、样品的堆积密度、反应物粒子的尺寸及其分布等。目前,主要有扩散反应机理、熔融-扩散机理(MDM)和凝聚相界面反应三种反应机理模型。

1.4.1 扩散反应机理

扩散机理模型描述了氧化层中物质的传输,并且考虑了质量传输伴随的能量平衡,解释了反应过程中的热释放。该模型假定纳米铝粉粒子的氧化是控制传输过程,未考虑 Al 核熔融后,在高压梯度下可能出现的氧化层变薄或者破碎的情况。反应初期,O_2 和 Al 粒子的表面反应通量与自由分子模型中的碰撞速

率等同;随着反应的进行,Al_2O_3 氧化层增长覆盖了粒子表面,Al 和 O 均需扩散通过 Al_2O_3 氧化层;随后,在 Al_2O_3 氧化层中发生了图 1.14 所示的反应。因此,Al_2O_3 壳层内的 O 和 Al 传输流决定了反应通量。Al 和 O 在 Al_2O_3 氧化层中的扩散系数也会因反应温度不同而不同,例如当温度为 1200℃时,O 在 Al_2O_3 层中的扩散系数为 $10^{-27} \sim 10^{-9} m^2/s$;当温度为 500℃时,Al 在 Al_2O_3 层中的扩散系数为 $(0.15 \sim 1.5) \times 10^{-8} m^2/s$,二者值的变化幅度较大,影响了模型的匹配。此外,$Al_2O_3$ 层中 Al/O 反应的能量释放也需要考虑。模型的完善主要受到以下现状的限制:①支持模型的大多物理性能和数据无法获得或者是无效,如粒子外表面的 O_2 浓度和溶解度。②如果要研究压力梯度的影响,就需要知道 Al_2O_3 壳层内反应界面所处的位置,然而这个反应界面位置目前只能依靠估计。在反应起始阶段,氧化层厚度薄,压力梯度增加造成了氧化速率减慢。当氧化层厚度为 1~4nm 时,反应界面在距离 Al/Al_2O_3 界面的 0.5nm 处,同时由于存在压力梯度,区域内 Al 和 O 的对流方向与扩散方向相同,提高了反应速率。但是当氧化层厚度继续增加,反应界面远离 Al/Al_2O_3 界面时,反应物质扩散通过的区域大,压力梯度对反应速率的影响会逐渐衰减。因此,在不同的反应阶段,压力梯度的影响方式不同。

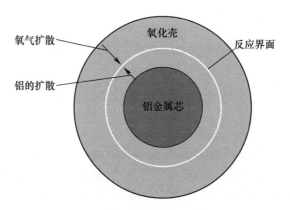

图 1.14　基于扩散反应机理的 Al 氧化反应的示意图

1.4.2　熔融-扩散机理

2007 年,Levitas 等提出了一系列具有争议的论据,并且重新建立了 Al 纳米粒子的氧化模型。争论观点如下:①传统机理中物质的扩散速率较慢,不能够解释数百米每秒燃速纳米铝热剂的燃烧过程;②当纳米粒子的粒径小于 80nm 时,火焰传播速率与粒子粒径无关;③当粒子的粒径大于 120nm 时,点火延迟时间与粒子的粒径无关。这些争论促使新的机理的提出,即熔融-扩散机理。

当温度高于 Al 的熔点时,Al 的密度由固态时的 $2.7g/cm^3$ 变成了液态时的 $2.4g/cm^3$,体积膨胀,造成 Al_2O_3 壳层的张力和 Al 核的压缩力。熔融后巨大的体积变化使 Al 金属核中产生了 1~2GPa 的压力,造成了 Al_2O_3 壳层的破裂。Al_2O_3 氧化物壳层破裂后,在压力卸载波的作用下,Al 原子团簇体从 Al 核中高速喷射到氧化物表面,然后在氧化物粒子周围形成纳米团簇中间体。分子动力学模拟证实了 Al_2O_3 包覆的纳米铝粉粒子内部此时有较大的压力梯度;Al 核保持正压力,Al_2O_3 壳层承担负压力;Al 粒子内部的压力梯度一直存在直到 Al_2O_3 薄壳层机械破碎。因此,众多的 Al 原子团簇体高速(为 100~250m/s)喷射而出,如图 1.15 所示。

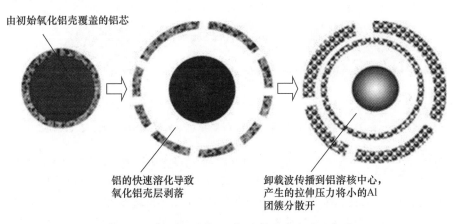

图 1.15 基于 MDM 机理的 Al 氧化反应的示意图

在 MDM 中,被 Al_2O_3 薄壳层覆盖的单个纳米铝粉核粒子转变成高速喷射而出的成千上万个 Al 原子团簇体,因此增加了扩散速率。熔融喷射出的 Al 团簇体遍布氧化物粒子表面,可以被气态氧化剂氧化,也可以部分渗透进入固态氧化剂粒子内部参与反应。纳米复合含能材料的燃烧速率和燃烧时间的实验结果与 MDM 模型的预测相符。另外,Levitas 等建立了 MDM 理论和实验的对应关系:

(1) 对于低于某个临界尺寸以下的粒子,火焰传播速率和点火时间独立于粒子的半径;

(2) 氧化壳层的损害会抑制 MDM 而有利于传统的扩散氧化;

(3) 纳米片不会按照 MDM 机理反应,而是类似微米级球形粒子的反应。

1.4.3 凝聚相界面反应和纳米结构损失

近年来,Sullivan 等的研究发现,纳米含能材料点火的过程中存在纳米结构损失的现象,材料被点燃之前纳米粒子烧结形成微米级的团聚体,失去了纳米结构的优势。通过对整个过程进行模拟,发现粒子烧结的完成时间小于 $1\mu s$,如图 1.16 所示。在纳米铝粉粒子中,Al 原子首先向外扩散,到达 Al_2O_3 钝化层;由于 Al 的引入,Al_2O_3 钝化层中因形成大量的 AlO 和 Al_2O 而软化;最后,表面张力导致粒子间形成键接结构。

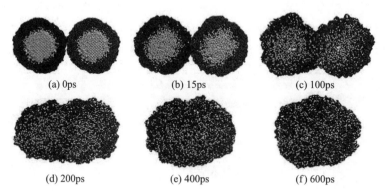

图 1.16　Al 基纳米复合含能材料中纳米粒子烧结的示意图

基于此,Sullivan 等提出了凝聚相界面反应,如图 1.17 所示。最初,氧化剂与 Al 粒子的反应在二者烧结的界面处被引发,Al 和 O 分别向反应界面传递,反应产生的热量向外扩散,传质与传热的方向相反;当反应继续进行时,新熔融的或者是软化的反应物通过毛细管作用力或者是表面张力的作用向反应界面进行

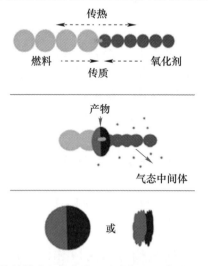

图 1.17　Al 基纳米复合含能材料的凝聚态界面反应机理示意图

扩散,反应加速进行;当反应结束时,生成的产物的粒径远大于反应物的粒径,产物的形貌受到温度、冷却速率、化学计量比等因素的影响。

1.4.4 纳米铝粉的反应活性增加

Al 粉的粒径从微米变为纳米改变了自身的物理化学性质,随之而来的是反应性的大幅提升,具体表现在以下三个方面。

1. 点火温度

如图 1.18 所示,Al 粉的点火温度随粒子粒径的增加而增加,纳米铝粉的点火温度在熔点 933K 附近,微米铝粉的点火温度接近表面氧化层 Al_2O_3 的熔点 2350K。点火过程主要涉及 Al 核的熔融和表面 Al_2O_3 的多相转变。当温度达到熔点时,Al 核因熔融而膨胀(固态 Al 的密度为 $2.7g/cm^3$,液态 Al 的密度为 $2.4g/cm^3$),体积增加了 11.1%,压力从 0.25GPa 增加到 10GPa,表面氧化层受到高应力而破碎,熔融 Al 流出,自持反应开始。微米铝粉的熔点和体积热容大于纳米铝粉,且熔融后内部压力较低,氧化物壳层不易破碎,加上其热损失较大,所以需要更高的温度才能被点燃。

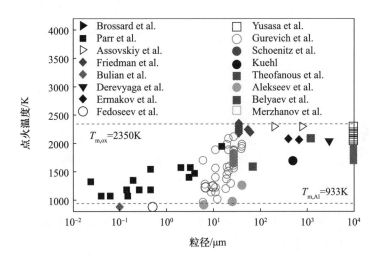

图 1.18 Al 粉的点火温度随粒径的变化规律

2. 燃烧时间

燃烧时间也是表征 Al 粉活性的重要参数。如图 1.19 所示,在 $30 \sim 100 \mu m$ 的大粒子区,气相混合物中的质量扩散控制主导燃烧过程,燃烧时间与粒径成二次方关系,对环境温度和压力的依赖性较小;粒径逐渐减小,燃烧的控制过程由扩散控制向反应动力学控制过渡,当粒径为 $10 \mu m$ 左右时,燃烧时间与粒径大概呈线性关系;当粒径达到亚微米级时,燃烧时间与粒径的关系为 $t \propto d^{<0.5}$;当粒径达到纳米级时,燃烧时间与粒径的关系为 $t \propto d^{0.3}$。可以发现,当 Al 粒子得粒径达到亚微米级以下时,燃烧时间对粒径的依赖性逐渐降低,对环境气体温度和压力的依赖性较强;由于微米级和纳米级粒子的燃烧模型分别为复合连续介质模型和自由分子模型,因此粒子越小,燃烧时间越短,当粒径从 $10\mu m$ 减小到 $100nm$ 时,燃烧时间缩短为原来的 1/4。

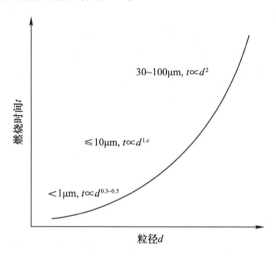

图 1.19　Al 的燃烧时间随粒径的变化规律

3. 燃速

燃速是 Al 粒子燃烧活性高低最为综合和直观的体现,Al 基含能材料中 Al 粒子和氧化物的粒径都会影响其燃速。如前述,粒子粒径的降低有利于燃烧反应的进行,因此减小粒子粒径可提高燃烧速率。但是,当 Al 粒子粒径小于 50nm 时,Al_2O_3 的含量较高,降低了反应速率,使燃烧速率与粒子的粒径关系发生变化。Weismiller 等研究了 Al/CuO 和 Al/MoO_3 含能材料中,Al 粒子和氧化物粒子的粒径对燃速的影响。其中,Al 粒子粒径为纳米级(平均粒径为 38nm)和微米级,实验结果如表 1.2 所列。

表 1.2　不同粒子粒径的 Al/CuO 和 Al/MoO_3 复合含能材料的燃速

材料	线性燃速/(m/s)
纳米 Al/纳米 CuO	980
微米 Al/纳米 CuO	660
纳米 Al/微米 CuO	200
微米 Al/微米 CuO	180

续表

材料	线性燃速/(m/s)
纳米 Al/纳米 MoO_3	680
微米 Al/纳米 MoO_3	360
纳米 Al/微米 MoO_3	150
微米 Al/微米 MoO_3	47

Weismiller 认为,小尺寸粒子在加热时的弛豫时间更短,有利于材料快速到达反应温度,减小粒子粒径有利于提高燃速;对于 50nm 以下的 Al,其氧化层 Al_2O_3 的含量约达到 70%,因此在减小 Al 粒子粒径和增加 Al_2O_3 含量之间需要一种平衡。这与 Pantoya 等的研究结果一致,当 Al 粒子的粒径小于 50nm 时,减小 Al 粒子的粒径会使材料中 Al_2O_3 的含量大幅增加,使材料的反应活性降低。另外,Granier 等研究了 Al/MoO_3 纳米复合含能材料中 Al 粒子的粒径对燃速的影响,采用的 Al 粒子均为纳米级。除了 Al_2O_3 含量超过 50% 的情况(Al 粒子粒径小于 50nm),材料的燃速均随着粒子粒径的增加而降低。也就是说,在保证较高 Al 含量的条件下,降低纳米 Al 的尺寸可以提高燃速。

在理论方面,Wilson 等提出了基于自持燃烧波的简化数学模型,如图 1.20(a) 所示。此模型中假设反应传播以均相燃烧进行,反应区域的宽度远大于反应物粒子的尺寸,反应前沿的移动具有一致性,不受非均相微米级介质的影响。在 Al/MoO_3 含能材料中,模型验证了反应活化能随 Al 粒子粒径的增加而增大,结果如图 1.20(b) 所示;燃速随活化能和 Al 粒子粒径的增加而降低,结果如图 1.20(c) 和 (d) 所示。值得注意的是,当 Al 粒子的粒径为 100nm ~ 10μm 时,燃速与 $1/(r^{1/2})$ 成比例关系,实验数据与模型的计算结果相符;当 Al 粒子的粒径小于 100nm 时,由于纳米粒子独特的物理化学性质,实验数据偏离模型计算。

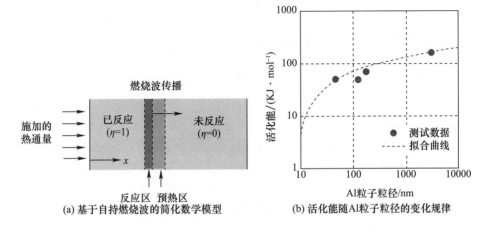

(a) 基于自持燃烧波的简化数学模型　　(b) 活化能随Al粒子粒径的变化规律

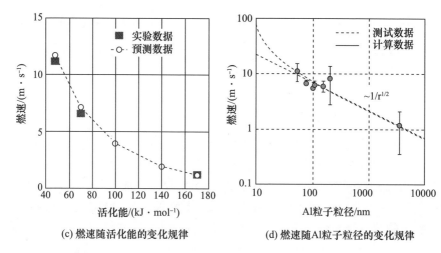

(c) 燃速随活化能的变化规律　　(d) 燃速随Al粒子粒径的变化规律

图 1.20　基于自持燃烧波的简化数学模型及 Al/MoO$_3$ 含能材料中活化能随 Al 粒子粒径的变化规律、燃速随活化能的变化规律、燃速随 Al 粒子粒径的变化规律

1.5　纳米复合含能材料的应用

1.5.1　在推进剂中的应用

Martin 等采用冷冻干燥工艺制备了 Al/NH$_4$ClO$_4$ 纳米复合物,并用作固体火箭推进剂。首先将 NH$_4$ClO$_4$ 溶解在水中,加入等当量的纳米铝粉;然后把预冷的、搅拌均匀的混合物溶液快速倒入装有液氮的容器中,将得到的速冻固体物放在 1.33×10^{-3} Pa 或更低的真空环境下,使冰升华,得到低密度的 Al/NH$_4$ClO$_4$ 纳米复合材料。Martin 等用环己烷溶解黏结剂 HTPB,加入与 HTPB 等当量的 NH$_4$ClO$_4$,把得到的 Al/NH$_4$ClO$_4$ 纳米复合物添加进去,加热到 40℃ 蒸发掉溶剂环己烷,得到纳米级的固体火箭推进剂。

1.5.2　在炸药中的应用

美国劳伦斯·利弗莫尔国家实验室含能材料中心开展了亚稳态复合含能材料的应用研究,采用高精密度溅射铝/镍合金的方法沉积制作了纳米层状复合金属箔,单层厚度为 2～1000nm,在这种铝/镍多层复合合金箔片表面用溶胶-凝胶法涂覆一层纳米 Al/Fe$_2$O$_3$ 复合材料,厚度仅为 0.1～500μm,且 Al/Fe$_2$O$_3$ 的粒径在纳米到微米级别之间可调。这种纳米复合材料的老化特性优异,制作与使用过程无毒、无害、环境友好。由这两部分纳米材料复合而成的箔片具有很好的力学性能和能量输出,用于火工品点火器制备水平已经达到应用需求。

Bertrand 等将喷雾干燥法制备的复合粉体通过有机黏结剂,使溶解在有机溶剂中的炸药(如 HMX、RDX)和纳米金属燃料形成复合物,然后经过黏结剂黏结、浇铸或挤铸加工成装药。

Gorge 等用 Al/MoO_3 为 45∶55(质量比)、Al 粒子粒径为 $0.02\sim0.05\,\mu m$,采用溶胶-凝胶法制备的 Al/MoO_3 纳米复合含能材料制成了环境友好、无铅组分的冲击起爆雷管。

Naud 等利用纳米铝热材料代替电导火索组分中的铅化合物发现纳米级的 Al/MoO_3 是可行的,并制备出了这种无铅电导火索,申请了专利。

Wright 等发现,铝热反应类型的底层(如用铁氧化物、铜氧化物或镁/聚四氟乙烯/氟化橡胶填充的铝泡沫)和用含能材料填充的铝或铝泡沫作外层的含能材料可用在自毁式的弹药、弹体构架中。

目前常规击发药组分多为斯蒂芬酸铅、叠氮化铅、硫化锑、硝酸钡等,上述材料均对环境有害,其中的铅被人体吸收或溶于血液,很难排出体外;此外,目前的无铅击发药在趋近 $-53\,^\circ\!C$ 温度时分解。当用于航空炮系统的击发药弹药曝露于严寒环境时,击发药在低温时是否可靠作用就很重要。当前使用的一种常规无铅击发药二硝基重氮酚仅满足工业应用,无法满足军用要求。美国专利 US5717159 涉及了供弹药底火组件使用的无铅击发药,该无铅击发药是一种基于亚稳态分子间复合材料技术上的改进型击发药。其目的是为底火药提供一种改进的击发药,该击发药不视温度而定,并且在低温下能可靠作用,同时不含毒性材料,燃烧产物无毒,对环境无害。本发明的击发药不同于常规炸药组分,它能爆轰、相互反应,并能引起极强烈的放热反应。这种反应释放大量的热和燃烧颗粒,使弹药中的主装药点火并迅速燃烧。击发药为铝粉和三氧化钼的混合物,或是一种铝粉和特氟隆(聚四氟乙烯)粉的混合物。药剂的颗粒粒径最好是 $0.1\,\mu m$ 或小于 $0.1\,\mu m$,最佳范围为 $0.02\sim0.05\,\mu m$,铝粉的颗粒含有氧化铝外涂层。其中铝粉和钼粉的颗粒粒径为 $200\sim500\,nm$。对于铝和三氧化钼复合材料,铝粉的质量分数约 45%,三氧化钼的质量分数约 55%;铝和特氟隆复合材料的质量分数各为 50%。该发明的击发药在 $-53\,^\circ\!C$ 时能可靠作用。

1.6 纳米复合含能材料的发展趋势

由于纳米复合含能材料具有低点火温度和点火能量、高能量密度、能量释放速率快、高能量转换效率、高反应活性、燃烧速率快、压力输出较高等优势,此外,Al 基纳米复合含能材料还具有较低的感度,能够满足现代武器(火箭和导弹)发展中高能量、高安全性的要求,因此引起了各国研究人员的关注。目前,国内外对纳米复合含能材料的研究正处于从概念认识向探索实践的转变过程中。在新型纳米复合材料的开发、制备方法的改进、反应机理的研究方面进行了大量的基础性工作,并取得了一定成果。今后纳米复合含能材料研究的主要趋势包括:

(1) 在结构方面:

① 凝胶骨架含能化。制备一种含能凝胶骨架的纳米复合含能材料可解决其他凝胶骨架能量低、极贫氧的缺点。

② 组分多元化。通过引入多元还原剂或氧化剂,纳米复合含能材料可综合各组分的优异性能,同时克服单一组分凝胶骨架-氧化剂(燃料)纳米复合含能材料性能上的不足,实现纳米复合含能材料追求高能量释放效率及高能量密度的目标。

③ 结构一体化。目前所制备的纳米复合含能材料在应用时,大部分采用的是先研磨、后添加方案,研磨过程对制备过程带来一定危险性,同时其分散的均匀程度不易控制,因此若制备的多组元纳米复合含能材料同时包含了应用中所需的各种组分,并通过控制其宏观形状,则可以直接得到炸药或推进剂产品。

④ 复合组分功能化。在制备多组元纳米复合含能材料时,可适当复合催化剂、工艺助剂等,可进一步提高结构一体化纳米复合含能材料的能量释放效率,以及实现结构一体化纳米复合含能材料的尺寸稳定性等。

(2) 在制备方法方面:对已有的先进制备技术进行改进完善,使其朝可大量制备、过程可控、产品性能优良、能耗低和安全环保等方向发展;研究探索新方法,突破已有制备技术自身的瓶颈限制,如超分子组装技术、MOF/COF 技术、微流控技术的应用等。

纳米复合含能材料制备研究的对象和方法范围还相当窄,目前仅在实验室级别研究了几种复合体系的纳米级分散与复合,需要拓宽探索的范围,实现纳米复合含能材料的大规模生产,以满足武器弹药的用量需求。

(3) 在构效关系和反应机理方面:鉴于目前纳米复合含能材料的燃烧机理还存在分歧,深刻认识燃烧机理以及结构与能量性能的构效关系,是更好掌握高性能纳米复合含能材料制备和应用的前提。在今后很长一段时间内,能量释放过程反应机理等方面的研究也将是未来一段时期内研究的重点。

(4) 在应用领域方面:纳米复合含能材料的应用开始从传统含能领域向材料合成、微驱动、压力传输、生物试剂失活、纳米充电等新兴领域发展,进一步拓宽应用领域是纳米复合含能材料持续发展的保证。

参 考 文 献

[1] 张立德,牟季美. 纳米材料和纳米结构[M]. 北京:科学出版社,2001.
[2] 王泽山. 含能材料概论[M]. 哈尔滨:哈尔滨工业大学出版社,2006.
[3] 罗运军,李生华,李国平. 新型含能材料[M]. 北京:国防工业出版社,2015.
[4] 莫红军,赵凤起. 纳米含能材料的概念与实践[J]. 火炸药学报,2005,28(3):79-82.
[5] 张炜,朱慧. 含能材料分子结构与感度的相关性[J]. 含能材料,1998,6(3):134-138.
[6] PUSZYNSKI J A,BULIAN C J,SWIATKIEWICZ J J. Processing and ignition characteristics of aluminum-bismuth trioxide nanothermite system[J]. Journal of propulsion and power,2007,23(4):698-706.
[7] ERIC L. 纳米铝热剂[M]. 李国平,凌剑,罗运军,译. 北京:国防工业出版社,2018.
[8] TILLOTSON T M,GASH A E,SIMPSON R L,et al. Nano-structured energetic materials using Sol-Gel methods[J]. Journal of Non-Crystalline Solids,2001,285(2):338-345.
[9] GLAVIER L,TATON G,DUCÉRÉ J M,et al. Nanoenergetics as pressure generator for nontoxic impact primers:Comparison of Al/Bi2O3,Al/CuO,Al/MoO3,nanothermites and Al/PTFE[J]. Combustion & Flame,2015,162(5):1813-1820.
[10] ZHANG K,ROSSI C,ARDILA RODRIGUEZ G A,et al. Development of a nano-Al/CuO based energetic material on silicon substrate[J]. Applied Physics Letters,2007,91(11):113-117.
[11] YANG Y,XU D,ZHANG K. Effect of nanostructures on the exothermic reaction and ignition of Al/CuOx based energetic materials[J]. Journal of Materials Science,2012,47(3):1296-1305.
[12] SULLIVAN K T,Kuntz J D,Gash A E. Electrophoretic deposition and mechanistic studies of nano-Al/CuO thermites[J]. Journal of Applied Physics,2012,112(2):024316-024316-12.
[13] THIRUVENGADATHAN R,CHUNG S W,BASURAY S,et al. A versatile self-assembly approach toward high performance nanoenergetic composite using functionalized graphene[J]. Langmuir,2014,30(22):6556.
[14] CHENG J L,HNG H H,NG H Y,et al. Synthesis and characterization of self-assembled nanoenergetic Al-Fe$_2$O$_3$ thermite system[J]. Journal of Physics & Chemistry of Solids,2010,71(2):90-94.
[15] SLOCIK J M,CROUSE C A,SPOWART J E,et al. Biologically tunable reactivity of energetic nanomaterials using protein cages[J]. Nano Letters,2013,13(6):2535-2540.
[16] SHIN M S,KIM J K,KIM J W,et al. Reaction characteristics of Al/Fe2O3 nanocomposites[J]. Journal of Industrial & Engineering Chemistry,2012,18(5):1768-1773.
[17] 王晓倩,张琳,朱顺官,等. 自组装铝/氧化铜和铝/氧化铁及其性能评估[J]. 无机化学学报,2013,29(9):1799-1804.
[18] SUI H,ATASHIN S,WEN J Z. Thermo-chemical and energetic properties of layered nano-thermite composites[J]. Thermochimica Acta,2016,642:17-24.
[19] ZHANG W,YIN B,SHEN R,et al. Significantly enhanced energy output from 3D ordered macroporous

structured Fe_2O_3/Al nanothermite film. [J]. Applied Materials & Interfaces, 2013, 5(2): 239-242.

[20] GROMOV A, ZARKO V. Energetic nanomaterials: synthesis, characterization, and application [M]. Boston: Elsevier Inc., 2016: 65-94.

[21] RAI A, PARK K, ZHOU L, et al. Understanding the mechanism of aluminium nanoparticle oxidation [J]. Combustion Theory and Modelling, 2006, 10(5): 843-859.

[22] LEVITAS V I, ASAY B W, SON S F, et al. Mechanochemical mechanism for fast reaction of metastable intermolecular composites based on dispersion of liquid metal [J]. Journal of Applied Physics, 2007, 101(8): 083524-083524-20.

[23] LEVITAS V I, PANTOYA M L, DIKICI B. Melt dispersion versus diffusive oxidation mechanism for aluminum nanoparticles: critical experiments and controlling parameters [J]. Applied Physics Letters, 2008, 92(1): 011921-011921-3.

[24] LEVITAS V I, PANTOYA M L, DEAN S. Melt dispersion mechanism for fast reaction of aluminum nano- and micron-scale particles: flame propagation and SEM studies [J]. Combustion & Flame, 2014, 161(6): 1668-1677.

[25] SULLIVAN K T, PIEKIEL N W, WU C, et al. Reactive sintering: an important component in the combustion of nanocomposite thermites [J]. Combustion & Flame, 2012, 159(1): 2-15.

[26] YOUNG Y, GREGORY Y, SULLIVAN K, et al. Combustion characteristics of boron nanoparticles [J]. Combustion & Flame, 2013, 156(2): 322-333.

[27] HUANG Y, RISHA G A, YANG V, et al. Effect of particle size on combustion of aluminum particle dust in air [J]. Combustion & Flame, 2009, 156(1): 5-13.

[28] WEISMILLER M R, MALCHI J Y, LEE J G, et al. Effects of fuel and oxidizer particle dimensions on the propagation of aluminum containing thermites [J]. Proceedings of the Combustion Institute, 2011, 33(2): 1989-1996.

[29] PANTOYA M L, GRANIER J J. Combustion behavior of highly energetic thermites: nano versus micron composites [J]. Propellants Explosives Pyrotechnics, 2005, 30(1): 53-62.

[30] ANAND P, ALON V M, MICHAEL R Z. Synthesis and reactivity of a super-reactive metastable intermolecular composite formulation of Al/KMnO4 [J]. Advanced Materials 2005, 17(7): 900-903.

第 2 章　石墨烯基纳米复合含能材料

2.1　概述

石墨烯是由单层碳原子以 sp^2 杂化方式连接的具有二维蜂窝状晶体结构的新型纳米碳材料,与传统的碳材料相比,其具有更加优异的物理、化学以及力学性能。石墨烯具有突出的导热性能,常温下石墨烯的热导率是金刚石的 3 倍,高达 $5000W/(m·K)$。与碳纳米管相比,石墨烯的比表面积更大、力学强度更高。理想的单层石墨烯具有高达 $2630m^2/g$ 的比表面积,石墨烯断裂强度高达 125GPa,是钢的 100 多倍,弹性模量高达 1.0TPa。这些优异的性能为石墨烯在含能材料中作为催化剂应用提供了可行性。通过石墨烯与金属纳米粒子或者金属氧化物纳米粒子的复合制备纳米复合含能材料,使具有超大比表面积的石墨烯可以使金属和金属氧化物纳米粒子均匀地分布在石墨烯片层上,同时还可以通过石墨烯与纳米粒子之间的共同作用发挥协同作用。石墨烯是一种碳材料,在固体推进剂碳材料中是一种常用且有效的燃烧催化剂。因此,以石墨烯为组分可赋予纳米复合含能材料功能性。这些优点使得石墨烯/金属纳米粒子和金属氧化物纳米粒子复合含能材料的制备和应用研究成为国内外研究热点。

本章主要对 AP/GA、Fe_2O_3/GA、AP/Fe_2O_3/GA 纳米复合含能材料的制备、结构和性能进行介绍。

2.2　AP/GA 纳米复合含能材料

高氯酸铵(AP)是固体火箭推进剂的重要氧化剂,也是高爆热炸药的主要组分,其燃烧和热分解性能与推进剂的燃烧性能密切相关。添加少量燃速调节剂可对 AP 的热分解过程进行有效的调节,是调节推进剂燃速的有效途径。在众多添加剂中,炭黑、富勒烯和碳纳米管等碳材料在 AP 的热分解过程中能够有效降低 AP 的热分解温度,并能显著增加 AP 的表观分解热,对 AP 的热分解表现出强烈的促进作用。如前所述,石墨烯是具有特殊结构的新型碳材料,除了具有传统碳材料所具备的性质外,还具有超大的比表面积和优异的导热、导电性能。将石墨烯与 AP 复合,石墨烯有望对 AP 的热分解表现出更好的促进作用。

石墨烯气凝胶(GA)是具有高比表面积和丰富纳米孔结构的三维结构石墨烯材料。利用 GA 的多孔结构特性,将 AP 填充到 GA 的孔隙内,可以制备出 AP/GA 复合材料。以这种方式将 AP 与石墨烯复合,可以有效减小 AP 的粒径,实现 AP 粒径的纳米化,增加石墨烯与 AP 的接触面积,从而充分发挥石墨烯对 AP 热分解的促进作用,同时石墨烯作为还原剂可以与 AP 充分反应,显著增加表观分解热。

2.2.1　AP/GA 纳米复合含能材料的制备

1. GO 水溶液的制备

氧化石墨烯(GO)的制备以天然石墨为原料,采用改进的 Hummers 法制备,制备工艺流程如图 2.1 所示。

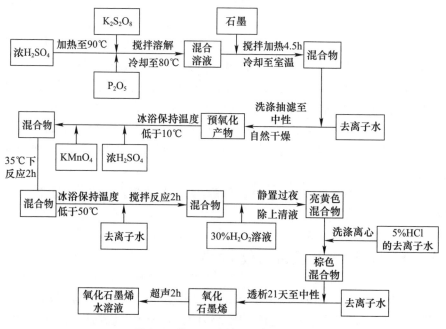

图 2.1　氧化石墨烯的制备流程图

2. 石墨烯水凝胶和气凝胶的制备

石墨烯水凝胶和气凝胶是制备石墨烯基复合含能材料的原料,因此,要先制备石墨烯水凝胶和气凝胶。石墨烯水凝胶和气凝胶的制备流程如图 2.2

所示。

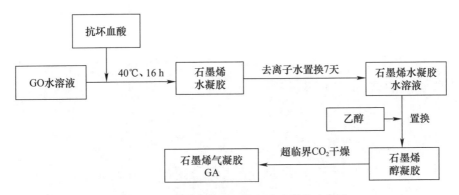

图 2.2 石墨烯水凝胶和气凝胶的制备流程图

3. AP/GA 纳米复合含能材料的制备

AP/GA 纳米复合含能材料的制备流程如图 2.3 所示。为了方便起见,将在浸泡温度为 75℃、80℃ 和 85℃ 下制备的 AP/GA 纳米复合含能材料分别简称为 SAG-75、SAG-80 和 SAG-85。

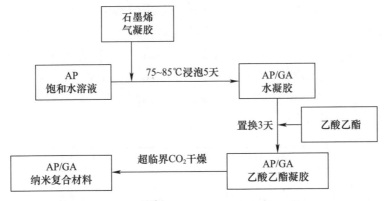

图 2.3 AP/GA 纳米复合含能材料的制备流程

作为对比,将石墨烯和 AP 按比例混合,缓慢研磨均匀后得到石墨烯与 AP 的物理共混物。

2.2.2 AP/GA 纳米复合含能材料的结构

1. 微观形貌

图 2.4 分别是 GA 和 AP/GA 纳米复合含能材料的 SEM 照片。从图 2.4(a) 可以看出,GA 具有丰富的孔结构,骨架是呈褶皱状的石墨烯。从图 2.4(b) 可以

看出,从 AP/GA 纳米复合含能材料上仍然可以观察到多孔结构,并且 AP/GA 纳米复合含能材料中石墨烯骨架上析出了大量的颗粒状 AP。这说明通过溶液渗透法成功实现了 AP 与 GA 的复合。

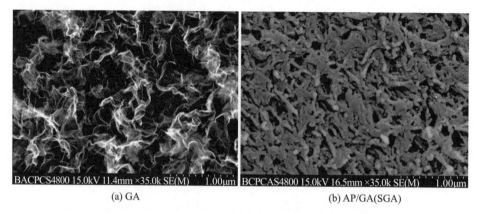

(a) GA (b) AP/GA(SGA)

图 2.4　GA 和 AP/GA 纳米复合含能材料的 SEM 照片

2. 比表面积和孔体积

图 2.5 是 GA 和 SGA - 85 的 N_2 吸附 - 脱附等温线。在图 2.5 中,GA 和 SAG - 85 的 N_2 吸附 - 脱附等温线均为国际理论与应用化学会(IUPAC)定义的Ⅳ型等温线,迟滞环为 H3 型,这说明填充 AP 以后,GA 孔的类型并没有发生改变,仍然为片状粒子堆积形成的狭缝孔。另外,在不同的相对压力下,SGA - 85 的 N_2 吸附量要显著低于 GA 的 N_2 吸附量,这是由于 AP 占据了 GA 的大部分孔体积,使 N_2 填充量减小所致。

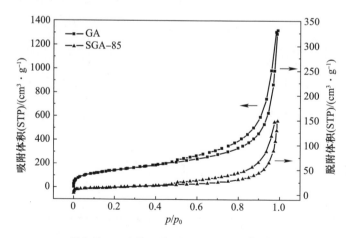

图 2.5　不同样品的 N_2 吸附 - 脱附等温线

图2.6是根据N_2吸附-脱附等温线用非定域密度泛函理论(NLDFT)计算得到GA和SAG-85的孔径分布曲线。表2.1给出了GA和SGA-85的孔结构相关参数。

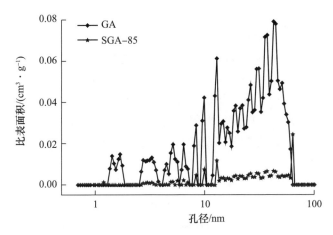

图2.6 不同样品的孔径分布曲线

表2.1 GA和SGA-85的孔结构相关参数

样品	$S_{BET}/(m^2 \cdot g^{-1})$	$V_{tot}/(cm^3 \cdot g^{-1})$	$V_{mic}/(cm^3 \cdot g^{-1})$	$V_{mes}/(cm^3 \cdot g^{-1})$	d_{ave}/nm
GA	531.98	2.0473	0.0089	2.0384	15.39
SAG-85	49.18	0.2309	0.0043	0.2266	18.78

从图2.6和表2.1可以看出,GA孔分布以介孔(孔径为2~50nm)为主,同时还有部分微孔(孔径小于2nm)和大孔(孔径大于50nm)。SGA-85孔分布也以介孔为主,同时还有部分大孔,但微孔部分几乎完全消失。这是由于干燥过程中AP在GA的孔隙内部结晶析出,将微孔及部分介孔和大孔填充造成的。

根据吸附-脱附等温线,计算得到GA的比表面积$S_{BET}=531.98m^2/g$,总孔体积$V_{tot}=2.0473cm^3/g$,微孔体积V_{mic}为$0.0089cm^3/g$,介孔和大孔体积$V_{mes}=2.0384cm^3/g$。而与AP复合以后,SGA-85的S_{BET}仅为$49.18m^2/g$,V_{tot}减小为$0.2309cm^3/g$,V_{mic}减小为$0.0043cm^3/g$,V_{mes}减小为$0.2266cm^3/g$。而平均孔径d_{ave}则由GA的15.39nm增大到18.78nm。这说明AP填充到GA的孔中以后,GA的比表面积和孔体积均显著减小。由于SGA-85存在大量的孔径为50~60nm的大孔,因此其平均孔径增大。

3. AP的含量

由于AP/GA纳米复合含能材料中只有AP含有N元素,故通过元素分析对AP/GA纳米复合含能材料中N元素含量进行测定,可以计算出AP的含量。根据元素分析结果,样品内部不同部位的 AP 含量相差不大,说明 AP 在所制备的 AP/GA 纳米复合含能材料中的分布是比较均匀的。经过计算后得到 SAG-75、SAG-80 和 SAG-85 中 AP 的质量分数分别为 85.21%、89.33% 和 94.40%。在不同温度下制备的 AP/GA 纳米复合含能材料中 AP 的含量不同。其原因是 AP 在不同温度下的溶解度不同。由于不同温度下制备 AP/GA 纳米复合含能材料时使用的 AP 水溶液均为此温度下 AP 的饱和溶液,温度越高,溶液浓度就越大,渗透进入 GA 孔隙中单位体积的溶液所含 AP 的量就越大,因而在干燥过程中 GA 微孔中析出的 AP 质量就越多,最终使得复合材料中 AP 的含量越多。

从元素分析结果可以看出,采用不同的制备温度可以对 AP/GA 纳米复合含能材料中 AP 的含量进行控制,以满足不同的使用要求。

4. 结晶性能

图 2.7 分别是 GA、AP 和不同温度下制备的 AP/GA 纳米复合含能材料的 XRD 衍射图。图 2.7 中,GA 在 $2\theta=22.5°$ 处的衍射峰对应的是石墨烯(002)晶面的衍射峰,表明石墨烯的层间距为 0.395nm。AP 和不同温度下制备的 AP/GA 纳米复合含能材料都在相同位置出现了明显的 AP 衍射峰,表明 AP/GA 纳米复合含能材料中 AP 的晶型没有发生改变,同时 AP/GA 纳米复合含能材料的 XRD 衍射图中石墨烯的衍射峰变得不明显,这是 AP/GA 纳米复合含能材料中含有大量的 AP、GA 含量相对较少的缘故。根据 Scherrer 公式,在不同温度下制备的 AP/GA 纳米复合含能材料中 AP 的平均粒径均为 69.41nm,说明与 GA 复合后,AP 的粒径为纳米级,并且制备温度对 AP/GA 纳米复合含能材料中 AP 的粒径大小影响不明显。

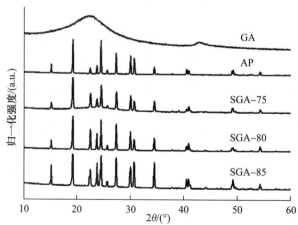

图 2.7 不同样品的 XRD 衍射图

2.2.3 AP/GA 纳米复合含能材料的热分解性能

1. AP/GA 纳米复合含能材料的热行为

图 2.8 分别是纯 AP、石墨烯与 AP 的简单物理共混物及不同温度下制备的 AP/GA 纳米复合含能材料的差示量热扫描法(DSC)曲线。从图 2.8 可以看出，在纯 AP 的 DSC 曲线上出现了一个吸热峰和两个放热峰，在 245℃附近的吸热峰是 AP 的晶型转变吸热峰，此时 AP 由斜方晶型转变为立方晶型；在 297.0℃附近的放热峰是 AP 的低温分解峰，AP 部分分解并生成中间产物；在 406.2℃附近的放热峰是 AP 的高温分解峰，此时 AP 完全分解，高温分解是 AP 热分解的主要分解过程。从石墨烯与 AP 的简单物理共混物和不同温度下制备的 AP/GA 纳米复合含能材料的 DSC 曲线上可以看出，石墨烯对 AP 的晶型转化温度基本没有影响，但对 AP 的低温分解和高温分解过程却产生明显影响。与纯 AP 相比，石墨烯与 AP 简单物理混合后(混合比例与 SAG-80 相同)，AP 的低温分解峰完全消失，高温分解峰温出现在 334.8℃，降低了 71.4℃。在 SAG-75 的 DSC 曲线上，其低温分解峰出现在 290.8℃，且几乎被高温分解峰掩盖，高温分解峰出现在 333.2℃，比纯 AP 提前了 73℃。而对于 SAG-80 和 SAG-85 来说，二者的低温分解峰完全消失，高温分解峰分别出现在 328.8℃和 322.5℃。这说明石墨烯对 AP 的高温分解过程具有明显的促进作用，使 AP 的高温分解提前进行，并且以气凝胶形式将石墨烯与 AP 复合比二者简单物理混合的促进作用更明显，还有一个原因就是纳米复合含能材料中 AP 的粒径为纳米级。

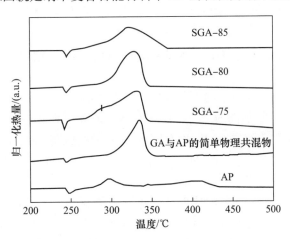

图 2.8 AP、AP/GA 简单物理共混物、AP/GA 纳米复合含能材料的 DSC 曲线

AP 的热分解过程非常复杂，普遍认为 AP 的低温分解是从 NH_4^+ 的质子转

移到 ClO_4^- 生成 NH_3 和 $HClO_4$ 开始的,主要是固-气多相反应,存在离解与升华过程。进入气相的 $HClO_4$ 进一步发生分解,生成 HCl、ClO_3、ClO、O、H_2O 等氧化性中间产物,继而与气相的 NH_3 发生氧化反应。

$$NH_4ClO_4 \Longleftrightarrow NH_4^+ + ClO_4^- \Longleftrightarrow NH_3(s) + HClO_4(s) \Longleftrightarrow NH_3(g) + HClO_4(g)$$

由于此时温度较低,NH_3 不能全部被 $HClO_4$ 分解生成的氧化性产物氧化,未反应的 NH_3 与 HCl 反应生成的 NH_4Cl 覆盖在 AP 表面,同时还有部分未反应的 NH_3 和 $HClO_4$ 也被吸附到 AP 表面,结果逐渐将活化中心(反应中心)覆盖,阻止了 AP 的进一步分解,造成低温分解结束。高温分解所发生的反应与低温分解基本相同,温度进一步升高后,凝聚相质子转移生成 NH_3 和 $HClO_4$ 的反应加剧,同时部分被吸附的 NH_3 和 $HClO_4$ 脱附,NH_3 继续在气相中被 $HClO_4$ 分解生成的氧化性产物氧化,生成 NO_2、O_2、Cl_2 和 H_2O 等最终产物。

从上述 AP 的热分解过程可以看出,AP 的受热分解过程为凝聚相分解和气相(包括 NH_3 和 $HClO_4$ 气体)解吸的平衡过程。石墨烯具有优异的导热、导电性能和超大的比表面积。在 AP 热分解过程中,石墨烯对 AP 热分解的促进作用主要表现在两个方面:一方面,石墨烯可提供良好的电子转移通道,有利于质子转移生成 NH_3 和 $HClO_4$;另一方面,石墨烯良好的导热性能使热量在 AP 颗粒中迅速传导,促进热分解发生。以上两方面能够促进 AP 的凝聚相分解生成 $NH_3(g)$ 和 $HClO_4(g)$。同时,由于石墨烯具有很大的比表面积,吸附能力很强,能将 AP 凝聚相分解生成的 $NH_3(g)$ 和 $HClO_4(g)$ 吸附到表面,延缓了二者进入气相并发生氧化反应,因而造成 AP 的低温分解峰大大减弱甚至完全消失。只有当温度继续升高时,$NH_3(g)$ 和 $HClO_4(g)$ 才从 AP 微粒和石墨烯表面解吸,同时新的凝聚相分解也生成更多的 $NH_3(g)$ 和 $HClO_4(g)$,并在气相发生快速氧化还原反应。

在石墨烯与 AP 的简单物理共混物和 AP/GA 纳米复合含能材料中,石墨烯都具有上述作用。所不同的是,在 AP/GA 纳米复合含能材料中,AP 是以纳米粒径尺寸存在于 GA 孔隙中的,相比之下,与石墨烯接触更加充分,更有利于质子的转移和热量的传导,因而在 AP/GA 纳米复合含能材料中,石墨烯对 AP 高温分解的促进作用更加明显。

石墨烯对 AP 的表观分解热也具有明显的影响。表 2.2 分别给出了纯 AP、石墨烯与 AP 的简单物理共混物和不同温度下制备的 AP/GA 纳米复合含能材料的 DSC 数据。从表 2.2 可以看出,纯 AP 的总表观分解热为 621J/g,石墨烯与 AP 的简单物理的总表观分解热为 1842J/g,而不同温度下制备的 AP/GA 纳米复合含能材料的表观分解热更大,其中 SGA-80 的总表观分解热最高达到 2340J/g。

这也从另一个角度证明了石墨烯对 AP 热分解的显著促进作用,能使 AP 的分解放热集中,且放热量大幅增加,并且以气凝胶形式复合要优于简单物理混合。

在 AP 的热分解过程中,石墨烯除了上述促进凝聚相分解以及吸附 $NH_3(g)$ 和 $HClO_4(g)$ 的作用外,由于石墨烯是碳材料,可直接与 $HClO_4$ 分解产生的氧化性产物发生氧化反应,放出热量。石墨烯与 AP 的简单物理共混物和 AP/GA 纳米复合含能材料的表观分解热实际上是 AP 的表观分解热与石墨烯参与氧化反应释放热量的总和。在石墨烯与 AP 的简单物理共混物中,由于 AP 的粒径尺寸为微米级,且 AP 与石墨烯的接触不如在 AP/GA 纳米复合含能材料中充分,因此尽管 AP 含量相同,但表观分解热要小于 AP/GA 纳米复合含能材料的表观分解热。不同温度下制备的 AP/GA 纳米复合含能材料的表观分解热的差异主要是由于 AP/GA 纳米复合含能材料中 AP 含量不同导致的。在 AP/GA 纳米复合含能材料中,AP 含量不同时纳米复合含能材料氧平衡系数不同,因而分解放热量产生差异。AP/GA 纳米复合含能材料的氧平衡系数根据 AP 的含量计算得到,其结果见表 2.2。根据含能材料的氧平衡理论,当含能材料为零氧平衡时其分解燃烧放热最大,而当含能材料为正氧平衡或负氧平衡时,其分解放热量均要下降。从表 2.2 可以看出,在不同温度下制备的 AP/GA 纳米复合含能材料中,SGA-75 为贫氧材料,SGA-85 为富氧材料,SGA-80 为接近零氧平衡的材料,测试结果证明 SGA-80 放热量最大。

表 2.2 不同样品的 AP 含量、氧平衡系数和 DSC 数据

样品	AP/%	氧平衡/%	T_L/℃	T_H/℃	$\Delta H/(J \cdot g^{-1})$
纯 AP	100	34	297.0	406.2	621
石墨烯与 AP 的简单物理共混物	89.33	1.88	—	334.8	1842
SGA-75	85.21	-10.52	290.8	333.2	2272
SGA-80	89.33	1.88	—	328.8	2340
SGA-85	94.40	17.14	—	322.5	2110

注:T_L 为低温分解峰温;T_H 为高温分解峰温;ΔH 为总表观分解热。

图 2.9 分别是 AP、石墨烯与 AP 的简单物理共混物和在不同温度下制备的 AP/GA 纳米复合含能材料的 TG 和 DTG 曲线。由图 2.9 可以看出,AP 和 SGA-75 的热分解过程存在两个失重阶段,而石墨烯与 AP 的简单物理共混物、SGA-80 和 SGA-85 的热分解过程只有一个失重阶段,与 DSC 的测试结果一致。

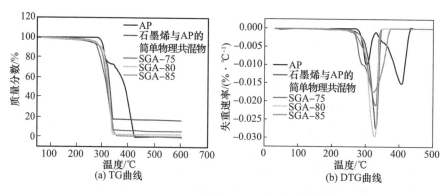

图 2.9　不同样品的 TG 和 DTG 曲线

2. AP/GA 纳米复合含能材料的热分解动力学

通过 Kissinger 法和 Flynn – Wall – Ozawa 法分别对纯 AP、石墨烯与 AP 的简单物理共混物和不同温度下制备的 AP/GA 纳米复合含能材料在不同升温速率下的 DSC 曲线进行处理,可以得到高温分解阶段的热分解动力学参数,其结果列于表 2.3。其中,热分解速率常数 k 通过 Arrhenius 公式计算,温度为样品在高温分解阶段各自的峰值温度。

Kissinger 方程:

$$\ln\left(\frac{\beta_i}{T_{pi}^2}\right) = \ln\frac{A_k R}{E_k} - \frac{E_k}{R}\frac{1}{T_{pi}} \qquad (2-1)$$

Flynn – Wall – Ozawa 方程:

$$\lg \beta = \lg \frac{AE}{Rf(a)} - 2.315 - 0.4567\frac{E}{RT} \qquad (2-2)$$

Arrhenius 公式:

$$k = A\exp\left(\frac{-E_a}{RT}\right) \qquad (2-3)$$

表 2.3　纯 AP、石墨烯与 AP 的简单物理共混物和 AP/GA 纳米复合含能材料的热分解动力学参数

样品	$E_a/(\text{kJ}\cdot\text{mol}^{-1})$		A/s^{-1}	k/s^{-1}
	Kissinger 法	Flynn – Wall – Ozawa 法		
AP	76.84	83.82	1.71×10^5	1.69×10^5
石墨烯与 AP 简单物理共混物	159.56	161.94	4.24×10^{12}	4.11×10^{12}
SGA – 75	161.82	163.39	7.10×10^{13}	6.87×10^{13}
SGA – 80	153.25	155.51	1.03×10^{13}	0.99×10^{13}
SGA – 85	138.11	140.94	4.05×10^{11}	3.93×10^{11}

从表 2.3 可以看出，AP 与石墨烯复合以后，其高温分解阶段的表观活化能明显增加。表观活化能反映了发生热分解反应的难易，因此可以认为与石墨烯复合后，AP 的稳定性得到提高。从分解速率常数来看，石墨烯与 AP 的简单物理共混物和 AP/GA 纳米复合含能材料在各自高温分解峰值温度时的分解速率常数均显著高于纯 AP 的分解速率常数，说明当到达高温分解温度时，石墨烯与 AP 的机械共混物和 AP/GA 纳米复合含能材料分解速度更快。这主要是由于石墨烯对 AP 热分解的促进作用导致的。也就是说，AP 与石墨烯复合以后，其稳定性得到提高。但是当达到分解温度后，石墨烯与 AP 的机械共混物和 AP/GA 纳米复合含能材料能发生剧烈的分解反应。

对不同温度下制备的 AP/GA 纳米复合含能材料比较发现，SGA-75 的表观活化能和分解速率常数最大。这是由于三种 AP/GA 纳米复合含能材料中，SGA-75 中石墨烯的质量分数是最大的，因而对 AP 热分解的促进作用也最明显。

3. AP/GA 纳米复合含能材料的热分解机理

为了深入理解 AP/GA 纳米复合含能材料的热分解行为，采用 TG-FTIR-MS 联用技术对 AP 和 SGA-80 热分解产生的气相产物进行了分析。图 2.10 分别是 AP 和 SGA-80 热分解气相产物的三维 TG-FTIR 谱图。从图 2.10 可以看出，纯 AP 的热分解产物主要出现在 25~32min 和 34~43min，并且其低温分解产物和高温分解产物相似，主要是 HCl（2640~3080cm^{-1}）和 N_2O（1230~1350cm^{-1} 和 2120~2260cm^{-1}）。对于 SGA-80 来说，它的热分解产物主要出现在 22~36min，其三维 TG-FTIR 谱图中，除了上述分解产物的特征峰外，还出现了 CO_2（610~730cm^{-1} 和 2270~2400cm^{-1}）的特征峰。

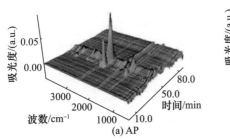
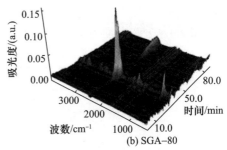

图 2.10　AP 和 SGA-80 热分解气相产物的三维 TG-FTIR 谱图

图 2.11 是 AP 和 SGA-80 在其各自分解峰温时热分解气相产物的 FTIR 谱图。从图 2.11 可以看出，纯 AP 在低温分解峰温（297.0℃）和高温分解峰温（406.2℃）时，热分解气相产物的 FTIR 谱图上均出现了 HCl 和 N_2O 的特征峰。SGA-80 在分解峰温（328.8℃）时，其热分解气相产物的 FTIR 谱图上，N_2O 的特

征峰强度变弱,但出现了明显的 CO_2 特征峰,这说明在热分解过程中石墨烯和 AP 分解产生的氧化性产物发生了氧化反应,生成了 CO_2,同时抑制了 N_2O 的产生。

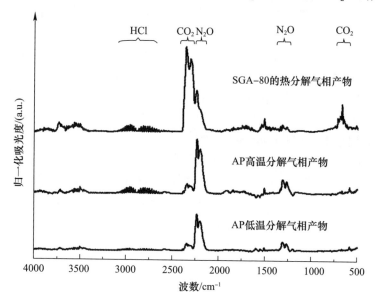

图 2.11　AP 在低温分解峰温和高温分解峰温以及 SGA-80 在分解峰温时热分解气相产物的 FTIR 谱图

进一步对 AP 和 SGA-80 的热分解产物进行了质谱分析。结果表明,AP 在其低温分解峰温(297.0 ℃)和高温分解峰温(406.2 ℃)时热分解气相产物基本一致。表 2.4 为 AP 分别在其低温分解峰温和高温分解峰温时热分解气相产物的质荷比(m/z)及其对应的气体产物。结合表 2.4 和图 2.11 的红外谱图可以看出,AP 的热分解产物主要有 HCl、N_2O、NH_3、NO 和 O_2。

表 2.4　AP 在低温分解峰温和高温分解峰温时热分解气相产物

m/z	气体产物	m/z	气体产物
15	N_2O,NH_3,NO	34	O_2
16	N_2O,NH_3,NO,O_2	35	HCl
17	NH_3	36	HCl
18	NH_3	37	HCl
30	N_2O,NO	38	HCl
31	NO	44	N_2O
32	NO,O_2	45	N_2O
33	O_2	46	N_2O

表 2.5 是 SGA-80 在其分解峰温(328.8℃)时热分解气相产物的质荷比(m/z)及其对应的气体产物。与 AP 的热分解气相产物相比，SGA-80 出现了 $m/z=12$ 的气体产物，对应于 CO 或 CO_2。结合表 2.5 和图 2.11 的红外谱图，可以看出 AP 热分解产物主要有 HCl、N_2O、NH_3、NO、O_2 和 CO_2。

表 2.5　SGA-80 在分解峰温时热分解气相产物

m/z	气体产物	m/z	气体产物
12	CO,CO_2	34	O_2
15	N_2O,NH_3,NO	35	HCl
16	N_2O,NH_3,NO,O_2	36	HCl
17	NH_3	37	HCl
18	NH_3	38	HCl
30	N_2O,NO	44	N_2O
31	NO	45	N_2O
32	NO,O_2	46	N_2O
33	O_2	—	—

根据 SGA-80 的 TG-FTIR-MS 分析结果，可以推断出 AP/GA 纳米复合含能材料的热分解过程如图 2.12 所示。填充在 GA 孔隙中的 AP 颗粒在石墨烯的催化作用下通过质子转移分解生成 $NH_3(g)$ 和 $HClO_4(g)$。由于石墨烯和 AP 粒子都具有很大的比表面积，吸附能力很强，生成的 $NH_3(g)$ 和 $HClO_4(g)$ 立即被吸附到石墨烯和 AP 微粒表面，难以进入气相发生氧化反应，因而低温分解过程大大减弱甚至消失。当温度足够高时，被吸附的 NH_3 和 $HClO_4$ 从 AP 微粒和石墨烯表面解吸附，与 AP 微粒继续分解生成的新的 NH_3 和 $HClO_4$ 一起在气相快速发生氧化还原反应，生成 HCl、N_2O、NO 和 O_2 等分解产物，同时还混有少量

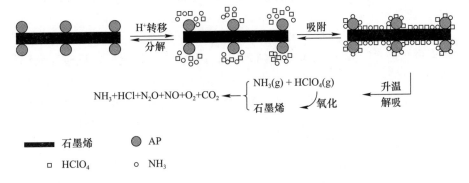

图 2.12　AP/GA 纳米复合含能材料的反应机理

未参与反应的 NH_3。在这个过程中,石墨烯也作为还原剂与 $HClO_4$ 发生了氧化反应,生成 CO_2,同时释放大量的热。

2.2.4 AP/GA 纳米复合含能材料的其他性能

1. 密度

通过动态接触角测定仪的密度附件测定了所制备的 AP/GA 纳米复合含能材料的密度,结果如表 2.6 所列。从表 2.6 可以看出,纯 AP 的密度为 $1.917g/cm^3$。在不同温度下制备的 AP/GA 纳米复合含能材料的密度均小于纯 AP 的密度,但随着 AP 质量分数的增加而增大。此外,与含有相同 AP 质量分数的石墨烯和 AP 的简单物理共混物相比,SGA-80 的密度要更小一些,这是由于 GA 骨架的多孔性造成的。经过机械研磨以后,AP/GA 纳米复合含能材料的孔结构并没有被完全破坏,仍存在大量的孔隙。在测试时,溶剂无法完全进入 AP/GA 纳米复合含能材料内部所有的孔道,赶出孔隙内的气体,导致在计算密度时,包含了孔隙内气体的体积,所以密度会偏小。就石墨烯与 AP 的简单物理共混物而言,其中不存在像 AP/GA 纳米复合含能材料那么多的孔隙结构,因而密度要更大。

表 2.6 不同样品的密度

样品	$\rho/(g \cdot cm^{-3})$
AP	1.917
石墨烯与 AP 简单物理共混物	1.823
SGA-75	1.701
SGA-80	1.727
SGA-85	1.846

2. 爆热

爆热是指 1kg 推进剂在初始温度为 298K 的惰性气体(或真空)中绝热定容燃烧生成燃烧产物,该产物再冷却到 298K,并假设没有发生二次反应和凝结放热,所放出的热量。爆热是表征火炸药放出化学潜能的特征参数,放热量越大,意味着放出的能量越多。分别对石墨烯与 AP 的简单物理共混物和不同温度下制备的 AP/GA 纳米复合含能材料的爆热进行了测试。表 2.7 是纯 AP、石墨烯与 AP 的简单物理共混物和不同温度下制备的 AP/GA 纳米复合含能材料的爆热。从表 2.7 可以看出,纯 AP 的爆热为 1448kJ/kg;与石墨烯简单混合后,其爆热显著增加,达到 4983kJ/kg;而以气凝胶形式复合后,AP/GA 纳米复合含能材料的爆热比纯 AP 提高了近 4 倍,其中 SGA-80 的爆热最大,达到 5756kJ/kg。

可见,将石墨烯与 AP 复合后能显著提高其热释放效率,并且通过气凝胶形式复合效果更好。

表 2.7　纯 AP、石墨烯与 AP 的简单物理共混物和在不同温度下制备的 AP/GA 纳米复合含能材料的爆热值

样品	$Q_v/(kJ \cdot kg^{-1})$
AP	1448
石墨烯与 AP 简单物理共混物	4983
SGA-75	5648
SGA-80	5756
SGA-85	5677

2.3　Fe_2O_3/GA 纳米复合含能材料

Fe_2O_3 纳米粒子对 AP 的热分解过程具有良好的催化效果,然而 Fe_2O_3 纳米粒子易于聚集,产生的活性位点较少,一定程度上降低了催化效果。石墨烯可用作优良的载体负载 Fe_2O_3 纳米粒子,抑制 Fe_2O_3 纳米粒子的聚集,从而保证纳米粒子催化 AP 热分解的催化活性。通过溶胶-凝胶法和超临界二氧化碳干燥技术,将 Fe_2O_3 纳米粒子负载在石墨烯片层上,由两者组成的三维多孔结构的气凝胶具有大比表面积,能够增强催化活性。石墨烯是一种碳材料,具有还原性,Fe_2O_3 具有氧化性,将二者复合在一起,可发生氧化还原反应释放能量。石墨烯/Fe_2O_3 纳米复合含能材料既可作为含能材料,也可作为催化剂使用。

2.3.1　Fe_2O_3/GA 纳米复合含能材料的制备

1. Fe_2O_3/GA 纳米复合含能材料的制备过程

Fe_2O_3/GA 纳米复合含能材料的制备过程如图 2.13 所示。

GO/$FeO_x(OH)_{3-2x}$ 复合凝胶和 Fe_2O_3/GA 纳米复合含能材料的宏观外形图如图 2.14 所示。

2. Fe_2O_3/GA 纳米复合含能材料的形成机理

$FeCl_3 \cdot 6H_2O$ 溶解在氧化石墨烯溶液中后,Fe^{3+} 先与其自带的结晶水配位结合,生成水合离子 $[Fe(H_2O)_6]^{3+}$。水合离子 $[Fe(H_2O)_6]^{3+}$ 在溶液中发生水解且同时发生缩聚反应,如式(2-4)和式(2-5)所示。

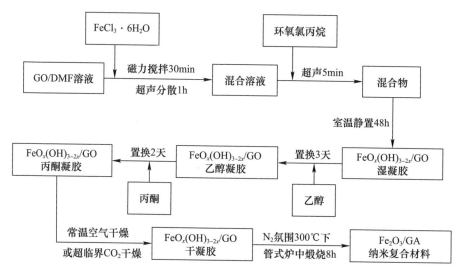

图 2.13　Fe_2O_3/GA 纳米复合含能材料的制备工艺流程

(a) $FeO_x(OH)_{3-2x}/GO$　　　　　　(b) Fe_2O_3/GA

图 2.14　超临界二氧化碳干燥后的 $GO/FeO_x(OH)_{3-2x}$ 复合
凝胶和 Fe_2O_3/GA 纳米复合含能材料的宏观外形图

$$[Fe(H_2O)_6]^{3+} + H_2O \rightleftharpoons [Fe(OH)(H_2O)_5]^{2+} + H_3O^+ \quad (2-4)$$

$$2[Fe(OH)(H_2O)_5]^{2+} \rightleftharpoons [(H_2O)_5FeO(H_2O)_5]^{4+} + H_2O \quad (2-5)$$

溶液中随着 H_3O^+ 逐渐增加,体系反应逐渐达到平衡,而体系平衡后,体系中 $[Fe(OH)(H_2O)_5]^{2+}$ 的浓度较低,不足以发生足够的缩聚反应来实现溶胶 - 凝胶的过程。向体系中加入环氧氯丙烷后,环氧氯丙烷中电负性较高的氧可以被体系中的 H_3O^+ 质子化,此时 Cl^- 会进攻环氧氯丙烷的 C—O 键,生成稳定的化合物,促使反应式(2-4)和式(2-5)向正方向进行,加速水解和缩聚反应的进行形成溶胶,然后溶胶粒子进一步形成凝胶网络。氧化石墨烯片层在体系中可以起到空间位阻作用,减小氧化铁粒子的聚集,而且氧化石墨烯片层上的含氧基团呈负电性,和铁离子之间能够产生静电吸引作用,使得氧化铁纳米粒子在氧化石墨烯的片层上更好地分散。在超临界点以上的区域,气液界面会消失,分子间相互作用也会减小,使得液体表面张力下降。当采用超临界二氧化碳干燥技术来干燥湿凝胶时,湿凝胶中的溶剂不用形成气液界面,而直接转化为无气液相区别的流体,随着超临界二氧化碳流体的流动和凝胶分离,得到结构保持完好的气凝胶。再通过管式炉的高温煅烧,除去气凝胶中的水和杂质,使得氧化铁由无定形态转化为结晶型,而且同时使得氧化石墨烯(GO)通过热还原为石墨烯(GA),最后就得到了 Fe_2O_3/GA 纳米复合含能材料。Fe_2O_3/GA 纳米复合含能材料的制备流程图如图 2.15 所示。

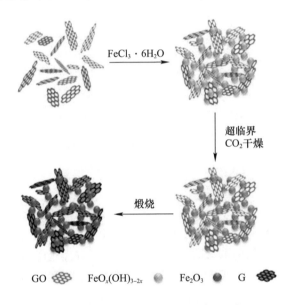

图 2.15　Fe_2O_3/GA 纳米复合含能材料的制备流程图

2.3.2　Fe_2O_3/GA 纳米复合含能材料的结构

1. Fe_2O_3/GA 纳米复合含能材料的 XRD 分析

图 2.16 是 GO、GA 气凝胶和 Fe_2O_3/GA 纳米复合含能材料的 XRD 谱图。从图中可以看出,Fe_2O_3/GA 纳米复合含能材料中有 6 个衍射峰,对应着立方尖晶石 γ-Fe_2O_3 的(220)、(311)、(400)、(422)、(511)以及(440)晶面,与标准卡片(JCPDS NO. 04-0755)一致。图 2.16 是 GO 的 XRD 衍射曲线,可以看出在 $2\theta = 10.7°$ 处为 GO 的(001)晶面衍射峰,而 Fe_2O_3/GA 纳米复合含能材料的谱图

中没有此衍射峰,说明在煅烧过程中 GO 的部分含氧基团都被消除了。图 2.16 是 GA 的 XRD 衍射曲线,出现了明显的 GA 的衍射峰,表明 GA 在纳米复合含能材料基质中均匀分散,GA 片层之间没有发生明显的层与层之间的堆叠。通过 Scherrer 公式计算得出 Fe_2O_3/GA 纳米复合含能材料中 Fe_2O_3 的平均粒径为 34nm,证明 Fe_2O_3 粒子以纳米级尺寸分散在 GA 上。

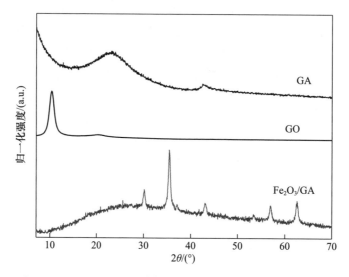

图 2.16　Fe_2O_3/GA 纳米复合含能材料、GO 和 GA 的 XRD 谱图

图 2.17 是 GO、Fe_2O_3、常温干燥 Fe_2O_3/GA 纳米复合含能材料和超临界 CO_2 干燥 Fe_2O_3/GA 纳米复合含能材料的 XRD 谱图。从图中可知,两种干燥方式制备的 Fe_2O_3/GA 复合材料的 XRD 曲线均在相同位置出现了 $\gamma-Fe_2O_3$ 特征衍射峰,并且没有出现 GO 的特征衍射峰,表明 GO 转化为 GA,不同干燥方式制备的复合材料由 GA 和 Fe_2O_3 组成,且不同的干燥方法对 Fe_2O_3 的晶型没有影响。根据 Scherrer 公式,计算得到常温干燥的复合材料中 Fe_2O_3 的平均粒径为 56nm。

2. Fe_2O_3/GA 纳米复合含能材料的 Raman 分析

图 2.18 是 GO、GA 和 Fe_2O_3/GA 纳米复合含能材料的 Raman 谱图。由图可知,GO 的 Raman 谱图中存在两个明显的特征峰,即 D 峰和 G 峰,经计算得到 GO 的 $I_D/I_G = 0.95$。GA 的 Raman 谱图中也存在两个明显的特征峰,1352cm^{-1} 处的 D 峰和 1586cm^{-1} 处的 G 峰。与 GO 相比,GA 的 D 峰的相对强度较弱,其 $I_D/I_G = 0.91$。Fe_2O_3/GA 纳米复合含能材料的拉曼谱图和 GO、GA 一样,也出现了 D 峰和 G 峰。Fe_2O_3/GA 纳米复合含能材料的 $I_D/I_G = 0.91$,小于 GO 的

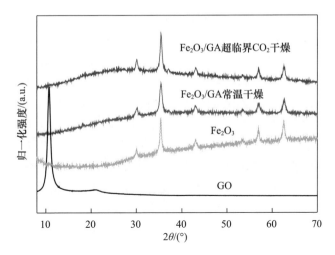

图 2.17　GO、Fe_2O_3、常温干燥制备的 Fe_2O_3/GA 和超临界 CO_2
干燥制备的 Fe_2O_3/GA 纳米复合含能材料的 XRD 谱图

I_D/I_G,和 GA 的 I_D/I_G 一样。说明纳米复合含能材料在高温煅烧后,结构发生了一定的变化,GO 部分热还原成 GA,但是仍然存在由 sp^3 杂化引起的缺陷。

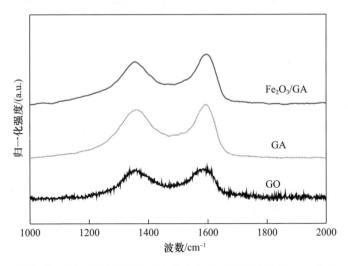

图 2.18　GO、GA 和 Fe_2O_3/GA 纳米复合含能材料的 Raman 谱图

3. Fe_2O_3/GA 纳米复合含能材料的 XPS 分析

图 2.19(a)是 GO 和 Fe_2O_3/GA 纳米复合含能材料的 XPS 全谱谱图。由图可知,与 GO 的 XPS 全谱图相比,Fe_2O_3/GA 纳米复合含能材料的 XPS 全谱图中出现了铁元素的特征峰,这说明气凝胶中含有氧化铁。从图 2.19(b) Fe2p 的谱

图可知,在结合能为 710.5eV 和 724.1eV 处出现的两个峰分别对应 $Fe2p_{3/2}$ 和 $Fe2p_{1/2}$,719.3eV 处出现一个伴峰,这些是 $\gamma-Fe_2O_3$ 的特征峰,表明经过高温煅烧,无定形的氧化铁转变为 $\gamma-Fe_2O_3$。由图 2.19(c) 和 (d) 可见,GO 和 Fe_2O_3/GA 纳米复合含能材料的谱图中存在 4 个结合能峰:284.6eV 处对应的是 C—C/C=C 的结合能峰;286.5eV 处对应的是 C—OH 或 C—O—C 的结合能峰;287.8eV 处对应的是 C=O 的结合能峰;289.0eV 处对应的是 O—C=O 的结合能峰。Fe_2O_3/GA 纳米复合含能材料中含氧官能团的峰强度明显低于 GO 中含氧官能团的峰强度,表明在高温热还原过程中部分氧被消除。通过 XPS 数据分析,GO 的含氧量为 32.02%,而 Fe_2O_3/GA 纳米复合含能材料中含氧量为 18.08%,这表明在高温热还原过程中部分氧被消除。

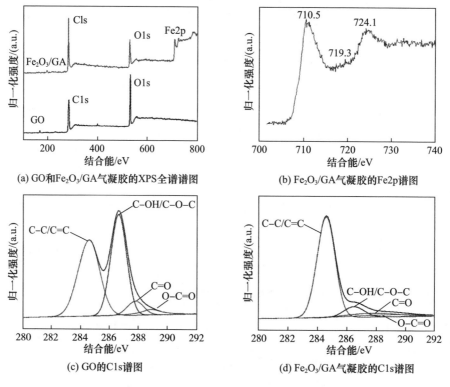

图 2.19 GO、Fe_2O_3/GA 的 XPS 测试谱图

4. Fe_2O_3/GA 纳米复合含能材料的微观形貌

图 2.20 是 GO、Fe_2O_3 纳米粒子和 Fe_2O_3/GA 纳米复合含能材料的 SEM 和 TEM 照片。图 2.20(a) 是 GO 的 TEM 照片,可以看到 GO 片层上存在许多褶皱,这是由于 GO 片层上含有羧基、羟基和环氧基团导致的,这些褶皱为负载纳米粒

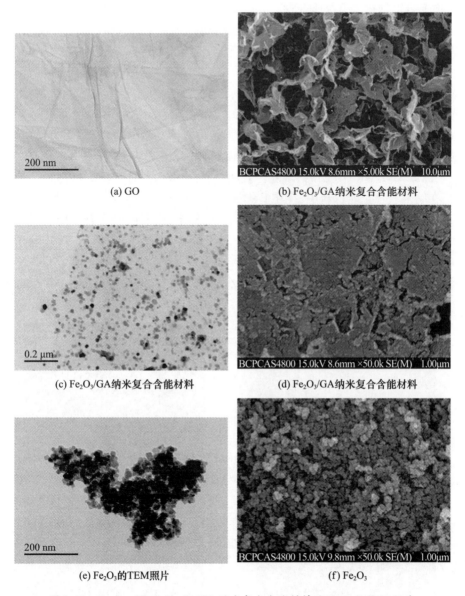

(a) GO
(b) Fe$_2$O$_3$/GA 纳米复合含能材料
(c) Fe$_2$O$_3$/GA 纳米复合含能材料
(d) Fe$_2$O$_3$/GA 纳米复合含能材料
(e) Fe$_2$O$_3$的TEM照片
(f) Fe$_2$O$_3$

图 2.20　Fe$_2$O$_3$、GO 和 Fe$_2$O$_3$/GA 纳米复合含能材料的 TEM 和 SEM 照片

子提供了活性位点。由图 2.20(b)可知，Fe$_2$O$_3$/GA 纳米复合含能材料具有气凝胶特性的多孔结构，这些多孔结构是 GA 片层堆积形成的，孔的尺寸大小不一，有微孔、介孔和大孔。图 2.20(c)和(d)分别是 Fe$_2$O$_3$/GA 纳米复合含能材料的 TEM 和 SEM 照片，从图中可以观察到类球形的 Fe$_2$O$_3$ 纳米粒子分布在石墨烯片

层上,Fe_2O_3 纳米粒子的粒径在 30nm 左右。与原料 Fe_2O_3 纳米粒子(图 2.20(e)和(f))相比,Fe_2O_3/GA 纳米复合含能材料(图 2.20(c)和(d))中,Fe_2O_3 纳米粒子能够较好地分散在石墨烯的片层上,说明 GA 可以有效地抑制 Fe_2O_3 纳米粒子的聚集。这是由于 GA 的前驱体 GO 上含有大量的含氧官能团(如羟基、羧基以及环氧等),这些含氧官能团作为活性位点有利于纳米粒子的负载,可以避免纳米粒子的聚集。综上所述,Fe_2O_3/GA 纳米复合含能材料的多孔结构和 Fe_2O_3 纳米粒子在 Fe_2O_3/GA 纳米复合含能材料中的良好分散,使得 Fe_2O_3/GA 纳米复合含能材料的比表面积增大,从而提高其催化性能。

图 2.21 是 Fe_2O_3/GA 纳米复合含能材料的 EDS 面分布图。从图中可以看出,在纳米复合含能材料中,存在 C、O 和 Fe 三种元素。结合 XPS 分析可知,Fe 元素以三价化合价态存在于纳米复合含能材料中,说明纳米复合含能材料中的氧化铁为 Fe_2O_3,与 XRD 的分析结果一致。再结合前面的 SEM 和 TEM 分析可知,在 GA 片层上观察到的类球形纳米粒子的确是 Fe_2O_3 纳米粒子,并且从 EDS 谱图上可以看出三种元素分布均匀,从而证实 Fe_2O_3 纳米粒子在 GA 片层上分布均匀。

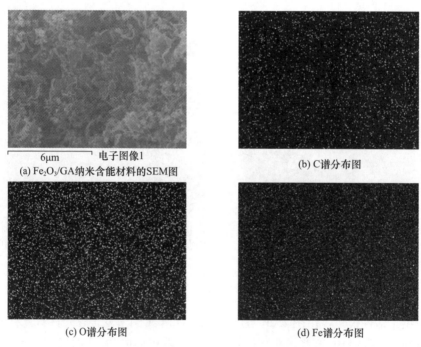

图 2.21　Fe_2O_3/GA 纳米复合含能材料的 EDS 面分布图

图 2.22 是常温干燥的 Fe_2O_3/GA 纳米复合含能材料和超临界 CO_2 干燥的

Fe_2O_3/GA 纳米复合含能材料的实物和 SEM 照片。从图 2.22(a)中可知,常温干燥的复合材料结构坍塌为粉末状,从图 2.22(b)中可以看出,片层堆积严重,观察不到明显的孔结构,进一步放大观察,如图 2.22(c)所示,可以看到 Fe_2O_3 纳米粒子分布在 GA 片层上,但是 Fe_2O_3 纳米粒子趋向聚集状态,并且分布不均匀。图 2.22(d)是超临界 CO_2 干燥的 Fe_2O_3/GA 纳米复合含能材料的实物照片,从图中可观察到超临界 CO_2 干燥的 Fe_2O_3/GA 纳米复合含能材料呈块状,这是因为超临界 CO_2 干燥使得样品保持湿凝胶的立体结构,从而制备出三维网络结构的气凝胶。从图 2.22(e)和(f)中也可以看到,超临界 CO_2 干燥的 Fe_2O_3/GA 纳米复合含能材料具有开放的孔结构,Fe_2O_3 纳米粒子分散在 GA 片层上。与常温干燥的复合材料相比,超临界 CO_2 干燥的 Fe_2O_3/GA 纳米复合含能材料中,Fe_2O_3 纳米粒子分散得更好。一方面,超临界 CO_2 干燥的 Fe_2O_3/GA 纳米复合含能材料中,Fe_2O_3 纳米粒子在 GA 片层上分散得更好,那么复合材料就能够提供更多的催化活性位点,有利于催化 AP 的热分解;另一方面,常温干燥的 Fe_2O_3/GA 纳米复合含能材料片层堆积严重,没有明显的孔结构,那么可能导致其比表面积小。

(a) 常温干燥制备的Fe_2O_3/GA纳米复合含能材料的实物图

(b) 常温干燥制备的Fe_2O_3/GA纳米复合材料的SEM图

(c) 常温干燥制备的Fe_2O_3/GA纳米复合材料的SEM图

(d) 超临界CO_2干燥制备的Fe_2O_3/GA纳米复合含能材料的实物图

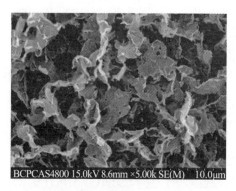
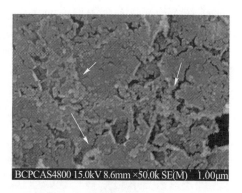

(e) 超临界CO_2干燥制备的Fe_2O_3/GA纳米复合含能材料的SEM图

(f) 超临界CO_2干燥制备的Fe_2O_3/GA纳米复合含能材料的SEM图

图 2.22　常温干燥制备的 Fe_2O_3/GA 纳米复合含能材料和超临界 CO_2 干燥制备的 Fe_2O_3/GA 纳米复合含能材料的实物和 SEM 图

5. Fe_2O_3/GA 纳米复合含能材料的比表面积和孔体积

图 2.23 是 Fe_2O_3 纳米粒子和 Fe_2O_3/GA 纳米复合含能材料的 N_2 吸附-脱附曲线。Fe_2O_3/GA 纳米复合含能材料的吸附-脱附等温线属于典型的Ⅳ型吸附-脱附等温线。从图中可以看出,随着相对压力的增加,吸附量也迅速增加,并且具有 H3 滞后环特征。从图 2.24 可以看出,Fe_2O_3/GA 纳米复合含能材料

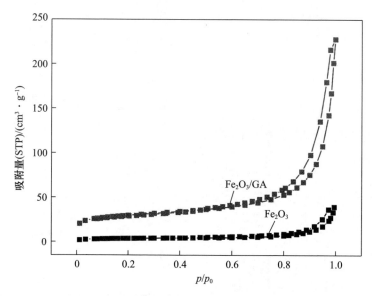

图 2.23　Fe_2O_3 纳米粒子和 Fe_2O_3/GA 纳米复合含能材料的 N_2 吸附-脱附曲线

的孔径分布在 2~50nm,表明 Fe_2O_3/GA 纳米复合含能材料是一种介孔材料。Fe_2O_3 纳米粒子和 Fe_2O_3/GA 纳米复合含能材料的比表面积 S_{BET} 分别为 $13m^2/g$ 和 $123m^2/g$,总孔体积 V_{tot} 分别为 $0.06cm^3/g$ 和 $0.48cm^3/g$。与 Fe_2O_3 纳米粒子相比,Fe_2O_3/GA 纳米复合含能材料的比表面积明显增大。一方面,比表面积增大有助于吸附反应分子;另一方面,比表面积大有利于活性组分的分散,提供更多的活性位点,从而有利于提高催化活性。

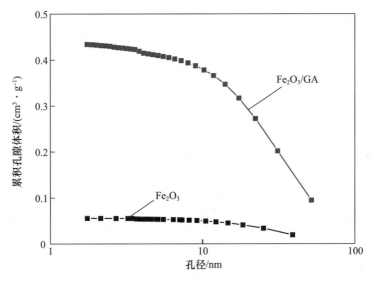

图 2.24　Fe_2O_3 纳米粒子和 Fe_2O_3/GA 纳米复合含能材料的孔径分布曲线

图 2.25 是常温干燥 Fe_2O_3/GA 纳米复合含能材料和超临界 CO_2 干燥 Fe_2O_3/GA 纳米复合含能材料的 N_2 吸附-脱附曲线。常温干燥的 Fe_2O_3/GA 纳米复合含能材料的吸附-脱附曲线趋于重合,说明该材料内部基本上没有孔,结构坍塌堆叠。而且在其 SEM 照片上也没有观察到明显的孔结构,吸附-脱附的结果和 SEM 照片的结果是一致的。在相同的相对压力下,常温干燥的 Fe_2O_3/GA 纳米复合含能材料的 N_2 吸附量明显比超临界 CO_2 干燥的小,这说明其比表面积和孔体积均小于超临界 CO_2 干燥的复合材料的比表面积和孔体积。通过 BET 方法计算出常温干燥和超临界 CO_2 干燥制备的复合材料的比表面积分别为 $10m^2/g$ 和 $123m^2/g$,通过 Barret,Joyner 和 Halenda(BJH)方法计算出常温干燥和超临界 CO_2 干燥制备的复合材料的孔体积分别是 $0.06cm^3/g$ 和 $0.48cm^3/g$。由此可见,与常温干燥相比,超临界 CO_2 干燥制备的复合材料具有多孔结构,其比表面积较大。

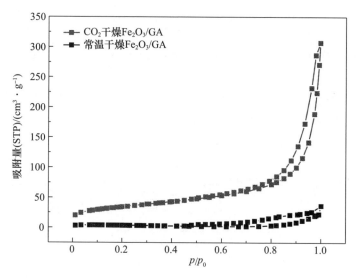

图 2.25 常温干燥和 CO_2 干燥的 Fe_2O_3/GA 纳米复合含能材料的 N_2 吸附-脱附曲线(见彩插)

2.3.3 Fe_2O_3/GA 纳米复合含能材料对 AP 热分解性能的影响

采用 TG-DSC 研究了 Fe_2O_3/GA 纳米复合含能材料对 AP 热分解行为的影响。图 2.26 和图 2.27 分别是纯 AP 和 1%、3%、5%、7%、9% 的 Fe_2O_3/GA 纳米复合含能材料与 AP 共混物的 TG 曲线及其对应的 DTG 曲线。从图中可以看出，

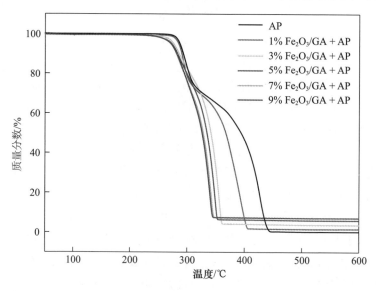

图 2.26 Fe_2O_3/GA 纳米复合含能材料与 AP 共混物的 TG 曲线(见彩插)

纯 AP 和 1%、3%、5%、7%、9% 的 Fe_2O_3/GA 纳米复合含能材料与 AP 共混物的 TG 曲线上均出现了两个台阶，对应的 DTG 曲线上出现两个分解阶段，说明共混物的热分解均表现为低温分解和高温分解两个阶段，和纯 AP 的热分解阶段是一致的。但由图可知，加入 Fe_2O_3/GA 纳米复合含能材料后，AP 的热分解阶段向低温方向移动，且随着 Fe_2O_3/GA 纳米复合含能材料含量的增加，AP 的低温分解阶段和高温分解逐渐靠近，高温分解阶段移动幅度随之增大。上述结果表明，Fe_2O_3/GA 纳米复合含能材料对 AP 具有良好的催化效果。

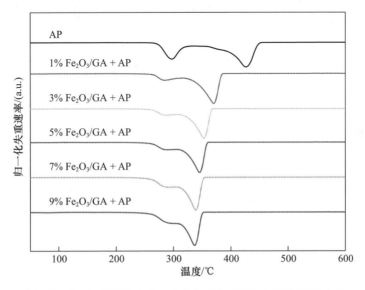

图 2.27　Fe_2O_3/GA 纳米复合含能材料与 AP 共混物的 DTG 曲线

图 2.28 是纯 AP 和 1%、3%、5%、7%、9% 的 Fe_2O_3/GA 纳米复合含能材料与 AP 的共混物的 DSC 曲线。从图中可以看出，Fe_2O_3/GA 纳米复合含能材料对 AP 的晶型转化过程基本没有影响，Fe_2O_3/GA 纳米复合含能材料的共混物均有两个分解放热阶段。表 2.8 给出了纯 AP 和 1%、3%、5%、7%、9% 的 Fe_2O_3/GA 纳米复合含能材料与 AP 的共混物 DSC 相关数据。1% Fe_2O_3/GA 纳米复合含能材料与 AP 的共混物的低温分解峰温和高温分解峰温分别为 284.2℃ 和 375.6℃，与纯 AP 相比，低温分解温度提前了 14.2℃，而高温分解温度提前了 58.6℃。纯 AP 的分解放热量为 593J/g，当加入 1% Fe_2O_3/GA 纳米复合含能材料后，AP 放热量增加至 1026J/g，增加了 433J/g。这说明 Fe_2O_3/GA 纳米复合含能材料对 AP 的热分解具有明显的促进作用。AP 分解主要是在气相发生放热反应，气体分子扩散逸出，不能完全发生反应，Fe_2O_3/GA 纳米复合含能材料具有多孔结构和大比表面积，能够吸附气体分子在凝聚相表面发生反应，从而放出

更多的热量。而且Fe_2O_3/GA纳米复合含能材料中的石墨烯能够和AP分解产生的氧化性产物发生化学反应,贡献一部分热量。随着Fe_2O_3/GA纳米复合含能材料含量的增加,共混物的低温分解峰和高温分解峰逐渐靠拢,有合并为一个分解阶段的趋势,高温分解峰温度也随之减小。当Fe_2O_3/GA纳米复合含能材料含量为9%时,AP的高温分解峰温和放热量分别为340.8℃和1653J/g,与纯AP相比,高温分解峰温大幅度降低,分解放热量大幅度增加,高温分解峰温提前了93.4℃,分解热增加了1060J/g。Fe_2O_3/GA纳米复合含能材料含量越多,提供的活性位点越多,吸附气体分子的能力增强,使得AP的分解温度降低,分解放热量增大。

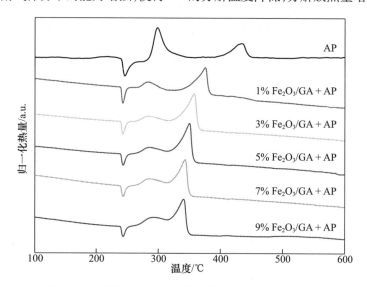

图2.28　Fe_2O_3/GA纳米复合含能材料与AP共混物的DSC曲线

表2.8　Fe_2O_3/GA纳米复合含能材料与AP共混物的DSC数据

样品	T_L/℃	T_H/℃	ΔH(J·g^{-1})
AP	298.4	434.2	593
1% Fe_2O_3/GA + AP	284.2	375.6	1026
3% Fe_2O_3/GA + AP	284.3	357.5	1289
5% Fe_2O_3/GA + AP	285.5	350.3	1407
7% Fe_2O_3/GA + AP	285.9	343.2	1508
9% Fe_2O_3/GA + AP	293.1	340.8	1653

图2.29是Fe_2O_3/GA纳米复合含能材料催化AP的机理示意图。温度升高后,AP发生分解反应,会生成多种气相产物。GA和Fe_2O_3纳米粒子具有大的表面积,能够吸附气相产物,加快反应物的传质和传热,加速气相产物间的反应。

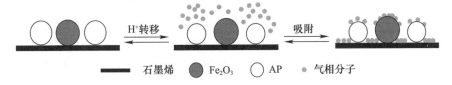

图 2.29　Fe_2O_3/GA 纳米复合含能材料催化 AP 的机理示意图

在 AP 的低温分解阶段,电子转移是控制步骤,而在高温分解阶段,O_2 转化为 O_2^- 是控制步骤。当 Fe_2O_3/GA 纳米复合含能材料加入到 AP 中后,过渡金属氧化物 Fe_2O_3 属于 p 型半导体催化剂,3d 轨道上部分电子填充,价带上存在带正电的空穴,能够接受 AP 分解产生的电子,从而提高 AP 的热分解速率,但是 Fe_2O_3 纳米粒子容易聚集,产生的能够吸引电子的活性位点较少。GA 具有大的理论比表面积,是一种理想的催化剂载体,而且 GA 具有良好的导电性。Fe_2O_3 与 GA 复合后,一方面可以有效抑制 Fe_2O_3 纳米粒子的聚集,另一方面能够提供更多的加速电子促进 AP 的热分解。在 Fe_2O_3 纳米粒子和 GA 的协同作用下,能够提供更多的催化活性位点,产生更多的加速电子,从而加速两个控制步骤的进行,使得低温分解的电子更快地转移,快速产生 $HClO_4$ 可以分解生成 O_2,快速传导的电子流使得 O_2 易于形成 O_2^-,然后 O_2^- 能够促进 NH_3 和 $HClO_4$ 产生的其他氧化性分解产物发生反应,从而完成 AP 的整个分解过程,如图 2.30 所示。因此,Fe_2O_3/GA 纳米复合含能材料能够有效地催化 AP 的热分解,使得 AP 的分解温度降低,分解放热量增大。

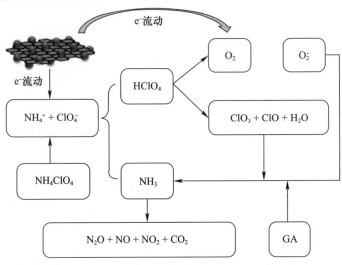

图 2.30　Fe_2O_3/GA 纳米复合含能材料催化 AP 的机理示意图

▶ 新型纳米复合含能材料

图 2.31 和图 2.32 分别是 AP 和常温干燥的 Fe_2O_3/GA 纳米复合含能材料与 AP 共混物的 TG 曲线及其对应的 DTG 曲线。由图可知，纯 AP 和 Fe_2O_3/GA 纳米复合含能材料与 AP 共混物的 TG 曲线出现两个失重台阶，DTG 曲线出现两个峰，这说明纯 AP 和 Fe_2O_3/GA 纳米复合含能材料与 AP 共混物存在两个热分解阶段。

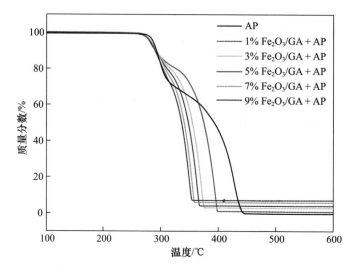

图 2.31　AP 和常温干燥的 Fe_2O_3/GA 纳米复合含能材料与 AP 共混物的 TG 曲线（见彩插）

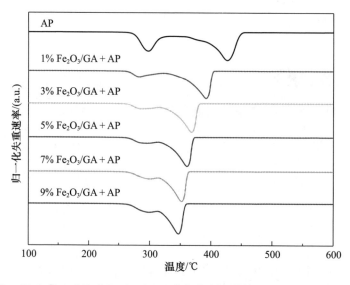

图 2.32　AP 和常温干燥的 Fe_2O_3/GA 纳米复合含能材料与 AP 共混物的 DTG 曲线

图 2.33 是 AP 和常温干燥的 Fe_2O_3/GA 纳米复合含能材料与 AP 共混物的 DSC 曲线。在 DSC 曲线上可以看到出现了一个吸热峰和两个放热峰，依次对应 AP 的晶型转变吸热峰、低温分解放热峰和高温分解放热峰。加入 Fe_2O_3/GA 纳米复合含能材料以后，AP 的分解峰温度明显降低，并且随着 Fe_2O_3/GA 纳米复合含能材料含量的增加，AP 的分解峰温度随之减小，这说明常温干燥的 Fe_2O_3/GA 纳米复合含能材料对 AP 的热分解也具有催化作用。

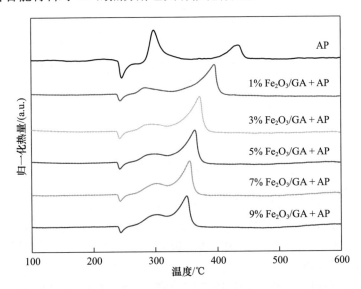

图 2.33　AP 和常温干燥的 Fe_2O_3/GA 纳米复合含能材料与 AP 共混物的 DSC 曲线

表 2.9 给出了常温干燥和超临界 CO_2 干燥制备的 Fe_2O_3/GA 纳米复合含能材料与 AP 共混物的 DSC 数据。由表可知，与纯 AP 相比，加入常温干燥和超临界 CO_2 干燥的 Fe_2O_3/GA 纳米复合含能材料以后，AP 的分解温度明显降低，这表明两种干燥方式制备出来的 Fe_2O_3/GA 纳米复合含能材料对 AP 的热分解均有明显的催化作用。与常温干燥的纳米复合含能材料相比，超临界 CO_2 干燥的纳米复合含能材料对 AP 的催化效果更好。以加入 9% 的纳米复合含能材料为例，与纯 AP 相比，常温干燥的纳米复合含能材料使得 AP 的高温分解峰温降低了 84℃，而超临界 CO_2 干燥的纳米复合含能材料使得 AP 的高温分解峰温减小了 93.4℃。常温干燥制备的 Fe_2O_3/GA 纳米复合含能材料与超临界 CO_2 干燥的纳米复合含能材料相比，其比表面积($10m^2/g$)远小于用超临界 CO_2 干燥的纳米复合含能材料的比表面积($123m^2/g$)，而且从电镜照片中也可以看到常温干燥制备的 Fe_2O_3/GA 纳米复合含能材料中的 Fe_2O_3 纳米粒子分布不均，易于聚集。因此，常温干燥制备的 Fe_2O_3/GA 纳米复合含能材料中产生的能够吸引电子的

活性位点少于超临界 CO_2 干燥的,减弱了其对 AP 的热分解催化能力。

表2.9 常温干燥和超临界 CO_2 干燥制备的 Fe_2O_3/GA 纳米复合含能材料与 AP 共混物的 DSC 数据

Fe_2O_3/GA 的质量分数/%	T_L/℃		T_H/℃	
	常温干燥 Fe_2O_3/GA + AP	超临界 CO_2 干燥 Fe_2O_3/GA + AP	常温干燥 Fe_2O_3/GA + AP	超临界 CO_2 干燥 Fe_2O_3/GA + AP
0	298.4	298.4	434.2	434.2
1	284.2	284.2	395.8	375.6
3	295.0	284.3	371.4	357.5
5	298.4	285.5	364.0	350.3
7	301.3	285.9	355.0	343.2
9	302.5	293.1	350.2	340.8

2.4 AP/Fe_2O_3/GA 纳米复合含能材料

2.2节和2.3节分别对 AP/GA 和 Fe_2O_3/GA 纳米复合含能材料进行了介绍。若将 GA、Fe_2O_3、AP 三者复合在一起,制备新型的纳米复合含能材料,一方面可以实现 AP 粒径的纳米化,另一方面能够增加各组分之间的接触面积,提高反应速率和能量释放速率。

本节将石墨烯气凝胶,Fe_2O_3 纳米粒子和 AP 复合来制备新型的 AP/Fe_2O_3/GA 纳米复合含能材料,对 AP/Fe_2O_3/GA 纳米复合含能材料制备、结构和热分解性能进行介绍。

2.4.1 AP/Fe_2O_3/GA 纳米复合含能材料的制备

1. Fe_2O_3/GA 水凝胶的制备原理

Fe_2O_3/GA 水凝胶的形成原理是:GO 和 Fe_2O_3 纳米粒子在水溶液中均匀分散,加入亚硫酸氢钠后,氧化石墨烯被还原为石墨烯,氧化石墨烯上的含氧官能团被除去,由 sp^3 杂化结构转变为 sp^2 杂化结构,共轭结构得到部分修复,导致 π-π 作用力增强。石墨烯在 π-π 作用力、残留的含氧基团间形成的氢键、静电作用力和范德华力等共同作用下无规则堆积在一起,形成了具有多孔结构的石墨烯水凝胶。在此过程中,Fe_2O_3 纳米粒子和 GO 通过静电吸引作用结合在一起,被分散在石墨烯水凝胶中。

2. AP/Fe_2O_3/GA 纳米复合含能材料的制备

通过溶胶-凝胶法制备得到 Fe_2O_3/GA 水凝胶后,再通过溶液浸渍、溶剂-

反溶剂法和超临界二氧化碳干燥技术来制备 AP/Fe$_2$O$_3$/GA 纳米复合含能材料。图 2.34 是 AP/Fe$_2$O$_3$/GA 纳米复合含能材料的制备过程。

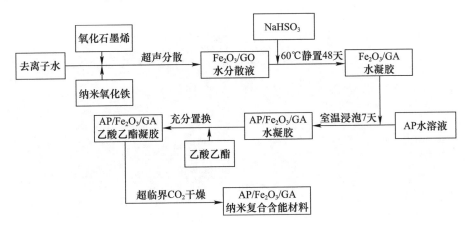

图 2.34　AP/Fe$_2$O$_3$/GA 纳米复合含能材料的制备过程

AP/Fe$_2$O$_3$/GA 纳米复合含能材料的结构示意图和实物照片如图 2.35 所示。得到的 AP/Fe$_2$O$_3$/GA 纳米复合含能材料样品分别记为 S$_1$、S$_2$、S$_3$、S$_4$、S$_5$，AP 的质量分数分别为 80.72%、76.49%、68.00%、63.68% 和 51.18%。

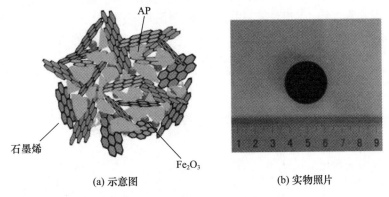

(a) 示意图　　　　　　(b) 实物照片

图 2.35　AP/Fe$_2$O$_3$/GA 纳米复合含能材料的结构示意图和实物照片

2.4.2　AP/Fe$_2$O$_3$/GA 纳米复合含能材料的结构表征

1. AP/Fe$_2$O$_3$/GA 纳米复合含能材料的 SEM 分析

图 2.36(a) 和 (b) 分别是 GA 气凝胶和 AP/Fe$_2$O$_3$/GA 纳米复合含能材料的扫描电子显微镜照片。从图中可以看出，GA 气凝胶的微观形貌是由三维网络结构组成的，组成三维网络的结构单元呈片状结构，这些片状结构堆积后形成了

大量开放型的孔。与 GA 气凝胶相比，AP/Fe_2O_3/GA 纳米复合含能材料的孔明显减少，AP 在凝胶的孔隙和骨架上析出，覆盖了凝胶的大部分孔，这说明 GA、Fe_2O_3 和 AP 已经成功复合在一起。

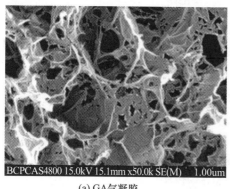
(a) GA 气凝胶

(b) AP/Fe_2O_3/GA 纳米复合含能材料

图 2.36　GA 气凝胶和 AP/Fe_2O_3/GA 纳米复合含能材料的 SEM 照片

2. AP/Fe_2O_3/GA 纳米复合含能材料的比表面积和孔体积

GA 和 Fe_2O_3/GA 纳米复合含能材料的 N_2 吸附－脱附等温曲线如图 2.37(a) 所示。GA 和 Fe_2O_3/GA 纳米复合含能材料的吸附－脱附等温曲线均是Ⅳ型吸附－脱附等温线，在相对较高的压力下，吸附量随相对压力的增大迅速增加，具有 H3 滞后的特征环。从图 2.37(b) 中可以看到，孔径分布在 2~50nm，说明 Fe_2O_3/GA 纳米复合含能材料也是一种介孔型材料。根据 BET 和 BJH 方法，经

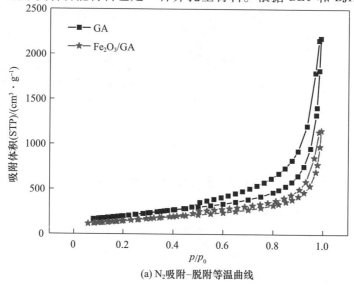
(a) N_2 吸附-脱附等温曲线

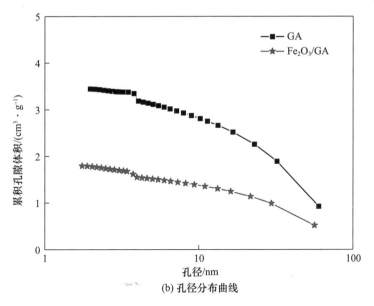

图 2.37　GA 和 Fe_2O_3/GA 纳米复合含能材料的 N_2 吸附－脱附等温曲线和孔径分布曲线

过计算得到 GA 和 Fe_2O_3/GA 纳米复合含能材料的比表面积分别为 717m^2/g 和 513m^2/g，总孔体积分别为 3.37cm^3/g 和 1.78cm^3/g，Fe_2O_3/GA 纳米复合含能材料的比表面积和总孔体积比 GA 的小，这是由于 Fe_2O_3 填充了 GA 的孔，使得比表面积和总孔体积减小。

图 2.38(a) 是 AP/Fe_2O_3/GA 纳米复合含能材料的 N_2 吸附－脱附等温曲线。从图中可以看出，AP/Fe_2O_3/GA 纳米复合含能材料的 N_2 吸附－脱附等温曲线属于Ⅳ型吸附－脱附等温线，迟滞环为 H3 型，孔径分布为 2～50nm（图 2.38(b)），表明 GA、Fe_2O_3 和 AP 复合以后仍然为介孔材料。与图 2.37(a) 中的 GA 气凝胶和 Fe_2O_3/GA 纳米复合含能材料的吸附－脱附等温线相比，在相同的相对压力下，AP/Fe_2O_3/GA 纳米复合含能材料的 N_2 吸附量明显低于 GA 和 Fe_2O_3/GA 纳米复合含能材料，且随着 AP 含量的增加，AP/Fe_2O_3/GA 纳米复合含能材料的 N_2 吸附量随之减小，这是 AP 填充了石墨烯的孔结构造成的。

根据吸附等温线，经过计算可得到 GA、Fe_2O_3/GA 和 AP/Fe_2O_3/GA 纳米复合含能材料的比表面积 S_{BET} 和总孔体积 V_{tot}，其结果见表 2.10。由表可知，与 GA 气凝胶相比，AP/Fe_2O_3/GA 纳米复合含能材料的比表面积和总孔体积均减小，这是因为 AP 属于非孔固体，其比表面积一般小于 5m^2/g，孔体积小于 0.01cm^3/g，AP 在石墨烯凝胶的孔内部析出并长大，将凝胶的部分介孔、微孔和大孔填充，使

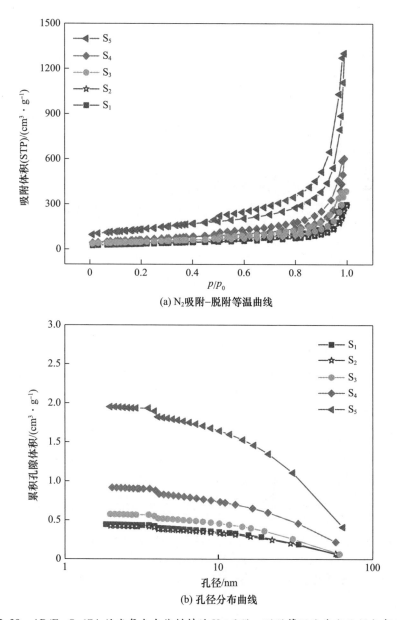

图2.38 AP/Fe_2O_3/GA 纳米复合含能材料的 N_2 吸附-脱附等温曲线和孔径分布曲线

得 AP/Fe_2O_3/GA 纳米复合含能材料的比表面积和总孔体积减小。随着 AP 含量的增加,占据凝胶的孔体积随之增大,AP/Fe_2O_3/GA 纳米复合含能材料的比表面积和总孔体积也随之减小。

表2.10　GA、Fe_2O_3/GA 纳米复合含能材料和 AP/Fe_2O_3/GA 纳米复合含能材料的孔结构相关参数

样品	S_{BET}/(m²·g⁻¹)	V_{tot}/(cm³·g⁻¹)
S_1	123	0.46
S_2	124	0.45
S_3	168	0.60
S_4	221	0.93
S_5	458	2.02
Fe_2O_3/GA	513	1.78
GA	717	3.37

3. AP/Fe_2O_3/GA 纳米复合含能材料的 XRD 分析

图 2.39 是 Fe_2O_3、GA、Fe_2O_3/GA 纳米复合含能材料的 XRD 谱图。由图可知，GA 在 $2\theta = 23.2°$ 处的衍射峰对应的是 GA(002)晶面的衍射峰，表明石墨烯的层间距为 0.38nm。与 GA 和 Fe_2O_3 的 X 射线衍射曲线相比，Fe_2O_3/GA 纳米复合含能材料在相同的位置都出现了 GA 和 Fe_2O_3 的特征衍射峰，说明 GA 与 Fe_2O_3 已经复合在一起，这也证明上述 XPS 的结果。

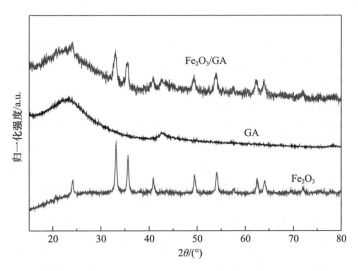

图 2.39　Fe_2O_3、GA、Fe_2O_3/GA 纳米复合含能材料的 XRD 谱图

图 2.40 是 GA、Fe_2O_3、AP 和不同浓度下制备的 AP/Fe_2O_3/GA 纳米复合含能材料的 XRD 谱图。从图中可以看出，AP/Fe_2O_3/GA 纳米复合含能材料的 X 射线衍射曲线上出现了明显的 AP 的特征衍射峰，而 GA 和 Fe_2O_3 的特征衍射峰

不明显,其原因:一方面 AP 含量较高,将 GA 和 Fe_2O_3 的特征衍射峰掩盖了;另一方面 GA 在纳米复合含能材料中分散均匀,并且没有层与层之间的堆叠,所以没有明显的特征衍射峰。

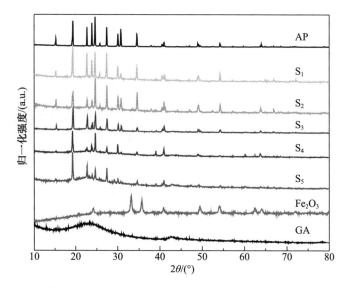

图 2.40　GA、Fe_2O_3、AP、AP/Fe_2O_3/GA 纳米复合含能材料的 XRD 谱图

根据 Scherrer 公式计算得到复合材料中 AP 的平均粒径见表 2.11。从表可知,AP 的粒径均为纳米级,这说明 AP 以纳米级颗粒存在于 AP/Fe_2O_3/GA 纳米复合含能材料中。

表 2.11　AP/Fe_2O_3/GA 纳米复合含能材料中 AP 的粒径

样品	S_1	S_2	S_3	S_4	S_5
粒径/nm	69.42	61.91	61.34	61.34	49.07

2.4.3　AP/Fe_2O_3/GA 纳米复合含能材料的热性能

图 2.41 和图 2.42 是 AP、GA + AP、Fe_2O_3 + AP、GA + Fe_2O_3 + AP(混合比例与 S_1 相同,只是简单物理共混)和 AP/Fe_2O_3/GA 纳米复合含能材料的 TG 曲线和 DTG 曲线。从图 2.41 和图 2.42 可知,GA + AP、Fe_2O_3 + AP、GA + Fe_2O_3 + AP 均表现出两个热分解阶段,但是从 DTG 曲线上可以看出,与纯 AP 相比,AP 与各组分共混物的高温分解阶段均向低温方向移动,GA + AP、Fe_2O_3 + AP 和 GA + Fe_2O_3 + AP 的高温分解阶段对应的最大分解速率处的温度比纯 AP 分别提前了 72.4 ℃、104.9 ℃ 和 81.3 ℃。这说明 GA 和 Fe_2O_3 对 AP 的热分解是具有催化作

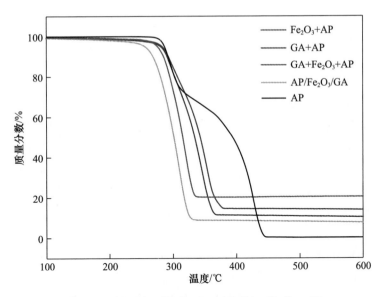

图 2.41　AP、GA + AP、Fe_2O_3 + AP、GA + Fe_2O_3 + AP
和 AP/Fe_2O_3/GA 纳米复合含能材料的 TG 曲线(见彩插)

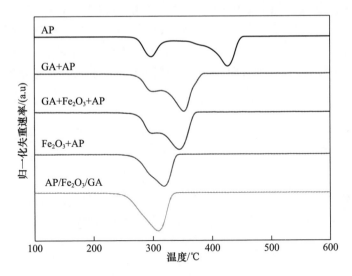

图 2.42　AP、GA + AP、Fe_2O_3 + AP、GA + Fe_2O_3 + AP
和 AP/Fe_2O_3/GA 纳米复合含能材料的 DTG 曲线

用的。在 AP/Fe_2O_3/GA 纳米复合含能材料的 TG 曲线上只出现了一个台阶,对应着 DTG 有一个失重阶段,表明 AP/Fe_2O_3/GA 纳米复合含能材料只有一个热分解阶段,即低温分解阶段和高温分解阶段合并为一个热分解阶段,与纯 AP 的高温分解阶段相比，AP/Fe_2O_3/GA 纳米复合含能材料最大分解速率处的温度提前了 120℃，比 AP 与各单独组分共混后的催化效果更好。这说明以石墨烯为凝胶骨架，将 GA、Fe_2O_3 和 AP 复合在一起，制备成 AP/Fe_2O_3/GA 纳米复合含能材料后，纳米复合含能材料的热分解温度提前，且分解放热阶段由两个合并为一个热分解阶段，有利于材料的集中放热。

图 2.43 是 AP、GA + AP、GA + Fe_2O_3 + AP、Fe_2O_3 + AP 和 AP/Fe_2O_3/GA 纳米复合含能材料的 DSC 曲线。由于共混物表现为两个分解阶段，因此对曲线进行了拟合，如图 2.44 所示。拟合后的低温分解峰温、高温分解峰温和分解热见表 2.12。从 DSC 曲线可知，GA 和 Fe_2O_3 对 AP 的晶型转变基本没有影响，但是对 AP 的高温分解具有明显的催化作用。与纯 AP 相比，GA + AP、GA + Fe_2O_3 + AP 和 Fe_2O_3 + AP 的高温分解峰温分别提前了 80.8℃、86.6℃ 和 110.9℃。由表 2.12 可知，纯 AP 的分解热为 593J/g，当加入 GA 和 Fe_2O_3 之后，AP 的分解热有所增加，这说明 GA 和 Fe_2O_3 可以使 AP 的高温分解温度降低，催化 AP 的热分解，分解热增加。而 AP/Fe_2O_3/GA 纳米复合含能材料表现为一个分解放热峰，与纯 AP 相比，AP/Fe_2O_3/GA 纳米复合含能材料的分解峰温有很大程度的降低，分解峰温降低为 311.6℃，提前了 122.6℃。分解热为 2383J/g，与纯 AP 相比提高了 301.9%，与 GA + Fe_2O_3 + AP 相比，分解热提高了 398J/g，这说明以气凝胶的形式将 GA、Fe_2O_3 和 AP 复合在一起，可以在很大程度上降低高温分解温度，使得材料集中放热，分解热增大，并且纳米复合后比机械共混的效果好。

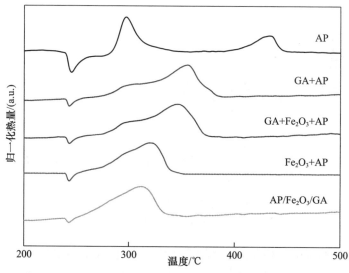

图 2.43　AP、GA + AP、GA + Fe_2O_3 + AP、Fe_2O_3 + AP 和 AP/Fe_2O_3/GA 纳米复合含能材料的 DSC 曲线

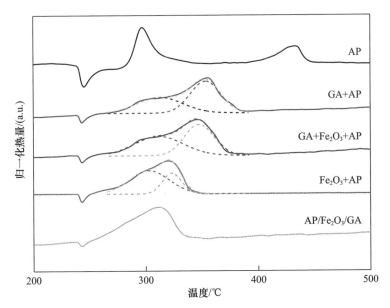

图2.44 AP、GA + AP、GA + Fe$_2$O$_3$ + AP、Fe$_2$O$_3$ + AP 和 AP/Fe$_2$O$_3$/GA 纳米复合含能材料的 DSC 曲线

表2.12 AP、GA + AP、GA + Fe$_2$O$_3$ + AP、Fe$_2$O$_3$ + AP 和 AP/Fe$_2$O$_3$/GA 纳米复合含能材料的 DSC 数据

样品	T_L/℃	T_H/℃	ΔH/(J·g^{-1})
AP	298.4	434.2	593
GA + AP	312.9	353.4	1876
GA + Fe$_2$O$_3$ + AP	311.7	347.6	1985
Fe$_2$O$_3$ + AP	303.1	323.3	1396
AP/Fe$_2$O$_3$/GA	—	311.6	2383

图2.45 和图2.46 是 AP 和 AP/Fe$_2$O$_3$/GA 纳米复合含能材料的 TG 曲线和 DTG 曲线。由图可知,AP/Fe$_2$O$_3$/GA 纳米复合含能材料的 TG 曲线均只出现了一个失重台阶,对应的 DTG 曲线上也表现为一个分解阶段,说明 AP/Fe$_2$O$_3$/GA 纳米复合含能材料的低温分解阶段和高温分解阶段合并为一个分解阶段,纳米复合含能材料的分解速率较快,这样有利于材料的集中放热。随着 Fe$_2$O$_3$/GA 含量的增加,AP/Fe$_2$O$_3$/GA 纳米复合含能材料的分解逐渐向低温方向移动,最大分解速率处对应的温度呈现逐渐降低的趋势。这是因为,随着 Fe$_2$O$_3$/GA 含量的增加,更多的催化活性中心与 AP 接触,促进 AP 的热分解。

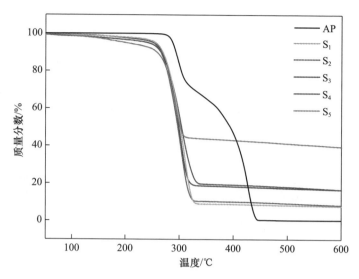

图 2.45　AP 和 AP/Fe$_2$O$_3$/GA 纳米复合含能材料的 TG 曲线（见彩插）

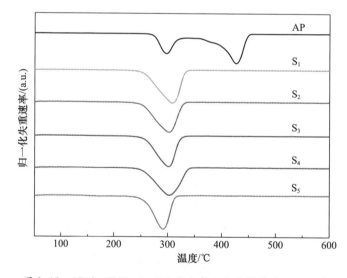

图 2.46　AP 和 AP/Fe$_2$O$_3$/GA 纳米复合含能材料的 DTG 曲线

图 2.47 是 AP 和 AP/Fe$_2$O$_3$/GA 纳米复合含能材料的 DSC 曲线。由图可见，在 AP/Fe$_2$O$_3$/GA 纳米复合含能材料的 DSC 曲线上，AP 的低温分解峰消失，高温分解峰向低温方向移动。表 2.13 列出了 AP 和 AP/Fe$_2$O$_3$/GA 纳米复合含能材料的 DSC 数据。从表中可知，随着 AP 含量的降低，Fe$_2$O$_3$/GA 含量增加，AP/Fe$_2$O$_3$/GA 纳米复合含能材料的分解峰温随之减小，分解热也随之降低。这

是因为随着 Fe_2O_3/GA 含量的增加,与 AP 接触的催化活性中心逐渐增多,有利于电子的转移过程,加速催化控制步骤的进行,使得 AP 的分解峰温逐渐降低。然而,随着 AP 含量的减少,没有足够的 AP 能和 GA 发生反应,GA 和 AP 反应所贡献的部分放热量也随之减小,所以 $AP/Fe_2O_3/GA$ 纳米复合含能材料的分解热随着 AP 含量的减少而降低。

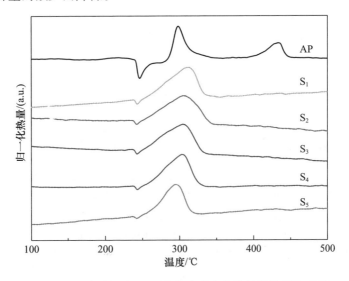

图 2.47　AP 和 $AP/Fe_2O_3/GA$ 纳米复合含能材料的 DSC 曲线

表 2.13　AP 和 $AP/Fe_2O_3/GA$ 纳米复合含能材料的 DSC 数据

样品	T_L/℃	T_H/℃	$\Delta H/(J \cdot g^{-1})$
AP	298.4	434.2	593
S_1	—	311.6	2383
S_2	—	306.3	2166
S_3	—	305.4	2061
S_4	—	304.0	2089
S_5	—	294.9	1545

表 2.14 给出了 AP、Fe_2O_3/GA + AP 和 $AP/Fe_2O_3/GA$ 纳米复合含能材料的 DSC 数据。由表可知,与纯 AP 相比,Fe_2O_3/GA 纳米复合含能材料使得 AP 的高温热分解温度从 434.2℃降至 340.8℃,降低了 93.4℃,使得 AP 的分解热从 593J/g 增加至 1653J/g,增加了 1060J/g。Fe_2O_3/GA 纳米复合含能材料能够提供催化活性位点,加速电子的转移,有利于分解反应向正方向进行,使分解反应更完全,对 AP 具有良好的催化作用。与纯 AP 相比,$AP/Fe_2O_3/GA$ 纳米复合含

能材料的低温分解峰消失,高温分解峰温从434.2℃降至312.8℃,降低了121.4℃,使得AP的分解热从593J/g增加至2469J/g,增加了1876J/g。这表明以气凝胶的形式将GA、Fe_2O_3和AP三者复合在一起,能够有效地催化AP的热分解。而与Fe_2O_3/GA和AP的混合物相比,AP/Fe_2O_3/GA纳米复合含能材料的高温分解峰温降低了28.0℃,分解热增加了816J/g。这是因为在AP/Fe_2O_3/GA纳米复合含能材料中,AP的平均粒径在纳米级范围内,使得AP与GA和Fe_2O_3接触面积增大,而且AP纳米粒子相互间的接触也更加充分,这有利于反应物的传质和传热,加快反应速率。

表2.14 AP、Fe_2O_3/GA + AP 和 AP/Fe_2O_3/GA 纳米复合含能材料的DSC数据

样品	T_L/℃	T_H/℃	ΔH(J·g^{-1})
AP	298.4	434.2	593
Fe_2O_3/GA + AP	293.1	340.8	1653
AP/Fe_2O_3/GA	—	312.8	2469

由上述结果可知,GA和Fe_2O_3对AP的热分解具有催化作用,而且以气凝胶的形式将三者复合,制备得到的AP/Fe_2O_3/GA纳米复合含能材料热分解温度大幅度降低,分解热大幅度增加。造成这种结果的原因如下:

(1) 当加入GA后,AP的高温分解阶段朝低温方向移动,高温分解温度降低,对AP产生了一定的催化作用,这是因为GA具有良好的导电性、导热性和大的比表面积,能够加速电子的转移和热量的传递。在AP的低温分解阶段,电子转移是控制步骤,而在高温分解阶段,O_2转化为O_2^-是控制步骤,如图2.48所示。与一些金属原子相比,电子在GA中运动的速度更快,其迁移率高达$1.5×10^4 cm^2/(V·s)$,所以GA可以提供良好的电子转移通道,加速AP热分解控制步骤的进行,催化AP热分解。而且GA在AP的热分解过程中,由于其良好的导热性,可以使得热量在AP颗粒间迅速传导,促进热分解的进行。此外,GA可以与$HClO_4$分解产生的氧化性产物发生氧化反应生成CO_2,贡献一部分分解热,同时也使得AP分解反应朝正方向进行,有利于反应完全。GA具有较大的比表面积,可吸附气体分解产物,有助于气体产物间的反应,加速反应的进行。在AP/Fe_2O_3/GA纳米复合含能材料中,AP的平均粒径在纳米级范围内,使得AP与GA和Fe_2O_3接触面积增大,而且AP纳米粒子相互间的接触也更加充分,有利于反应物的传质和传热。所以与GA + AP共混物相比,AP/Fe_2O_3/GA纳米复合含能材料中,GA对AP的催化效果更好。

(2) 根据电子转移理论,Fe_2O_3中存在部分填充的3d轨道,在电子转移过程可以提供阳离子空位。这些空位能够接受电子,加速两个控制步骤的进行,使

得低温分解的电子更快地转移,促进高温分解快速形成 O_2^-,然后 O_2^- 可以促进 NH_3 和 $HClO_4$ 产生的其他分解产物的反应,从而完成 AP 的整个分解过程。纳米级 Fe_2O_3 由于粒度小,比表面积大,表面能大,处于能量不稳定状态,所以很容易团聚,使得粒子的粒径变大,催化活性位点减少,催化性能下降。而将 Fe_2O_3 与 GA 复合后,GA 能够降低 Fe_2O_3 的聚集,增加活性位点,提高催化性能。此外,在 AP/Fe_2O_3/GA 纳米复合含能材料中,Fe_2O_3 的聚集程度减小,其较大的比表面积可以吸附气体产物,加速气体产物间的反应,从而加速 AP 的热分解。通过 Scherrer 公式计算得到 AP 的平均粒径在 49~70nm 范围内,AP 以纳米级粒径尺寸存在纳米复合含能材料中,与 Fe_2O_3 的接触也更加充分,这有利于 Fe_2O_3 对 AP 的催化,因此与纯 AP 相比,在纳米复合含能材料中 Fe_2O_3 对 AP 热分解的促进作用更加显著。

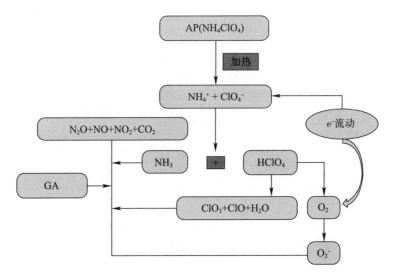

图 2.48 AP/Fe_2O_3/GA 纳米复合含能材料分解机理示意图

参 考 文 献

[1] ALLEN M J, TUNG V C, KANER R B. Honeycomb carbon: a review of graphene[J]. Chemical Reviews, 2010, 110(1): 132-145.

[2] WAN X J, HUANG Y, CHEN Y S. Focusing on energy and optoelectronic applications: a journey for graphene

and graphene oxide at large scale[J]. Accounts of Chemical Research,2012,45(4):598-607.
[3] BALANDIN A A,GHOSH S,BAO W Z,et al. Superior thermal conductivity of single-layer graphene[J]. Nano Letters,2008,8(3):902-907.
[4] LEE C,WEI X,KYSAR J W,et al. Measurement of the elastic properties and intrinsic strength of monolayer graphene[J]. Science,2008,321(5887):385-388.
[5] STOLLER M D,PARK S,ZHU Y,et al. Graphene-based ultracapacitors[J]. Nano Letters,2008,8(10):3498-3502.
[6] YANG Q,CHEN S P,XIE G,et al. Synthesis and characterization of an energetic compound Cu(Mtta)$_2$(NO$_3$)$_2$ and effect on thermal decomposition of ammonium perchlorate[J]. Journal of Hazardous Materials,2011,197:199-203.
[7] KAPOOR P S,SRIVASTAVA P,SINGH G. Nanocrystalline transition metal oxides as catalysts in the thermal decomposition of ammonium perchlorate[J]. Propellants,Explosives,Pyrotechnics,2009,34:351-356.
[8] HAN X,SUN Y L,WANG T F,et al. Thermal decomposition of ammonium perchlorate based mixture with fullerenes[J]. Journal of Thermal Analysis and Calorimetry,2008,91:551-557.
[9] ZHANG X T,SUI Z Y,XU B,et al. Mechanically strong and highly conductive graphene aerogel and its use as electrodes for electrochemical power sources[J]. Journal of Materials Chemistry,2011,21:6494-6497.
[10] HUMMERS W S,OFFEMAN R E. Preparation of graphitic oxide[J]. Journal of the American Chemical Society,1958,80(6):1339-1339.
[11] 王学宝,李晋庆,罗运军. 高氯酸铵/石墨烯气凝胶纳米复合含能材料的制备及热分解行为[J]. 火炸药学报,2012,35(6):76-80.
[12] WANG X B,LI J Q,LUO Y J,et al. A novel ammonium perchlorate/graphene aerogel nanostructured energetic composite:preparation and thermal decomposition[J]. Science of Advanced Materials,2014,6(3):530-537.
[13] BOLDYREV V V. Thermal decomposition of ammonium perchlorate[J]. Thermochimica Acta,2006,443:1-36.
[14] COOPER P W. Explosives Engneering[M],Wiley,Albuquerque NM:1996,24-26.
[15] WANG J N,LI X D,YANG R J. Preparation of ferric oxide/carbon nanotubes composite nano-particles and catalysis on buring rate of ammonium perchlorate[J]. Chinese Journal of Explosives and Propellants,2006,29(2):44-47.
[16] YUAN Y,JIANG W,WANG Y J,et al. Hydrothermal preparation of Fe$_2$O$_3$/graphene nanocomposite and its enhanced catalytic activity on the thermal decomposition of ammonium perchlorate[J]. Applied Surface Science,2014,303(6):354-359.
[17] LAN Y F,LI X Y,LI G P,et al. Sol-gel method to prepare graphene/Fe$_2$O$_3$ aerogel and its catalytic application for the thermal decomposition of ammonium perchlorate[J]. Journal of Nanoparticle Research,2015,17(10):395-404.
[18] LAN Y F,DENG J K,LI G P,et al. Effect of preparation methods on the structure and catalytic thermal decomposotion application of graphene/Fe$_2$O$_3$ nanocomposites[J]. Journal of Thermal Analysis and Calorimetry,2017,127(3):2173-2179.
[19] 兰元飞,罗运军. 石墨烯在含能材料中的应用研究进展[J]. 火炸药学报,2015,38(1):1-6.
[20] LAN Y F,JIN M M,LUO Y J. Preparation and characterization of graphene aerogel/Fe$_2$O$_3$/ammonium per-

chlorate nanostructured energetic composite[J]. Journal of Sol – Gel Science and Technology,2014,74(1):161 – 167.
[21] BEZMELNITSYN A,THIRUVENGADATHAN R,BARIZUDDIN S,et al. Modified nanoenergetic composites with tunable combustion characteristics for propellant applications[J]. Propellants,Explosives,Pyrotechnics,2010,35(4):384 – 394.
[22] GEIM A K,NOVOSELOV K S. The rise of graphene[J]. Nature Materials,2007,6(3):183 – 191.

第3章 二氧化硅基纳米复合含能材料

3.1 概述

SiO$_2$ 气凝胶是一种轻质纳米多孔非晶固体材料,其孔隙率高达80%~99.8%,孔洞的典型尺寸为1~100nm,比表面积为200~1000m^2/g,密度可低达3kg/m^3,具有凝胶速度快、稳定性好的特点,可作为骨架材料,对含能材料进行纳米尺度复合。

本章对以 SiO$_2$ 为凝胶骨架制备的 RDX/SiO$_2$、AP/SiO$_2$、RDX/AP/SiO$_2$、CL-20/AP/SiO$_2$ 四种纳米复合含能材料的制备、结构和性能进行介绍。

3.2 RDX/SiO$_2$ 纳米复合含能材料

RDX 是典型的硝胺炸药,与 SiO$_2$ 凝胶复合,可赋予其特殊性能,并为三元纳米复合材料的制备奠定基础。

Simpson 等采用溶胶-凝胶法制备了 RDX/SiO$_2$ 气凝胶和干凝胶,获得的纳米复合含能材料感度都有所降低。气凝胶的感度均低于干凝胶的感度,RDX 质量分数为50%时气凝胶的撞击感度可达177.5cm。冲击波引发试验结果表明,RDX 质量分数达到80%时,复合干凝胶粉末压片可以被引爆,而 RDX 质量分数降低到33%时,药片则不能被引爆。

池钰等制备了 RDX/SiO$_2$ 纳米复合含能材料的气凝胶及干凝胶。分析表明,在气凝胶产物中,SiO$_2$ 网络结构的孔径约为20nm,其骨架中有尺度为20nm 的 RDX 晶体;RDX 质量分数为45%的纳米复合含能材料的热分解峰温较原材料提前了15.4℃。SiO$_2$ 凝胶骨架可以降低纳米复合含能材料的撞击感度。

吴志远等制备出了 RDX/SiO$_2$ 纳米复合薄膜,并发现加入少量的高分子,可以增强凝胶骨架的连接作用,减少了 RDX/SiO$_2$ 膜的开裂。王金英等通过扫描电镜分析表明,复合薄膜内 RDX 晶体呈球状、块状和条状,其三维尺寸为0.3~1.0μm,分散在纳米 SiO$_2$ 框架内。与相同条件下 RDX+SiO$_2$ 共混物相比,撞击、摩擦感度均显著降低。爆速测试结果表明,在低密度时,膜的厚度和炸药粒径是影响传爆性能的主要因素。

本节对 SiO$_2$ 凝胶骨架的制备工艺、RDX/SiO$_2$ 纳米复合含能材料的制备、结构和性能进行介绍。

3.2.1　RDX/SiO$_2$ 纳米复合含能材料的制备

1. SiO$_2$ 干凝胶的制备

SiO$_2$ 干凝胶的制备过程如图 3.1 所示。

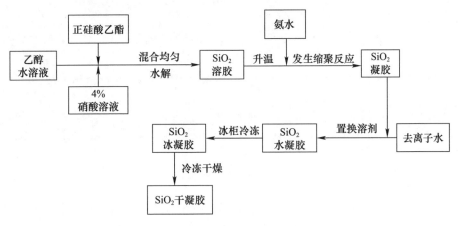

图 3.1　SiO$_2$ 干凝胶的制备过程

2. SiO$_2$/RDX 纳米复合含能材料的制备

RDX/SiO$_2$ 纳米复合含能材料的制备过程如图 3.2 所示。

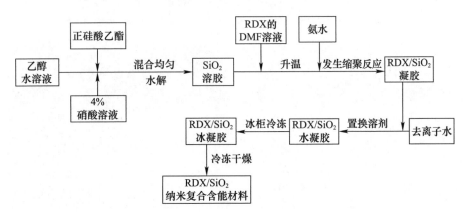

图 3.2　RDX/SiO$_2$ 纳米复合含能材料制备过程

3.2.2 RDX/SiO₂ 纳米复合含能材料的结构

1. 微观形貌

图 3.3 为 SiO$_2$ 凝胶的 SEM 照片。从图中可以看出，SiO$_2$ 凝胶呈明显的多孔结构。凝胶骨架是由细小的纳米颗粒相互连接构成的，SiO$_2$ 凝胶颗粒的直径约为 20nm。SiO$_2$ 凝胶表面的孔径为 2~30nm。

(a) 低倍率　　　　　　　　　　　(b) 高倍率

图 3.3　SiO$_2$ 凝胶的 SEM 图

图 3.4 是 RDX 质量分数为 84% 时 RDX/SiO$_2$ 纳米复合含能材料的 SEM 图。由图可见，纳米复合含能材料表面的孔径分布为 2~100nm。这是因为在 SiO$_2$ 的溶胶-凝胶转变过程中，随着 RDX 质量分数的增加，反应体系的凝胶时间延长，RDX 对溶胶起到稀释作用，即单位体积的活性胶体粒子变少，减少了活性胶体粒子碰撞的概率，活性胶体粒子只能在较长的时间、长到足够大时才能相互交联形成凝胶，从而导致纳米复合含能材料的孔径分布和平均孔径增大。

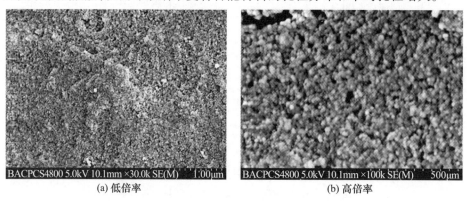

(a) 低倍率　　　　　　　　　　　(b) 高倍率

图 3.4　RDX/SiO$_2$ 纳米复合含能材料的 SEM 照片

2. FTIR 表征

图 3.5 为空白 SiO_2 凝胶骨架的傅里叶变换红外光谱。由图可见，441.9cm^{-1} 处为 Si—O—Si 弯曲振动吸收峰；564.4cm^{-1} 为无定形 SiO_2 有序的双环振动吸收峰；793.2cm^{-1} 为 Si—O—Si 的对称伸缩振动吸收峰；950.9cm^{-1} 为 Si—O 的对称伸缩振动吸收峰；1074.1cm^{-1} 以及其肩峰为 Si—O—Si 的反对称伸缩振动吸收峰，同时这两个峰重叠变成宽峰，表明 SiO_2 凝胶骨架为无定形；1633.6cm^{-1} 为化学吸附水的 O—H 变形弯曲振动吸收峰；3332.8cm^{-1} 的吸收较大，为凝胶表面—OH 的伸缩振动吸收峰，3700cm^{-1} 之后微弱的吸收为介孔固体孤立的 Si—OH 基团。

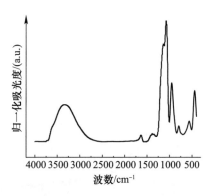

图 3.5 SiO_2 凝胶的 FTIR 谱图

图 3.6 是原料 RDX 和 RDX/SiO_2（RDX 质量分数为 84%）纳米复合含能材料的红外谱图。图 3.6(a) 为原料 RDX 的红外谱图，910cm^{-1}、1040cm^{-1} 为碳氮环的伸缩振动吸收峰，1200~1269cm^{-1} 为—NO_2 上 N—O 的对称伸缩振动吸收峰，1387~1456cm^{-1} 为—CH_2 上 C—H 的弯曲振动吸收峰，1533~1600cm^{-1} 为—NO_2 不对称伸缩振动吸收峰，3100cm^{-1} 为—CH_2 的伸缩振动吸收峰，其中 1533cm^{-1} 和 1040cm^{-1} 处的特征吸收峰为 α-RDX 晶型的特征吸收峰。图 3.6(b) 为 RDX/SiO_2 纳米复合含能材料的红外谱图，441.9cm^{-1}、564.4cm^{-1}、793.2cm^{-1}、950.9cm^{-1} 和 1074.1cm^{-1} 处为 SiO_2 凝胶骨架的特征吸收峰，其余的特征吸收峰位置与原料 RDX 的特征吸收峰相对应，在 1533cm^{-1} 也出现了—NO_2 特征吸收峰，说明纳米复合含能材料中的 RDX 仍为 α 晶型。

3. XRD 表征

图 3.7 为 SiO_2 凝胶的 X 射线衍射谱图。图中呈现典型的弥散峰，表明 SiO_2 凝胶为无定形态，表现出非晶的无序态特性。这主要是由于 SiO_2 凝胶骨架有着连续的三维网络结构，限制了 SiO_2 分子的有序排列。

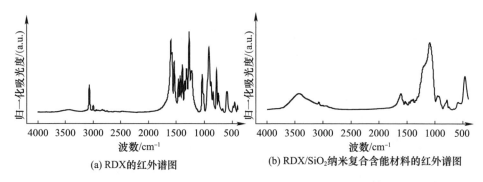

(a) RDX 的红外谱图　　(b) RDX/SiO₂ 纳米复合含能材料的红外谱图

图 3.6　RDX 和 RDX/SiO$_2$ 纳米复合含能材料的红外谱图

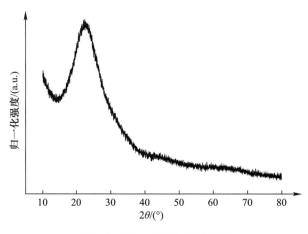

图 3.7　SiO$_2$ 凝胶的 XRD 谱图

图 3.8 是 RDX 和 RDX/SiO$_2$ 纳米复合含能材料的 XRD 图。原料 RDX（200μm）和纳米复合含能材料中 RDX 的衍射峰位置相同，说明溶胶 – 凝胶制备过程对 RDX 的晶型没有影响。由于 SiO$_2$ 凝胶骨架含量较少，因此没有能观测到非晶态的弥散峰。相比原料 RDX，纳米复合含能材料中 RDX 的衍射峰强度有所变化，有宽化的现象。由 Scherrer 公式计算出不同 RDX 质量分数纳米复合含能材料中 RDX 的晶粒度列于表 3.1 中。凝胶内 RDX 的平均晶粒度都较小，这是因为 RDX 在 SiO$_2$ 凝胶骨架的孔洞中结晶，凝胶孔洞的大小限制了 RDX 晶体的大小。同时凝胶孔洞的大小也受填充在其中的 RDX 质量分数的影响，RDX 质量分数高的纳米复合含能材料，其单位体积内含有的 RDX 数量也相应增多，导致孔洞孔径增加，填充在其中的 RDX 晶粒度也增大。

第3章 二氧化硅基纳米复合含能材料

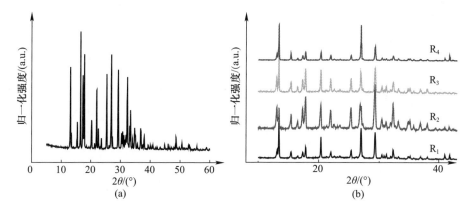

图 3.8 RDX 和 RDX/SiO$_2$ 纳米复合含能材料的 XRD 图谱

表 3.1 不同 RDX 质量分数的纳米复合含能材料中 RDX 的晶粒度

样品	RDX 质量分数/%	衍射角(2θ)/(°)	晶粒度/nm
R$_1$	84%	13.44	91
R$_2$	87%	13.43	96
R$_3$	91%	13.39	138
R$_4$	93%	13.40	207

4. 比表面积和孔体积

图 3.9 是 SiO$_2$ 凝胶的 N$_2$ 吸附－脱附曲线。图中可见明显的迟滞回线,按 BDDT 分类属于Ⅳ型等温线。这是无机氧化物干凝胶和其他多孔固体常常产生的等温线,表现为具有完好的介孔(中孔)结构,即孔径为 2~50nm,介孔的存在,

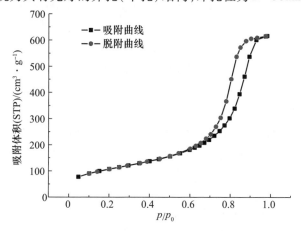

图 3.9 SiO$_2$ 凝胶的 N$_2$ 吸附－脱附等温曲线

会引起吸附量增加,就会产生毛细凝聚。临界温度以下,在Ⅳ型等温线的起始部分,气体在中孔上发生吸附时,首先形成单分子吸附层,当单分子层吸附接近饱和时,开始发生多分子层的吸附,当相对压力达到与发生毛细孔凝聚的Kelvin半径所对应的某一特定值时,开始发生毛细孔凝聚。图3.9中迟滞回线的吸附曲线比较陡,说明SiO_2凝胶的孔径分布比较窄(图3.10)。

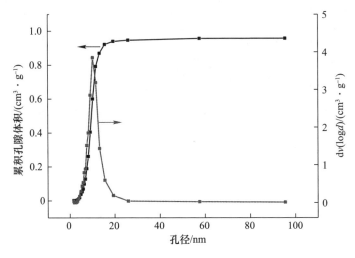

图3.10 SiO_2凝胶的中孔孔径分布

根据IUPAC迟滞回线的四种分类,纯SiO_2凝胶对应的是H2型(BDDT分类中的E类),即在p/p_0值较高的区域会有一个平台。这类迟滞回线代表着凝胶内的孔为口窄腹宽的"墨水瓶"状孔,而且这些孔是相互连通的。

根据图3.9的吸附等温曲线,采用BET二常数公式计算得到,SiO_2凝胶的BET比表面积为$384.8m^2/g$,平均孔径为9.88nm,孔体积为$0.95cm^3/g$,孔径范围为2~95nm。说明通过冷冻干燥法,凝胶中的溶剂(水)在真空状态下直接升华,有效地减少了凝胶结构的坍塌,SiO_2凝胶保持了其多孔结构,并且孔结构规整。

图3.11是不同RDX质量分数时RDX/SiO_2纳米复合含能材料的N_2吸附-脱附等温曲线。由图可以看出,4个样品的吸附等温线按BDDT分类属于Ⅳ型,表现为具有完整的介孔特征,即孔径介于2~50nm。相对压力$p/p_0<0.9$时,4种纳米复合含能材料的吸附量随相对压力的增大而略有增加;$p/p_0>0.9$时,纳米复合含能材料的吸附量随相对压力的增大而迅速单调增加,表现出毛细凝聚特征。该结果表明,制备的纳米复合含能材料主要以中孔(2~100nm)为主。

将RDX与SiO_2凝胶骨架复合在一起后,其迟滞回线由H2型转变为H3

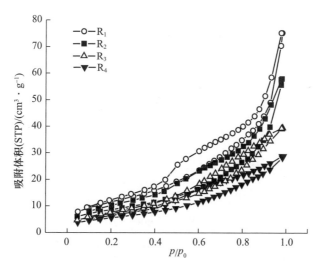

图 3.11　不同 RDX 质量分数 RDX/SiO$_2$ 纳米复合含能材料的 N$_2$ 吸附－脱附等温曲线

型。H3 型表示吸附分支曲线在较高的相对压力下也不会表现出极限吸附量,吸附量随着压力的增大而单调递增,这多出现在具有平行板结构的狭缝孔的材料中。说明在凝胶骨架内部结晶的 RDX,并没有完全把凝胶内部的孔道填充满,部分孔道内 RDX 晶体与凝胶骨架存在间隙。

当 RDX 质量分数达到 93% 时,迟滞回线逐步变小,R$_4$ 的迟滞回线对应于 IUPAC 分类中的 H4 型。H4 型是一种极限情况,迟滞回线比较狭窄,吸附和脱附两条分支曲线几乎平行为水平,常出现在含有狭窄的裂隙孔的固体中。说明当 RDX 的质量分数在 84% 时,纳米复合含能材料仍保留了大量的孔结构,RDX 与凝胶骨架的间隙比较大;当 RDX 质量分数达到 93% 时,凝胶骨架内只有极少量的中孔结构存在,RDX 与凝胶骨架的间隙越来越小,绝大部分的孔道都被 RDX 填满。由图 3.11 和图 3.12 得到的 4 个样品的比表面积、孔体积、孔径分布和平均孔径列于表 3.2 中。

表 3.2　不同 RDX 质量分数 RDX/SiO$_2$ 纳米复合含能材料孔结构参数

样品	RDX 质量分数/%	S_{BET}/(m^2·g^{-1})	V_{tot}/(cm^3·g^{-1})	孔径分布/nm	平均孔径/nm
SiO$_2$	0%	384.8	0.953	2~25	9.88
R$_1$	84%	43.0	0.116	2~88	10.8
R$_2$	87%	33.7	0.0897	2~93	11.4
R$_3$	91%	31.5	0.0765	2~105	11.3
R$_4$	93%	25.9	0.0614	2~132	12.2

从表 3.2 的数据来看,与纯 SiO_2 凝胶相比,RDX/SiO_2 纳米复合含能材料的比表面积和孔体积都明显地降低。随 RDX 含量的增加,4 个样品的 BET 比表面积、孔体积呈下降趋势,平均孔径随之增加,孔径分布逐渐变宽。SiO_2 凝胶骨架具有较高的 BET 比表面积和孔体积,所以这两个参数随 SiO_2 凝胶骨架质量分数的降低而减少。将 RDX 与 SiO_2 凝胶骨架复合在一起,RDX 在凝胶骨架的孔道内结晶,占据了孔空间,所以孔体积随 RDX 增加而进一步降低。同时,RDX 在凝胶形成的过程起到了稀释剂的作用,阻碍了活性溶胶粒子相互碰撞形成交联结构,使得溶胶粒子必须长到足够大形成凝胶,导致平均孔径变大。

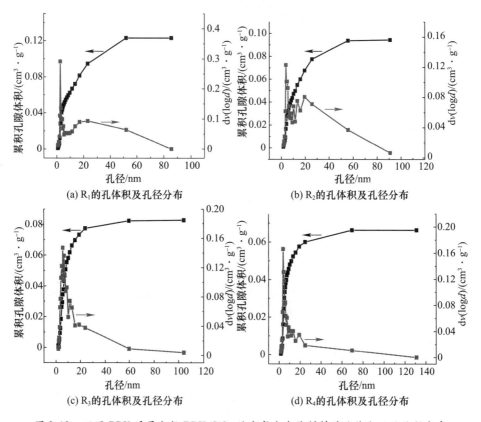

图 3.12 不同 RDX 质量分数 RDX/SiO_2 纳米复合含能材料的孔体积以及孔径分布

为了进一步研究复合方式对纳米复合含能材料比表面积和孔体积的影响,以 RDX 与 SiO_2 凝胶简单物理共混得到物理混合物,并对其进行 BET 比表面测试,物理混合物和 RDX/SiO_2 纳米复合含能材料的 BET 比表面积值和孔体积的数据列于图 3.13 中。

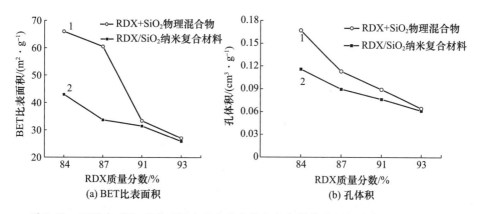

图 3.13 RDX 与 SiO$_2$ 的物理混合物与纳米复合含能材料的 BET 比表面积和孔体积

可见,在 RDX 质量分数相同的情况下,物理混合物的比表面积和孔体积都大于纳米复合含能材料。因为 RDX 是在凝胶骨架内部结晶的,占据了凝胶骨架的孔道,所以降低了孔体积。纳米复合含能材料的孔主要是狭缝孔,但是与物理混合物相比,纳米复合含能材料比表面积更低,可见只有少部分孔道中凝胶骨架和 RDX 晶体之间留有间隙,大部分的孔是被 RDX 晶体填满的。随着 RDX 质量分数增加,凝胶骨架和 RDX 晶体之间剩余间隙会越来越小,孔体积和比表面积会进一步降低。

3.2.3　RDX/SiO$_2$ 纳米复合含能材料的形成机理

SiO$_2$ 凝胶可由硅酸酯制备。以正硅酸乙酯(TEOS)为例,其水解缩合反应分为以下三步。

第一步 TEOS 水解形成羟基化的产物和相应的醇,羟基化的产物也称为硅酸。TEOS 的水解过程就是由水中的 −OH 来逐步取代 −OC$_2$H$_5$ 的过程,反应方程式如下:

$$\text{Si}(\text{OCH}_2\text{CH}_3)_4 + 4\text{H}_2\text{O} \longrightarrow \text{Si}(\text{OH})_4 + 4\text{HOCH}_2\text{CH}_3 \quad (3-1)$$

第二步硅酸之间发生缩合形成胶体(溶胶)。因为羟基之间脱水会缩合形成硅氧键,所以 Si(OH)$_4$ 之间会发生缩合反应:

$$2\text{Si}(\text{OH})_4 \longrightarrow (\text{OH})_3\text{Si} - \text{O} - \text{Si}(\text{OH})_3 + \text{H}_2\text{O} \quad (3-2)$$

随着水解反应和缩聚反应的继续进行,溶液中将形成二聚体、三聚体等,然后各聚体之间又互相发生缩聚,进一步形成以硅氧键结合在一起的 SiO$_2$ 溶胶:

$$\begin{array}{c}\text{OH} \quad \text{OH} \\ | \quad | \\ \text{HO-Si-O-Si-OH} \\ | \quad | \\ \text{OH} \quad \text{OH}\end{array} + 6\begin{array}{c}\text{OH}\\|\\\text{HO-Si-OH}\\|\\\text{OH}\end{array} \longrightarrow \begin{array}{c}\text{Si(OH)}_3 \ \text{Si(OH)}_3\\ | \quad | \\ \text{O} \quad \text{O}\\ | \quad | \\ (\text{HO})_3\text{Si-O-Si-O-Si-O-Si(OH)}_3\\ | \quad | \\ \text{O} \quad \text{O}\\ | \quad | \\ \text{Si(OH)}_3 \ \text{Si(OH)}_3\end{array} + 6\text{ H}_2\text{O} \tag{3-3}$$

第三步形成的溶胶继续结合成空间三维网络结构。溶胶之间会相互连接而形成纳米级的团簇,团簇之间进一步相连形成充满整个反应容器的聚合物。此时液态混合物变为固态,成为具有三维网络结构的 SiO_2 湿凝胶,骨架是靠 Si—O—Si 键相连而成的,凝胶表面带有 —OH 基团或 —OC_2H_5 基团,在湿凝胶的纳米网络孔道中则充满了反应溶剂。至此完成了由液态至固态的转变,整个反应过程称为溶胶-凝胶反应。

$$n(\text{Si-O-Si}) \longrightarrow (\text{Si-O-Si})_n \tag{3-4}$$

事实上,当 TEOS 与水混合后,水解反应和缩聚反应就同时开始了,所以第一步和第二步生成的混合物为溶胶,第三步缩聚生成的三维网络结构为凝胶,凝胶过程如图 3.14(a)所示。

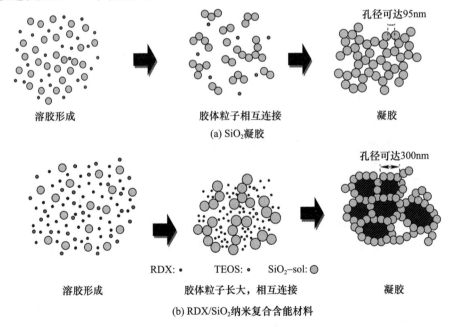

图 3.14　SiO_2 凝胶和 RDX/SiO_2 纳米复合含能材料凝胶过程示意图

通过分析 SEM 图和 BET 比表面积的数据,可以知道 SiO_2 凝胶的孔径分布范围为 2~25nm。对于纳米复合含能材料来说,RDX 在这里起到了"稀释"的作用。RDX 在一定程度上阻碍了活性胶体粒子的碰撞,减少了它们发生交联的机会,所以活性胶体粒子只能长到足够大才能相互交联形成凝胶。同时,RDX 是在凝胶孔道内结晶的,在干燥时孔结构不会因为毛细管应力而塌陷,所以纳米复合含能材料的孔径可以达到 132nm,大于纯 SiO_2 凝胶的孔径(图 3.14(b))。

3.2.4 RDX/SiO_2 纳米复合含能材料热性能

1. TG/DSC 表征

图 3.15(a) 是 SiO_2 凝胶的 TG/DTG 曲线。由图可知,其失重过程分为三个阶段:第一阶段的温度范围为 30~100℃,失重率约为 4.5%,主要是脱去吸附在凝胶表面以及物理吸附在孔中的水;第二阶段的温度范围为 100~250℃,失重率约为 8.5%,主要是脱去化学吸附在孔中的水引起的,温度高于水的沸点是由于纳米孔中毛细管力的影响及水分子与 SiO_2 之间形成的氢键所致;第三阶段的温度范围为 250~750℃,失重率为 2.5%,主要是在 SiO_2 凝胶表面上羟基的脱除。在 SiO_2 凝胶的 DSC 曲线上(图 3.15(b)),50℃、200℃和650℃分别有三个吸热峰,对应 TG 曲线上的三个失重阶段。

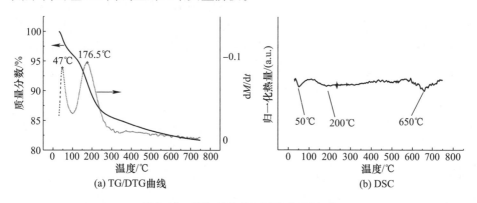

图 3.15 SiO_2 凝胶 TG/DTG 和 DSC 图

图 3.16(a) 为 RDX 和 RDX + SiO_2 物理混合物(RDX 的质量分数为 10%)的 TG 曲线,升温速率为 10℃/min,N_2 气氛。由图 3.16(a) 可见,两条 TG 曲线基本重合,其起始分解温度(失重率为 10%)为 220℃,而物理混合物在 250℃仍有残重,是 SiO_2 凝胶的残留。进一步比较它们的 DTG 曲线发现,两种样品的失重峰温也很接近,说明只是通过物理混合,SiO_2 凝胶对 RDX 的分解基本没有影响。

图 3.17 是 RDX/SiO_2 纳米复合含能材料的 TG/DTG 图。由图 3.17(a) 可

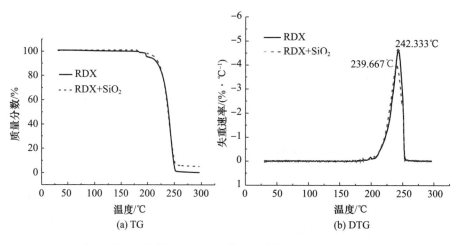

图 3.16 RDX 和 RDX + SiO$_2$ 物理混合物的 TG 和 DTG 曲线

知,RDX/SiO$_2$ 纳米复合含能材料的起始分解温度为 200℃(失重率为 10%),比 RDX 和 RDX + SiO$_2$ 物理混合物提前了 20℃。同时,纳米复合含能材料的失重温度范围提前到了 180～220℃,DTG 曲线表明失重峰温提前了 20～30℃(图 3.17(b))。这是因为,将 SiO$_2$ 凝胶与 RDX 复合在一起后,RDX 进到了凝胶骨架内部,由于凝胶内孔道大小的限制,纳米复合含能材料中 RDX 的晶体尺寸较小。RDX 分解温度与其粒径成正比,粒径越小,分解温度越低,所以与纯 RDX 相比,纳米复合含能材料的失重峰温都提前。当 RDX 的含量增加时,RDX 晶体尺寸会变大,失重峰温度也随之升高。

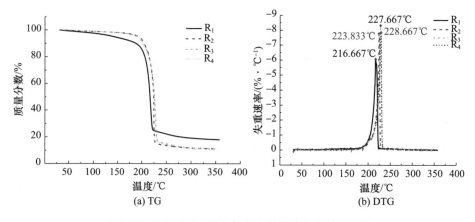

图 3.17 RDX/SiO$_2$ 纳米复合含能材料的 TG/DTG 图

图 3.18(a)是 RDX 和 RDX + SiO$_2$ 凝胶物理混合物的 DSC 曲线,由图可知,

两条曲线的放热峰温度和吸热峰温度变化不大,说明物理混合时,SiO_2 凝胶本身对 RDX 分解没有直接的催化作用。图 3.18(b)是 RDX + SiO_2 纳米复合含能材料 DSC 曲线,相比原料和物理混合物的 DSC 曲线,4 个样品的分解温度都提前了。

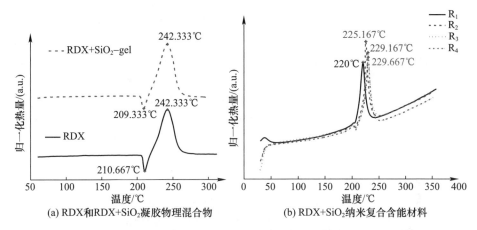

(a) RDX 和 RDX+SiO_2 凝胶物理混合物　　(b) RDX+SiO_2 纳米复合含能材料

图 3.18　RDX、RDX + SiO_2 凝胶物理混合物、RDX + SiO_2 纳米复合含能材料 DSC 图

比较图 3.18(a)和(b)的 DSC 曲线发现,原料 RDX 在 210.7℃处有明显的吸热峰,为 RDX 的熔融峰,而纳米复合含能材料内 RDX 的熔融吸热峰提前到 206℃左右(表 3.3),这与晶体的颗粒尺寸有关,因为纳米复合含能材料中的 RDX 晶体尺寸较小,能在较低的温度下熔融。此外,比较两种样品的热分解峰可以发现,原料 RDX 的热分解峰温在 242.3℃,纳米复合含能材料中的 RDX 的热分解峰温提前了 12~20℃。这个现象与纳米复合含能材料中 RDX 的纳米尺寸有关,由于纳米粒子粒径较小,处于表面的原子比例较大,所以纳米粒子的热性能比常规颗粒有较大的变化,放热分解明显提前。

对 RDX、RDX/SiO_2 纳米复合含能材料的 DSC 曲线的分解峰进行积分,数据列于表 3.3 中。从热分解的数据来看,RDX/SiO_2 纳米复合含能材料的热分解均高于纯 RDX 和 RDX + SiO_2 物理混合的分解热。相对于放热分解来说,纳米复合含能材料中 RDX 的熔融峰不明显,这同样与 RDX 粒径有关,粒径小熔融温度更低。

表 3.3　RDX 和 RDX/SiO_2 含能材料的分解热

样品	RDX 质量分数/%	熔融温度/℃	分解峰温/℃	分解热/(J·g^{-1})
RDX	100	210.7	242.3	997.2
物理混合物	91	209.3	242.3	903.4

续表

样品	RDX 质量分数%	熔融温度/℃	分解峰温/℃	分解热/(J·g^{-1})
R_1	84	204.5	220.0	1085.1
R_2	87	206.3	225.2	1119.1
R_3	91	206.3	229.2	1162.9
R_4	93	206.5	229.7	1114.6

比较图 3.18(b)中四条 DSC 曲线和表 3.3 的分析结果,以表 3.3 中的分解热除以 RDX 的质量分数,获得 RDX 的实际分解热,列于表 3.4 中。由表可见,在 RDX 质量分数低时,凝胶内的晶体尺寸小,虽然较易熔融,分解速率也快,但是 RDX 所占质量分数低,总体放热量低;RDX 质量分数高时,在凝胶内晶体尺寸大,熔融温度高,所需的热量多,总放热量也不高。所以,综合考虑 RDX 质量分数以及 RDX 的晶体大小,RDX 与 SiO$_2$ 凝胶骨架的最佳质量比为 10/1,在此比例下分解热最大,为 1162.9J/g。

表 3.4 RDX/SiO$_2$ 含能材料内 RDX 的实际分解热

样品	RDX 质量分数/%	晶粒度/nm	分解热/(J·g^{-1})
R_1	84	91	1291.7
R_2	87	96	1286.2
R_3	91	138	1276.9
R_4	93	207	1197.8

2. TG–FTIR 表征

为了进一步分析复合方式对 RDX 分解的影响,通过 TG–FTIR 联用对 RDX 和 RDX/SiO$_2$ 纳米复合含能材料(R_3)分解产物进行了比较。图 3.19 为 RDX 和

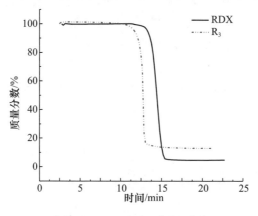

图 3.19 RDX 和 R_3 的 TG 曲线

R₃ 的 TG 曲线。从图中可以明显看出,纳米复合含能材料的失重明显早于原料 RDX 的失重。

图 3.20 为采用热重 – 红外光谱联用设备获得的 RDX 与 R₃ 的分解气体产物的红外谱图。图 3.20(a)、(b) 的共同点是红外吸收峰基本相同,可见复合没有改变 RDX 分解产物的组成;不同点是 RDX/SiO₂ 纳米复合含能材料分解产物的出峰位置较早,而且峰形更尖锐,半峰宽较窄(以时间为轴),说明凝胶骨架内的 RDX 更容易分解,而且分解更为迅速。为了比较两者气相组成的不同,将图 3.20 中三个最强吸收位置的红外吸收光谱曲线列于图 3.21 中。

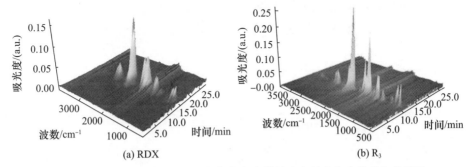

图 3.20　RDX 和 RDX/SiO₂ 纳米复合含能材料热分解气体产物的红外谱图

由图 3.21 可知,两个样品主要的热分解产物为 H_2O、CO、CO_2、N_2O、HCN 和

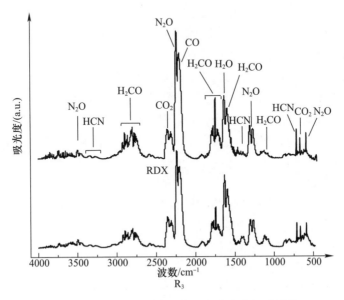

图 3.21　两样品的最大分解处气体产物红外谱图

CH_2O。将 RDX 复合进入凝胶骨架后,在分解时没有生成新的气体,或者使气相分解产物的红外吸收峰有明显的变化,可见凝胶骨架没有改变 RDX 分解历程。RDX 在凝胶骨架形成纳米级晶体,是纳米复合含能材料热分解温度大幅提前的主要原因。

3.2.5 RDX/SiO_2 纳米复合含能材料其他性能

1. 密度

通过动态接触角测定仪的密度附件测定了纳米复合含能材料的密度。以正己烷作为溶剂,测试结果如表 3.5 所列。

表 3.5 SiO_2 凝胶和 RDX/SiO_2 纳米复合含能材料的密度

样品		$\rho/(g \cdot cm^{-3})$
纯 RDX		1.816
SiO_2 凝胶	研磨前	1.703
	研磨后	2.104
R_1		1.831
R_2		1.852
R_3		1.888
R_4		1.906

由表 3.5 可知,研磨后 SiO_2 凝胶的密度明显增加。可以表明,如果直接测试多孔材料的密度时,溶剂无法完全进入凝胶内部所有的孔道,排出孔内的气体,在计算密度时,包含了孔内气体的体积,所以密度偏小。

同样,纳米复合含能材料的密度并不随 SiO_2 质量分数增加而增加,这也是由多孔性造成的。随着 RDX 质量分数的增加,凝胶骨架中的孔被逐渐填满,单位质量纳米复合含能材料的孔体积也在减少,所以纳米复合含能材料的密度随 RDX 质量分数增加而增加。

2. 撞击感度

根据 GJB 772A—97《炸药试验方法》中 602.1 试验方法,测定了纳米复合含能材料的特性落高 H_{50}。落锤质量 5kg 和 10kg,每发试验称取 (50±1)mg 样品,每组式样 25 发。不同样品的撞击感度见表 3.6。

从表 3.6 可以看出,纳米复合含能材料的撞击感度随 RDX 质量分数增加而升高,但都比纯 RDX 的感度低。首先,通过溶胶 - 凝胶法使得 RDX 在 SiO_2 凝胶骨架内结晶,RDX 的粒径明显小于复合之前,同时纳米复合含能材料的 BET 比表面积随 RDX 质量分数增加而减少。因此,当纳米复合含能材料受到外界冲击载荷时,作用力沿颗粒表面迅速传递,被分散到更多的表面上,单位表面承受的作用力减少。比表面积大,小颗粒的表面能高,以团聚体的形式存在,在外力作用下,团聚的颗粒会破碎,消耗部分能量,从而降低了感度。

表 3.6　不同样品的撞击感度

编号	RDX 质量分数/%	SiO_2/%	特性落高 H_{50}/cm	
			5kg	10kg
1	100	0	23	—
2	93	7	29	16
3	91	9	98	95
4	87	13	100	100

3. 爆热

表 3.7 为两种含能材料的爆热值。可见,纳米复合含能材料的爆热值高于 RDX,在 RDX 质量分数减少了 9% 的情况下,爆热提高了约 650kJ/kg。这说明 RDX 在 SiO_2 凝胶骨架内部纳米晶体,具有纳米材料所特有的小尺寸效应和表面效应,由于 RDX 微粒表面原子数多,电子云密度大且电子数多,这些活性很强的炸药粒子一旦接收到足够的激发能量,其反应速率就会很高,爆炸反应就会剧烈地进行下去,爆轰历程接近理想爆轰,炸药爆炸能量得以充分释放,所以爆热值得以提高。

表 3.7　RDX 和 RDX/SiO_2 纳米复合含能材料的爆热值

样品	RDX 质量分数/%	SiO_2 质量分数/%	爆热/$(kJ \cdot kg^{-1})$
RDX/SiO_2 纳米复合含能材料	91	9	7012
RDX	100	0	6365

3.3　AP/SiO_2 纳米复合含能材料

3.3.1　AP/SiO_2 纳米复合含能材料的制备

以 TEOS 为前驱物,通过溶胶-凝胶法和溶液结晶法制备了以 SiO_2 为凝胶骨架的 AP/SiO_2 纳米复合含能材料。AP/SiO_2 含能材料制备的过程如图 3.22 所示。

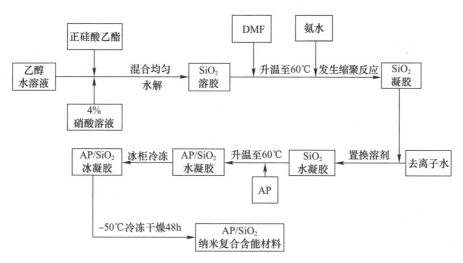

图 3.22 AP/SiO$_2$ 纳米复合含能材料的制备过程

3.3.2 AP/SiO$_2$ 纳米复合含能材料的结构

1. 微观形貌

图 3.23 为 SiO$_2$ 凝胶和 AP/SiO$_2$ 纳米复合含能材料的 SEM 照片。比较两种材料的表面形貌可见，通过溶液结晶法将 AP 与 SiO$_2$ 凝胶骨架复合在一起后，纳米复合含能材料仍为多孔结构，但在纳米复合含能材料表面上孔的数量比纯 SiO$_2$ 凝胶少，可见 AP 已填充到凝胶的孔道中。

2. FTIR 表征

图 3.24 为 AP、SiO$_2$ 凝胶和 AP/SiO$_2$ 纳米复合含能材料的红外谱图。450cm^{-1} 和 790cm^{-1} 处为 Si-O-Si 的特征吸收峰；650cm^{-1} 处为 O-Cl-O 的弯曲振动吸收峰；1080cm^{-1} 处是 Cl-O 和 Si-O 的伸缩振动吸收峰；3290cm^{-1} 处为 N-H 的特征吸收峰。说明纳米复合含能材料中含有 AP 和 SiO$_2$ 两种物质。

3. 晶体结构

图 3.25 是 AP(100μm) 和 AP/SiO$_2$ 纳米复合含能材料 XRD 谱图。由图可以看出，纳米复合含能材料中 AP 的衍射峰位置与原料 AP 相同，表明制备过程中没有改变 AP 的晶型。但与原料 AP 的 XRD 谱图相比，纳米复合含能材料中 AP 衍射峰的强度减弱，有宽化现象。根据 Scherrer 公式计算出，在不同 AP 质量分数的纳米复合含能材料中 AP 的平均粒径列于表 3.8 中。

图 3.23　SiO_2 凝胶和 AP/SiO_2 纳米复合含能材料 SEM 照片

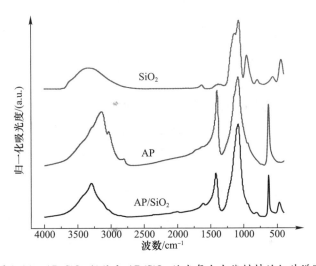

图 3.24　AP、SiO_2 凝胶和 AP/SiO_2 纳米复合含能材料的红外谱图

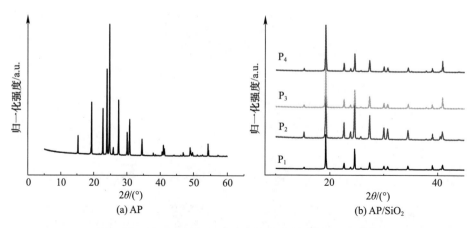

图3.25 AP和AP/SiO$_2$纳米复合含能材料的XRD谱图

表3.8 不同AP质量分数的纳米复合含能材料中AP的平均粒径

样品	AP质量分数/%	衍射角(2θ)/(°)	AP的平均粒径/nm
P$_1$	84	19.29	79
P$_2$	87	19.31	94
P$_3$	90	19.21	143
P$_4$	93	19.20	208

凝胶内AP的平均粒径都较小,这是因为AP在SiO$_2$凝胶骨架的孔洞中结晶,凝胶孔洞的大小限制了AP晶体的生长。同时凝胶孔洞的大小也受填充在其中的AP质量分数的影响。AP质量分数高的纳米复合含能材料,其单位体积内含有的AP量也相应增多,导致凝胶孔洞的孔径增加,所以填充在其中的AP的粒径随AP质量分数的增加而增加。

4. 比表面积与孔体积

图3.26是对应不同AP质量分数时,AP/SiO$_2$纳米复合含能材料的N$_2$吸附-脱附等温曲线。由图可知,4个样品的吸附等温线按BDDT分类属于Ⅳ型,迟滞回线是H2型(BDDT分类中的E类),与RDX/SiO$_2$纳米复合含能材料的迟滞回线不同。

AP/SiO$_2$纳米复合含能材料的迟滞回线是H2型,为"墨水瓶"状孔,而RDX/SiO$_2$纳米复合含能材料的微孔为裂隙孔。这是由于RDX/SiO$_2$纳米复合含能材料是通过溶液结晶法制备的,即RDX和溶胶一起溶解在DMF中,在溶胶发生凝胶反应时,RDX会同时结晶并被包裹在凝胶骨架内,并且在扩散和凝胶形成两种作用下,RDX较为均匀地进入每个微孔中。随着RDX质量分数的增

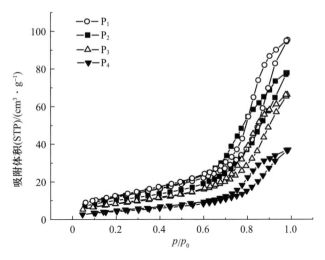

图 3.26 对应不同 AP 质量分数时，AP/SiO_2 纳米复合含能材料的 N_2 吸附－脱附等温曲线

加，每个孔中所包含的 RDX 的量也随之增加，从而导致纳米复合含能材料的 BET 比表面积和孔体积较空白 SiO_2 凝胶的减小。AP/SiO_2 纳米复合含能材料的制备过程是先制备好凝胶骨架，再加入 AP 溶液，通过溶解扩散，AP 进入凝胶骨架中，然后在凝胶微孔中结晶，AP 很难均匀进入所有孔中，内部仍有未被填充的孔，所以保留了部分"墨水瓶"状的孔。

图 3.27 为 AP/SiO_2 纳米复合含能材料制备过程示意图。

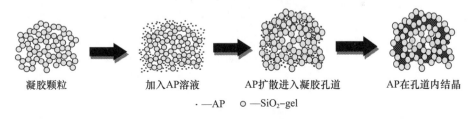

图 3.27 AP/SiO_2 纳米复合含能材料制备过程示意图

图 3.28 是对应不同 AP 质量分数时，AP/SiO_2 纳米复合含能材料的孔体积以及孔径分布。由图可见，随着 AP 质量分数的增加，纳米复合含能材料的孔径分布逐渐变宽，可见 AP 在凝胶孔道内结晶，起到支撑作用，防止了干燥过程中由于毛细管应力消失导致孔道塌陷的问题，从而形成较大的孔。

4 个样品的比表面、孔体积和平均孔径列于表 3.9 中。由表可见，随着 AP 质量分数的增加，AP/SiO_2 纳米复合含能材料的 BET 比表面积和孔体积逐渐减小，原因是越来越多的孔被 AP 所填充。

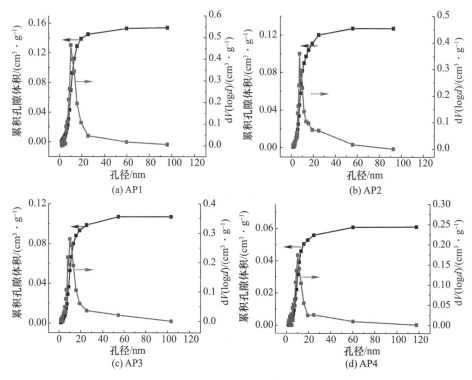

图 3.28 对应不同 AP 质量分数时，AP/SiO_2 纳米复合含能材料的孔体积以及孔径分布

表 3.9 对应不同 AP 质量分数时，AP/SiO_2 纳米复合含能材料孔结构参数

样品	AP 质量分数/%	S_{BET}/($m^2 \cdot g^{-1}$)	V_{tot}/($cm^3 \cdot g^{-1}$)	平均孔径/nm
P_1	84	44.69	0.147	13.19
P_2	87	37.27	0.130	12.91
P_3	90	32.04	0.102	13.87
P_4	93	15.99	0.0507	14.29

3.3.3 AP/SiO_2 纳米复合含能材料的性能

1. AP/SiO_2 纳米复合含能材料的热性能

图 3.29 是原料 AP 和 AP + SiO_2 物理混合物（由 AP 和 SiO_2 凝胶骨架经研磨混合而成）的 TG/DTG 曲线，其中 AP 质量分数为 90%。从图 3.29(a) 可知，TG 曲线都存在两个失重台阶，表明其分解均为两个阶段，即 AP 的低温分解阶段和高温分解阶段。

比较两者的 DTG 曲线(图 3.29(b))发现，两个样品的起始分解温度基本相同,约为270℃。相对于纯AP,物理混合物的低温分解峰有所提前,但是高温分解峰有所延后。原料AP的晶体较大,具有规则的晶体形状,其表面晶体缺陷少,对于NH_3和$HClO_4$气体的吸附力相对较弱,在较低温度下即可发生解吸,同时部分接近晶体表面的AP分子发生质子转移生成NH_3和$HClO_4$气体并吸附于晶体表面(形成吸附状态平衡),解吸出来的NH_3和$HClO_4$气体在气相区发生氧化-还原反应。最终$HClO_4$反应后生成的HCl与NH_3结合形成NH_4Cl固体吸附于AP表面致使其低温分解阶段结束。由于SiO_2凝胶骨架具有多孔结构,比表面积较大,对气体吸附能力较强,因此AP分解出的部分气体被凝胶骨架吸附,其表面吸附的气体需要在较高的温度下才会发生解吸,导致物理混合高温分解峰向高温方向移动。

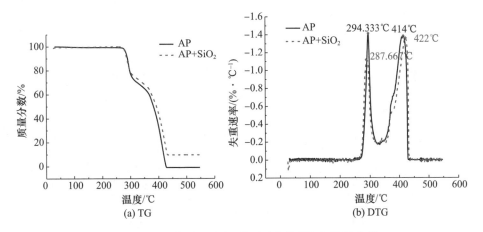

图 3.29 AP 和 AP + SiO_2 物理混合物 TG 和 DTG 曲线

图 3.30(a)是AP/SiO_2纳米复合含能材料的 TG 曲线。由图可见,AP/SiO_2纳米复合含能材料只出现了一个明显的失重过程,起始分解温度为 320℃(失重率为 10%),高于 AP 的起始分解温度,可见多孔凝胶骨架的吸附作用使纳米复合含能材料的失重延迟了。对 TG 曲线进行微分,得到 DTG 曲线,如图 3.30(b)所示。DTG 曲线都只有一个明显的峰。这是因为 AP 的晶体较小,具有较大的比表面积,其表面上吸附有大量的NH_3和$HClO_4$气体,本身的吸附力相对较强,因此粒度较小的 AP 仅在较高温度下发生NH_3和$HClO_4$气体的解吸和气相的快速氧化还原反应。表现为AP/SiO_2纳米复合含能材料起始分解温度比纯AP和物理混合物的起始分解温度升高了 50℃。

图 3.31(a)是原料 AP 和物理混合物的 DSC 曲线,曲线上有一个转晶吸热峰和两个放热峰。图 3.31(b)中,AP/SiO_2纳米复合含能材料 DSC 曲线有一个

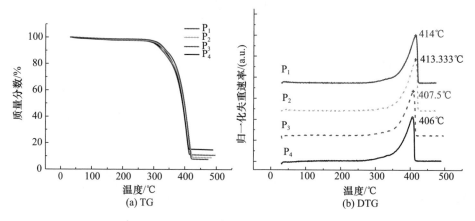

图 3.30 AP/SiO₂ 纳米复合含能材料 TG 和 DTG 曲线

明显的晶型转变吸热峰和一个放热峰。因为 AP 是复合到 SiO₂ 凝胶骨架内部的,骨架内部的孔道限制了 AP 晶体的生长,所以形成晶体的粒度较小。小粒度 AP 分解时凝聚相表面被大量的 NH_3 和 $HClO_4$ 气体包围,AP 受热过程中无明显的低温分解阶段。

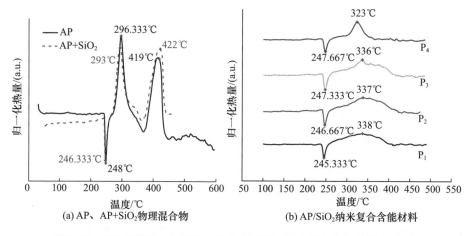

图 3.31 AP、AP/SiO₂ 物理混合物和 AP/SiO₂ 纳米复合含能材料 DSC 图

与纯 AP 以及 AP + SiO₂ 物理混合物相比,纳米复合含能材料的高温分解峰至少提前了 100℃。由于 AP 发生质子转移生成 NH_3 和 $HClO_4$ 气体,被凝胶骨架吸附,因此促进了其分解,使得分解温度提前。当凝胶骨架含量较多时(如 P_1、P_2),大量气体产物吸附于其内部以及表面,对 $NH_3(g)$ 和 $HClO_4(g)$ 的气相反应有一定的延缓作用,在 DSC 曲线上表现为一个较宽的放热过程;随着 SiO₂

凝胶质量分数减少,DSC 曲线上的放热峰变得较为明显,未被凝胶吸附的 $NH_3(g)$ 和 $HClO_4(g)$ 可以顺利地在气相中发生氧化还原反应。

将图 3.30(b) 中 DTG 失重峰温和图 3.31(b) 中 DSC 放热峰温数据列于表 3.10 中。比较表中数据可见,纳米复合含能材料的失重过程和放热过程并不是同时发生的,失重过程略有滞后。说明 $NH_3(g)$ 和 $HClO_4(g)$ 反应生成的气体会被凝胶骨架所吸附,凝胶骨架的含量越多,吸附能力越强。

表 3.10　AP/SiO_2 纳米复合含能材料 DTG/DSC 峰温比较

样品	AP 质量分数/%	DTG 失重峰温/℃	DSC 放热峰温/℃
P_1	84	414.0	338.0
P_2	87	413.3	337.0
P_3	91	407.5	336.0
P_4	93	406.0	323.0

对六个样品的 DSC 放热曲线进行积分,得到分解热的数据列于表 3.11 中。从表中数据可以看出,纳米复合含能材料的分解热大于纯 AP 的分解热。可见,虽然纳米复合含能材料的失重延迟了,但是可以促进 AP 分解产物间的反应,提高了总的分解热。

表 3.11　AP 和 AP/SiO_2 纳米复合含能材料的分解热

样品	AP 质量分数/%	DSC 分解热/(J/g)
AP	100	429.6
AP/SiO_2 物理混合物	90	358.6
P_1	84	537.9
P_2	87	603.5
P_3	91	637.5
P_4	93	661.2

2. 密度

实验使用动态接触角测定仪的密度附件测定了纳米复合含能材料的密度,以正己烷作为溶剂测得的纳米复合含能材料的密度结果列于表 3.12 中。AP/SiO_2 纳米复合含能材料的密度小于纯 AP 的密度,且随 SiO_2 质量分数的减少而增加。这是凝胶骨架的多孔性造成的。在测试时,溶剂无法完全进入凝胶内部所有的孔道,赶出孔内的气体,导致在计算密度时,包含了孔内气体的体积,所以密度会偏小。此外,AP 在凝胶的孔道内结晶时不能完全填充所有孔道,存在更小的微孔,而且随 AP 质量分数的增加,孔道内结晶的 AP 量增加,剩余的未被填充的孔更少,所以随 AP 质量分数增加密度增大。

表 3.12　SiO_2 凝胶和 AP/SiO_2 纳米复合含能材料的密度

样品	$\rho/(g \cdot cm^{-3})$
纯 AP	1.945
SiO_2（研磨后）	2.103
P_1	1.861
P_2	1.872
P_3	1.906
P_4	1.911

3. 撞击感度

根据 GJB 772A—97 标准中 602.1 试验方法，测定纳米复合含能材料的特性落高 H_{50}。落锤质量 5kg 和 10kg，每发试验称取 (50 ± 1) mg 样品，每组式样 25 发。纳米复合含能材料中 AP 质量分数与撞击感度的关系见表 3.13。

表 3.13　不同样品的撞击感度

编号	AP 质量分数/%	特性落高 H_{50}/cm	
		5kg	10kg
1	100	44	—
2	93	60	58
3	90	>100	95
4	87	>100	>100

从表 3.13 可以看出，纳米复合含能材料的撞击感度与 AP 质量分数成反比，但都比纯 AP 的感度低。纳米复合含能材料中的 AP 是在凝胶骨架的孔道中结晶的，所以其比表面积较大，当受到外界冲击载荷作用时，作用力会被分散到更多的表面上，单位表面承受的作用力减少。同时纳米复合含能材料具有多孔性，颗粒结构疏松，在外力作用下会发生破碎，进一步将消耗部分能量，减弱撞击力力度而降低了感度。

4. 爆热

表 3.14 列出了 AP 和 AP/SiO_2 纳米复合含能材料的爆热值。由表可知，纳米复合含能材料的爆热值明显高于 AP 的爆热值，提高了 3336kJ/kg。将 AP 与 SiO_2 凝胶骨架复合在一起后，AP 在其孔道内结晶形成纳米晶体，提高 AP 分解的效率，同时凝胶骨架又对气体的吸附作用，能有效地促进 $NH_3(g)$ 和 $HClO_4(g)$ 之间的充分反应，爆热值大大提高。

表 3.14　AP 和 AP/SiO_2 纳米复合含能材料的爆热值

样品	SiO_2 质量分数/%	爆热/$(kJ \cdot kg^{-1})$
AP/SiO_2 纳米复合含能材料	9	4782
AP	0	1448

3.4 RDX/AP/SiO$_2$ 纳米复合含能材料

AP 和 RDX 的溶解性、稳定性不同,很难通过简单方法将它们复合到同一凝胶骨架中。本节利用溶胶-凝胶法,结合溶液结晶法,以 TEOS 为前驱物,制备 RDX/AP/SiO$_2$ 纳米复合含能材料,以解决非均质纳米复合含能材料的混合以及分散问题,提高其热释放效率,并对其结构和性能进行表征。

3.4.1 RDX/AP/SiO$_2$ 纳米复合含能材料的制备

1. 纳米复合含能材料中 RDX/AP 比例的确定

RDX 为贫氧炸药,氧平衡指数为 -21.6%,AP 为富氧炸药,氧平衡指数为 34%,所以 RDX 与 AP 需要按一定比例复合在一起才能发挥最大的热释放效率。RDX、AP 混合后分解可能生成的气体有 CO_2、CO、CH_2O、H_2O、HCl、N_2、N_2O、NO、NO_2。根据《无机物热力学手册》,这些气体在标准状态下的生成热列于表 3.15 中。

表 3.15 部分气体标准生成热

气体种类	$\Delta H_f^\theta/(kJ \cdot mol^{-1})$
CO_2	-393.51
CO	-110.54
CH_2O	-116.12
H_2O	-241.81
HCl	-92.31
N_2	0
N_2O	82.01
NO	90.29
NO_2	33.10

从表 3.15 可以发现,CO_2 的标准生成热最小,为 -393.51kJ/mol,说明 CO_2 的生成过程为放热反应,而氮氧化物的标准生成热都为正数,说明它们的生成反应为吸热反应。因此,要使得 RDX/AP 的混合体系热释放达到最佳,就需要提高在分解产物中 CO_2 的量,而 CO_2 主要来源于混合体系中 RDX,故相应的 RDX 的量要增加。假设 RDX 中的 C 都被 AP 氧化成 CO_2,混合体系中的 N 元素分别生成 N_2、N_2O、NO 或 NO_2 四种产物,其对应的 RDX/AP 列于表 3.16 中。

表 3.16　不同含氮产物对应 RDX/AP 的摩尔比

产物	RDX：AP 摩尔比
N_2	1∶0.83
N_2O	1∶3
NO	1∶6
NO_2	1∶30

由表 3.15 可知,四种含氮产物标准生成热的值,而生成 NO_2 需要的 RDX/AP 摩尔比为 1∶30,会严重影响混合体系热释放量,所以假设 RDX 与 AP 反应分别生成 N_2 和 N_2O,化学方程式如下:

$$6C_3N_6H_6O_6 + 5NH_4ClO_4 \longrightarrow 15CO_2 + 24H_2O + 6HCl + 18N_2 \quad (3-5)$$

$$2C_3N_6H_6O_6 + 6NH_4ClO_4 \longrightarrow 6CO_2 + 15H_2O + 6HCl + 9N_2O \quad (3-6)$$

根据化学方程式,确定 RDX/AP 的四个比例列于表 3.17 中。

表 3.17　RDX/AP 比例

编号		RDX/AP	氧平衡/%
A	摩尔比	0.23	24.7
	质量比	0.43	
B	摩尔比	0.53	12.0
	质量比	1.00	
C	摩尔比	0.83	0
	质量比	1.56	
D	摩尔比	1.11	-11.4
	质量比	2.10	

2. $RDX/AP/SiO_2$ 的制备

$RDX/AP/SiO_2$ 纳米复合含能材料的制备过程如图 3.32 所示。

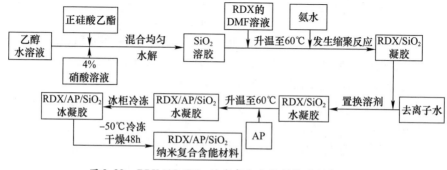

图 3.32　$RDX/AP/SiO_2$ 纳米复合含能材料的制备过程

3.4.2 RDX/AP/SiO$_2$ 纳米复合含能材料结构

1. SEM 表征

图 3.33 是 RDX/AP/SiO$_2$ 纳米复合含能材料样品的 SEM 照片。将 RDX/AP/SiO$_2$ 复合在一起后,纳米复合含能材料仍保留了多孔结构,但是孔的数量明显少于纯 SiO$_2$ 凝胶骨架和 RDX/SiO$_2$ 纳米复合含能材料表面的孔。可见,在 RDX/SiO$_2$ 纳米复合含能材料的基础上,再通过溶液结晶法,将 AP 进一步填充到纳米复合含能材料的孔结构中。

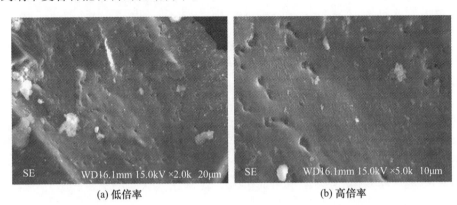

图 3.33 RDX/AP/SiO$_2$ 纳米复合含能材料 SEM 照片

2. EDS 能谱表征

图 3.34 是 RDX/AP/SiO$_2$ 纳米复合含能材料的 EDS 能谱图。由图可知,RDX/AP/SiO$_2$ 纳米复合含能材料样品的不同颗粒,均含有 Cl、Si、O、N、C 元素,对应 AP、SiO$_2$ 和 RDX 中所含的元素,表明纳米复合含能材料中 RDX/AP/SiO$_2$ 三者是复合在一起的。

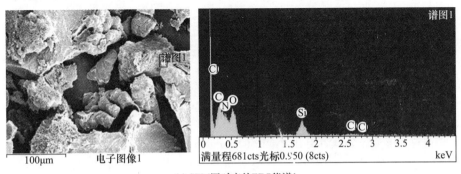

(a) SEM 图对应的 EDS 能谱1

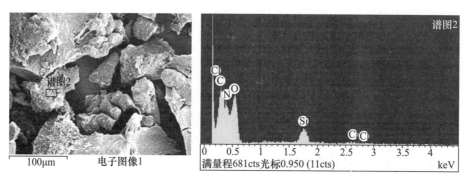

(b) SEM图对应的EDS能谱2

图 3.34 RDX/AP/SiO$_2$ 纳米复合含能材料不同部分的 EDS 能谱

3. XRD 表征

分别对 RDX、AP 和纳米复合含能材料进行了 X 射线粉末衍射分析,结果如图 3.35 所示。图 3.35(b) 中 RDX/AP/SiO$_2$ 纳米复合含能材料具有相似的衍射特征峰,谱图中有明显的 AP 晶体和 RDX 晶体衍射峰,而且明显宽化,呈现出纳米粒子的特性。在纳米复合含能材料中没有发现明显的 SiO$_2$ 非晶态弥散峰,这是 SiO$_2$ 凝胶骨架含量较少造成的。

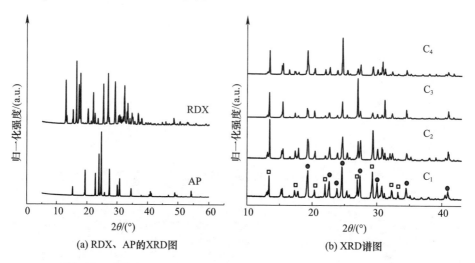

(a) RDX、AP的XRD图　　(b) XRD谱图

图 3.35 原料 RDX、AP 和 RDX/AP/SiO$_2$ 纳米复合含能材料 XRD 谱图

通过 Scherrer 公式计算出不同 SiO$_2$ 质量分数的纳米复合含能材料中 RDX 和 AP 的晶粒度,列于表 3.18 中。由表可见,凝胶骨架内的 RDX 和 AP 的晶粒度与其质量分数成正比。因为两种晶体都是在凝胶骨架内结晶的,所以由凝胶

骨架形成的孔道会限制内部晶体的生长,同时内部填充的晶体也会影响孔的大小。

表 3.18　不同 SiO_2 质量分数的纳米复合含能材料中 RDX 和 AP 的晶粒度

样品	SiO_2 质量分数/%	AP 晶粒度/nm	RDX 晶粒度/nm
C_1	10.6	87	89
C_2	6.7	95	104
C_3	5.6	135	143
C_4	4.5	193	217

4. 比表面积和孔体积

图 3.36 是不同 SiO_2 质量分数的 $RDX/AP/SiO_2$ 纳米复合含能材料的 N_2 吸附 – 脱附等温曲线。从图中可以看出,4 个样品的吸附等温线按 BDDT 分类属于Ⅳ型,迟滞回线对应于 IUPAC 分类中的 H3 类型。H3 表示吸附分支曲线在较高的相对压力下也不会表现出极限吸附量,吸附量随着压力的增大而单调递增,这多出现在具有平行板结构的狭缝孔材料中。随着 SiO_2 质量分数的降低,迟滞回线逐渐变小,R4 的迟滞回线对应于 IUPAC 分类中的 H4 型。表明纳米复合含能材料中的孔进一步被 AP 填充,表现为比表面积和孔体积下降。

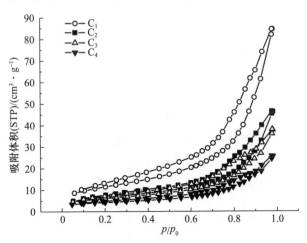

图 3.36　不同 SiO_2 质量分数的 $RDX/AP/SiO_2$ 纳米复合含能材料的 N_2 吸附 – 脱附等温曲线

表 3.19 比较了相同 RDX/SiO_2 质量比下,AP 的加入对纳米复合含能材料 BET 比表面积的影响。从表中的数据可以看出,$RDX/AP/SiO_2$ 纳米复合含能材料的比表面积均低于 RDX/SiO_2 纳米复合含能材料。按比例将 AP 和 RDX/SiO_2 纳米复合含能材料进行物理混合得到 RDX/SiO_2 + AP 共混物,对物理混

合物进行 BET 测试,其比表面积列于表 3.20 中。比较两表的数据可知,纳米复合含能材料的比表面积最小,说明在纳米复合含能材料中加入 AP 后,降低了复合材料单位质量内凝胶骨架的质量,所以纳米复合含能材料的比表面积进一步降低。同时复合能使得 AP 填充在 RDX/SiO_2 纳米复合含能材料的孔隙中,将 RDX 与凝胶骨架的间隙填满,降低了纳米复合含能材料的比表面积。

表 3.19　不同纳米复合含能材料的 BET 比表面积比较

RDX 在 RDX/SiO_2 中的质量分数/%	RDX/SiO_2 的 BET 比表面积/($m^2 \cdot g^{-1}$)	RDX/AP/SiO_2 的 BET 比表面积/($m^2 \cdot g^{-1}$)
83	43.01	26.60
89	33.67	17.80
90	31.49	16.70
92	25.86	9.38

表 3.20　RDX/SiO_2 + AP 物理混合物的 BET 比表面积值

RDX 在 RDX/SiO_2 中的质量分数/%	AP 质量分数/%	BET 比表面积/($m^2 \cdot g^{-1}$)
83	35.0	31.7
89	36.5	27.4
90	36.9	21.9
92	37.3	12.3

图 3.37 为不同 SiO_2 质量分数时 RDX/AP/SiO_2 纳米复合含能材料的孔体积以及孔径分布。四组样品的孔径分布变化不大,均在 2~95nm 附近。由 3.2 节可知,RDX/SiO_2 纳米复合含能材料保持了凝胶多孔的性质。其中的孔分为两种类型:一种是被 RDX 晶体占据后形成裂隙孔;另一种是未被占据的空穴。AP 是先溶解在水中,再复合进入凝胶骨架的,所以 AP 进入孔道的过程为扩散进入孔。纳米复合含能材料制备过程如图 3.38 所示。

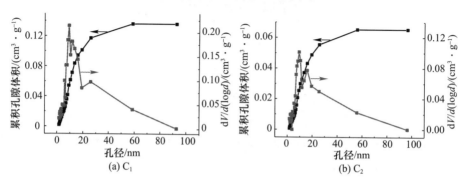

(a) C_1　　　(b) C_2

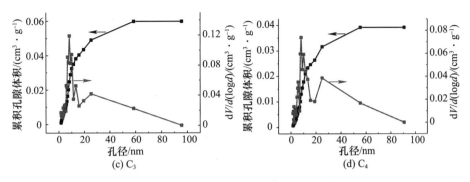

图 3.37 不同 SiO_2 质量分数的 $RDX/AP/SiO_2$ 纳米复合含能材料的孔体积以及孔径分布

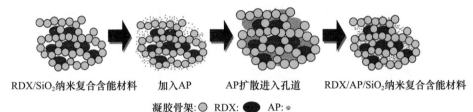

图 3.38 $RDX/AP/SiO_2$ 纳米复合含能材料制备过程示意图

不同材料的孔径分布比较见表 3.21。由表可见,RDX/SiO_2 纳米复合含能材料的孔径分布与 SiO_2 质量分数成反比,随 SiO_2 质量分数的降低而略为变窄。因为 AP 是通过溶液结晶法与 RDX 复合在一起的,是一个溶解扩散过程,较容易扩散进入直径较大的孔道中,所以纳米复合含能材料的孔径分布会变窄。

表 3.21 不同材料的孔径分布比较

RDX 在 RDX/SiO_2 的质量分数	RDX/SiO_2 的孔径分布/nm	$RDX/AP/SiO_2$ 的孔径分布/nm
83	2~93	2~92
89	2~95	2~95
90	2~105	2~95
92	2~130	2~90

根据以上分析可知,$RDX/AP/SiO_2$ 纳米复合含能材料仍具有多孔结构,但是孔的数量和孔体积均小于 RDX/SiO_2 纳米复合含能材料。在复合的过程中,AP 会进入被 RDX 占据的孔中结晶,即在一个凝胶孔中同时存在 RDX 和 AP 两种晶体。

3.4.3　RDX/AP/SiO$_2$ 纳米复合含能材料热性能

1. RDX/AP/SiO$_2$ 比例对纳米复合含能材料热性能的影响

为了获得 RDX/AP/SiO$_2$ 三者的最佳比例,对不同比例的 RDX/AP/SiO$_2$ 纳米复合含能材料进行 TG 测试,其比例和不同阶段的质量损失列于表 3.22 中。

表 3.22　各组纳米复合含能材料的组成和热分解质量损失量

编号	SiO$_2$ 质量分数/%	RDX 质量分数/%	AP 质量分数/%	第一阶段质量损失量/%	第二阶段质量损失量/%
B$_1$	10.6	44.7	44.7	90.1	5.2
B$_2$	6.7	46.7	46.6	96.3	2.6
B$_3$	5.6	47.2	47.2	95.2	1.8
B$_4$	4.5	47.7	47.8	93.0	2.1
B$_5$	3.8	48.1	48.1	83.0	15.7
C$_1$	10.6	54.4	35.0	95.7	1.6
C$_2$	6.7	56.8	26.5	94.9	2.1
C$_3$	5.6	57.5	36.9	94.3	2.3
C$_4$	4.5	58.2	37.3	89.5	9.8
D$_1$	10.7	60.4	28.9	94.5	1.9
D$_2$	6.7	63.0	30.3	96.8	1.3
D$_3$	5.6	63.8	30.6	94.2	2.4
D$_4$	4.5	64.8	30.7	95.8	2.2

比较图 3.39 各组纳米复合含能材料的 TG/DTG 曲线发现,失重峰温度没有发生明显变化,均在 210℃ 左右。不同比例纳米复合含能材料失重过程仍然是两个阶段:第一个较大的失重过程是 RDX/AP 同时分解的阶段,第二个失重过程是残留的少量的 AP 继续分解以及 SiO$_2$ 凝胶表面上羟基的脱除。

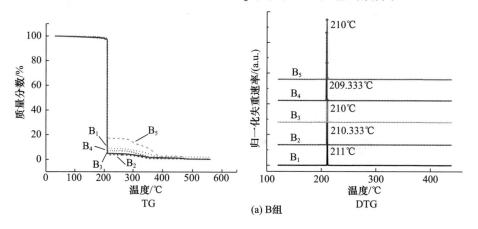

(a) B组

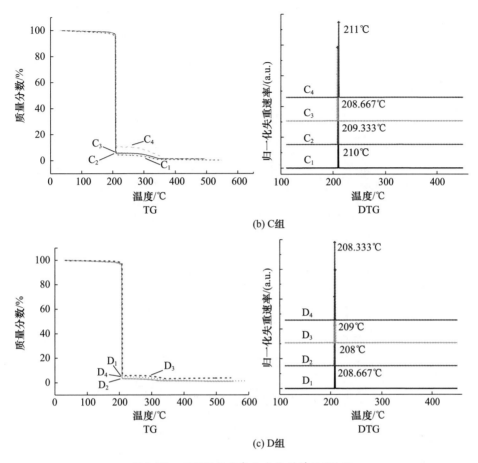

图 3.39 不同组纳米复合含能材料的 TG 图

各样品两个阶段的质量损失量列于表 3.22 中。由表可见,纳米复合含能材料的质量损失都超过了 90%,根据第一阶段的失重和纳米复合含能材料中 SiO_2 的含量,可以计算出超过 95% 的 AP 与 RDX 同时分解。但是在 B 组和 C 组中,当 SiO_2 凝胶含量较少时(B_5 和 C_4),第二阶段的失重变得比较明显。这是由于 AP 是通过粉末添加法与 RDX/SiO_2 复合在一起的,随着 AP 含量的增加,纳米复合含能材料的孔道逐渐被填满,过量的 AP 则无法再进入凝胶内部而在凝胶外结晶,所以在热分解时,无法与 RDX 同时分解,而保持了纯 AP 的分解特征(如曲线 B_5、C_4)。D 组没有类似的规律,原因是其 AP 质量分数较少,AP 基本上都可以进入凝胶内部,所以该组样品第一阶段的质量损失量非常接近。

图 3.40 为各组纳米复合含能材料的 DSC 曲线。与物理共混物相比,各组纳米复合含能材料的 DSC 曲线上只有一个明显的放热峰。AP 的放热峰基本消

失,说明 RDX 与 AP 是同时分解的。各组的分解热均列于表 3.23 中。

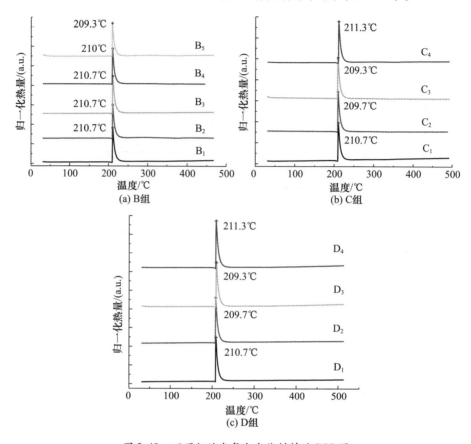

图 3.40 不同组纳米复合含能材料的 DSC 图

表 3.23 不同组纳米复合含能材料 DSC 特征量

编号	放热峰顶温度/℃	放热峰高/(W·g^{-1})	分解热/(J·g^{-1})
B_1	210.7	39.7	1473.0
B_2	210.7	39.9	1562.4
B_3	210.7	41.7	1643.0
B_4	210.0	54.3	2021.2
B_5	209.3	38.5	1510.9
C_1	210.7	39.4	1497.5
C_2	209.7	59.0	2010.1
C_3	209.3	61.3	2160.8

续表

编号	放热峰顶温度/℃	放热峰高/(W·g^{-1})	分解热/(J·g^{-1})
C_4	211.3	54.2	1874.0
D_1	210.7	49.8	1703.4
D_2	209.7	55.2	1919.3
D_3	209.3	52.1	1882.8
D_4	211.3	50.1	1814.8

从表 3.23 的数据可知,纳米复合含能材料各组分比例的变化,对放热峰值温度的影响不显著,都是在 210℃ 附近。但是对三组纳米复合含能材料的分解热有很大的影响。随 SiO_2 凝胶含量的增加,纳米复合含能材料的分解热先增加后减小,三组纳米复合含能材料的分解热最大值分别出现在 B_4、C_3 和 D_2,它们的 SiO_2 凝胶质量分数并不相同,分别是 3.5%、5.6%、6.7%。由于每组都是由 RDX/AP/SiO_2 三个组分复合在一起的,各个组分对分解热都有影响,同时三个组分间有着较为复杂的相互作用。首先,RDX/SiO_2 的质量比例为 10∶1 时纳米复合含能材料的分解热最高;其次,RDX 与 AP 在热分解时存在着相互作用,RDX 与 AP 的比例对混合体系分解热有影响;最后,SiO_2 凝胶加入 RDX/AP 混合物中,其质量分数也对整个体系的分解热有影响。所以对图 3.41 和图 3.42 进行了数学处理,分别以 SiO_2/AP 的比值和 SiO_2/RDX 的比值作为横坐标对各组的分解热作图。

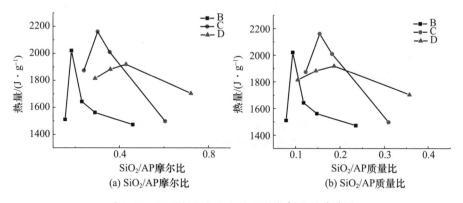

图 3.41　不同组 SiO_2/AP 比例与分解热的关系图

从图 3.41 和图 3.42 可以发现,当每组的分解热达到最大值时,三组样品的 SiO_2/AP 比例都是不同的。而当 SiO_2/RDX 质量比为 0.10 左右时,每组凝胶的分解热恰好都出现最大值,这与 RDX/SiO_2 纳米复合含能材料的分解热数据一致。在此比例下,RDX 的含量与其晶体尺寸达到较佳的组合。

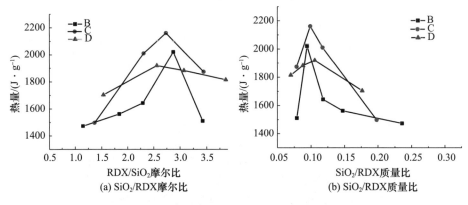

图 3.42 不同组 SiO_2/RDX 比例与分解热的关系图

为进一步分析 AP 质量分数对纳米复合含能材料分解热的影响,选择 SiO_2/RDX 的质量比固定为 0.10,只改变 RDX/AP 质量比的 5 种纳米复合含能材料(其中样品 B_4、C_3、D_2 与上面代号意义一致,B'、C' 分别代表 RDX/AP 的质量为 1.2 和 2.10 制备的纳米复合含能材料)进行了 DSC 测试,5 个样品的分解热列于表 3.24 中。

表 3.24 不同 RDX/AP 质量比的纳米复合含能材料分解热

编号	RDX/AP 质量比	分解热/$(J \cdot g^{-1})$
B_4	1.00	2021.2
B'	1.20	2092.3
C_3	1.56	2160.6
C'	1.84	1931.7
D_2	2.10	1919.3

由表 3.24 的数据可以看出,当 SiO_2/RDX 的质量比固定为 0.10,仅变化 AP 的质量分数,纳米复合含能材料的分解热在 C_3 处达到最大值,即 RDX/AP 的质量比为 1.56,恰为 RDX 与 AP 的零氧平衡比例。

2. 分解机理

图 3.43 为 RDX/AP 物理混合物(A)和 $RDX/AP/SiO_2$ 纳米复合含能材料(B)的 TG/DSC 曲线。由图可知,物理混合物的分解分为两个阶段,对应于 TG 曲线的两个失重过程,以及 DSC 曲线上两个放热峰。而对于纳米复合含能材料来说,其 TG 曲线只有一个明显的失重过程,DSC 曲线也只有一个放热峰,可见复合后,使得 AP 与 RDX 同时分解。这是由于 AP 与 RDX 都进入到了 SiO_2 凝胶的孔洞中,在较小的尺度上将两者复合在一起,实现了 $RDX/AP/SiO_2$ 的均匀复

合,增大了三者之间的接触面积,减少了 RDX 与 AP 发生反应时的扩散距离;当 AP 与 RDX 同时分解时,AP 的热分解释放出足够的活性氧,使得 RDX 的氧化还原反应进行得较完全。所以两种混合体系分解后,释放出的气体是不同的。下面用 TG – IR 对气相的组成进行了测试。

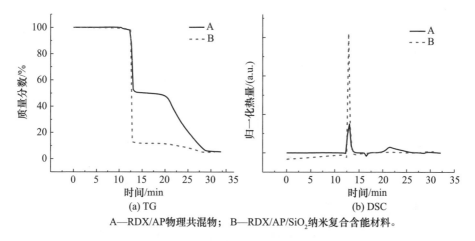

A—RDX/AP 物理共混物; B—RDX/AP/SiO$_2$ 纳米复合含能材料。

图 3.43 两种混合体系的 TG 和 DSC 图

图 3.44 是利用 TG – IR 测得的 RDX/AP 物理混合物与 RDX/AP/SiO$_2$ 纳米复合含能材料的分解气体产物的红外谱图。从图中可以看出:物理混合物在两个时间段有红外吸收,$t = 13\text{min}$、$t = 23\text{min}$,对应 TG/DSC 曲线的两个分解阶段;纳米复合含能材料只在一个时间段有红外吸收,$t = 13\text{min}$。而且,物理混合物与纳米复合含能材料的气相产物的红外吸收峰有较大的区别,为了比较两者气相组成的不同,将图 3.44 中三个最强吸收位置的红外吸收光谱曲线列于图 3.45 中。

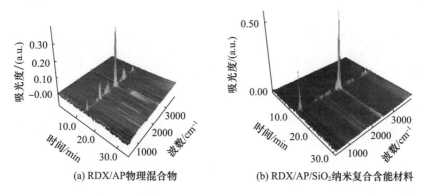

图 3.44 两种混合体系分解气体产物的红外谱图

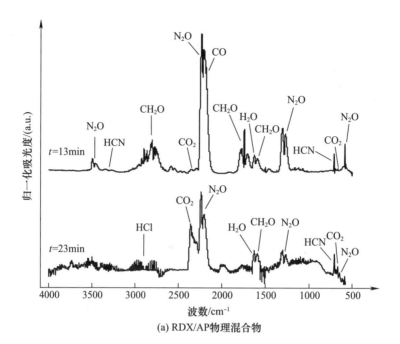

(a) RDX/AP物理混合物

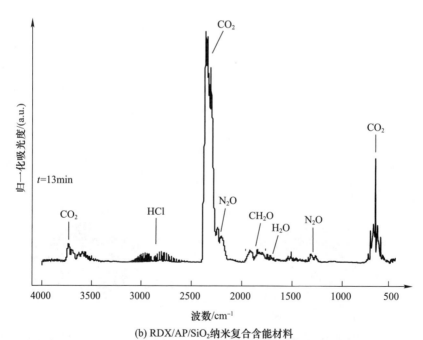

(b) RDX/AP/SiO$_2$纳米复合含能材料

图 3.45　两种混合体系的最大分解处气体产物红外谱图

由图 3.44(a) 和图 3.44(b) 的气相红外吸收曲线可知,RDX/AP 物理混合物分解的主要产物为 H_2O、HCl、CO、CO_2、N_2O、HCN 和 CH_2O。在混合物中,含碳化合物仅为 RDX 的产物,但 CH_2O、HCN、CO_2 不仅在 RDX 分解阶段($t=13\min$)产生,而且在 AP 分解温度范围($t=23\min$)内也出现。可认为是 RDX 未完全分解的碳及碳化物或吸附在 AP 晶体上的 CH_2O、HCN,在高温下一部分脱附进入气相,另一部分被 AP 分解放出的活性氧 O 或 O_2 氧化生成 CO_2。HCl 为 AP 的分解产物,仅在 AP 分解阶段有明显的红外吸收峰,说明物理混合物中 AP 和 RDX 相互作用有限,更倾向于在各自的分解温度发生分解反应。

纳米复合含能材料的主要分解产物为 H_2O、HCl、CO_2、N_2O 和 CH_2O,如图 3.45(a) 和图 3.45(b) 所示。相对于物理混合物来说,纳米复合含能材料分解产物的红外谱图有很大的变化。首先,CO_2 的红外吸收峰变得最明显,CO 和 HCN 的吸收峰基本消失,同时 CH_2O 的吸收峰变弱,可见 AP 分解出的活性氧 O 或 O_2 起到了氧化作用,使得 RDX 分解释放出的 CO、CH_2O 等气体进一步被氧化,提高了总的热释放。物理混合物中 AP 和 RDX 相互作用有限,当 RDX/AP 比例处于零氧平衡时,物理混合物的分解热并不是所有比例中最高的,仅为 1458.5J/g。由于纳米复合含能材料中的 AP 和 RDX 可以同时分解,使得 RDX 分解产物能被氧化完全,所以分解放热达到最大值,为 2160.8J/g,较物理混合物的分解热提高了 48%。其次,在红外吸收谱图上出现了 HCl 的吸收峰,也证明通过溶胶-凝胶法将 AP 和 RDX 复合在一起后,AP 可以与 RDX 同时分解。再次,N_2O 的吸收峰相对变得较弱,而且在谱图上并没有 NH_3 和 NO_2 的气体吸收峰出现,可见纳米复合含能材料在分解时有大量的 N_2 生成,所以需要质谱来进一步证明。

图 3.46 为物理混合物两个分解阶段($t=13\min$,$t=23\min$)所释放出气体的质谱图。第一个分解阶段释放出气体的质荷比 m/z 主要为 18、28、30、44,第二个分解阶段释放出气体的质荷比 m/z 主要为 18、28、36,质荷比对应的气体为列于表 3.25 中。

结合表 3.25 和图 3.45(a) 的红外谱图可以发现,物理混合物在第一个失重阶段分解放出的气相产物主要为 CO、H_2O、CH_2O、N_2O,以及少量的 N_2、CO_2、HCN;第二个失重阶段分解出的气相产物主要为 N_2、H_2O、HCl,以及少量的 CO、CO_2、N_2O、CH_2O。由分解放出的气相产物可知:在第一个失重阶段,主要是 RDX 的分解,这是混合体系主要的放热阶段。由于 RDX 是负氧炸药,可燃性基团并没有完全被氧化,若分解出的气体能继续被氧化,就可以进一步提高整个体系的热释放;由于混合物的分解热比 RDX 的分解热高,所以有少量的 $HClO_4(g)$ 参与

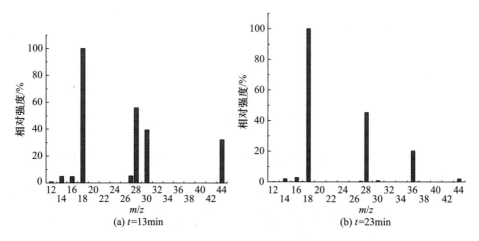

图 3.46 物理混合物最大分解处气体产物质谱图

表 3.25 物理混合物主要的分解气相产物

时间/min	m/z	气体
$t=13$	18	H_2O
$t=13$	28	N_2,CO
$t=13$	30	CH_2O
$t=13$	44	N_2O,CO_2
$t=23$	18	H_2O
$t=23$	28	N_2,CO
$t=23$	36	HCl

反应,因为气相中没有检测出 HCl,所以氯元素会以 NH_4Cl 的形式吸附在未反应的 AP 表面。

在第二个失重阶段,HCl 是主要的气相产物之一,所以此阶段以 AP 的分解为主。AP 是富氧氧化剂,分解时能提供足够的活性氧,而此时只有少量的 RDX 未完全氧化分解的碳及碳化物吸附在 AP 的表面。虽然在气相产物中能检测出 CO_2,但是由于含量很少,对整个体系的热释放的贡献不大。

图 3.47 为纳米复合含能材料分解时所释放出气体的质谱图。比较图 3.47 和图 3.45(a)的气体相对吸收强度可以看出:$m/z=30$、$m/z=44$ 的气体质量分数明显降低,$m/z=28$ 的气体质量分数增加了 10%。纳米复合含能材料气相产物的 m/z 主要为 18、28、30、36、44,质荷比对应的气体列于表 3.26 中。

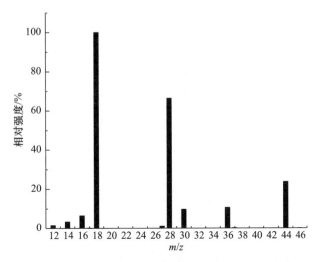

图 3.47 纳米复合含能材料最大分解处气体产物质谱图

表 3.26 纳米复合含能材料主要的分解气相产物

m/z	气体
18	H_2O
28	N_2,CO
30	CH_2O
36	HCl
44	N_2O,CO_2

通过表 3.26 和图 3.45(b) 的红外谱图的结果可以看出,纳米复合含能材料分解的气相产物主要为 H_2O、N_2、CO_2,以及少量的 N_2O、CH_2O、HCl。与物理混合相比,气相产物中 CO_2 的比例提高,可见 AP 释放出的氧化性气体进一步把 CO、HCN、CH_2O 氧化,表现为分解热大幅增加,提高了 48%。

综上可知,将 RDX 与 AP 通过溶胶-凝胶法复合在一起后,分解过程由物理混合物的两个阶段变为一个阶段,即 RDX 与 AP 同时分解。从气相分解产物来看,物理混合物主要为 CO、H_2O、CH_2O、N_2O、HCl,纳米复合含能材料主要为 H_2O、N_2、CO_2、HCl。可见,复合使得 RDX 与 AP 之间的混合更均匀,纳米复合含能材料中氧化剂与燃料的反应距离变短,分解更完全,热释放效率更高。

3.4.4 RDX/AP/SiO_2 纳米复合含能材料其他性能

1. 密度

4 个样品的密度测试结果列于表 3.27 中。AP 的密度为 1.95g/cm³,RDX 的密度为 1.82g/cm³。在表 3.27 中，纳米复合含能材料的密度均大于纯 RDX 的密度，这是因为体系中加入了密度较高的 AP 和 SiO_2 的缘故。

表 3.27　SiO_2 凝胶和 RDX/AP/SiO_2 纳米复合含能材料的密度

样品	$\rho/(g \cdot cm^{-3})$
SiO_2（研磨后）	2.103
C_1	1.825
C_2	1.832
C_3	1.849
C_4	1.871

2. 撞击感度

根据 GJB 772A—97 标准中 602.1 试验方法，测定了纳米复合含能材料的特性落高(H_{50})。落锤质量为 10kg，每发试验称取（50±1）mg 样品，每组式样 25 发。这里以 C 组为例（RDX/AP = 1.56g/g），测定纳米复合含能材料中 SiO_2 质量分数与撞击感度的关系曲线如图 3.48 所示。

纳米复合含能材料（IMX）的撞击感度与 SiO_2 质量分数呈反比，但都比原料以及 RDX/AP 物理混合物的感度低。有两个原因：首先，SiO_2 本身就是惰性物质，质量分数越多，感度越低；其次，纳米复合含能材料的 BET 比表面积较大，颗粒相对疏松，在外力作用下会发生破散，而将消耗部分能量，减弱撞击力力度，而降低了感度。

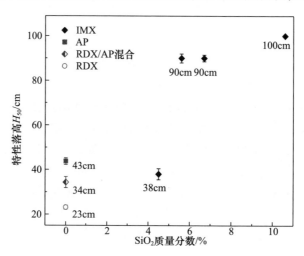

图 3.48　SiO_2 质量分数对纳米复合含能材料的撞击感度的影响

3. 爆热

表 3.28 列出四种不同混合体系的爆热值。可见 RDX/AP/SiO_2 纳米复合含

能材料的爆热值是最高的,将 AP 和 RDX 一起复合在凝胶骨架内部,能使 RDX 分解得更为完全,提高了热释放效率。

表 3.28 不同混合体系的爆热值

样品	SiO_2/RDX 质量比	RDX 质量分数/%	AP 质量分数/%	爆热/($kJ \cdot kg^{-1}$)
RDX/AP/SiO_2 纳米复合含能材料	0.1	57.5	38.9	7144
RDX + AP + SiO_2 物理混合物	0.1	57.5	38.9	6583
RDX/SiO_2 纳米复合含能材料	0.1	91	0	7012
RDX	0	100	0	6365

3.5　CL-20/AP/SiO_2 纳米复合含能材料

1987 年,尼尔森(Nielsen)博士合成的笼形多环硝胺——六硝基六氮杂异伍兹烷(HNIW,俗称 CL-20),其能量输出比奥克托今(HMX)高 10%～15%,ε-CL-20 的晶体密度达 2.04～2.05g/cm^3,氧平衡为 -10.95%,是其有应用前景的高能量密度化合物之一。

为了在发挥其能量的同时降低 CL-20 感度,本节采用溶胶-凝胶法结合 CL-20 和 AP 同时复合在凝胶骨架内。凝胶骨架可以限制 CL-20 晶体的生长,形成纳米晶体,在提高其热释放效率的同时,又能降低感度;加入正氧的 AP,能使负氧的 CL-20 分解完全,进一步提高其能量释放率。

3.5.1　CL-20/AP/SiO_2 纳米复合含能材料的制备

CL-20/AP/SiO_2 纳米复合含能材料的制备过程如图 3.49 所示。

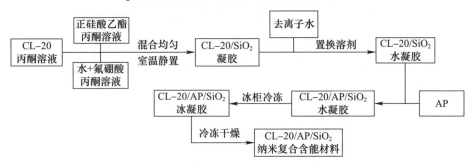

图 3.49　CL-20/AP/SiO_2 纳米复合含能材料的制备过程

3.5.2 CL-20/AP/SiO$_2$ 纳米复合含能材料结构

1. 晶体结构

图 3.50 为 4 个样品的 XRD 谱图。由图可见，4 个样品的谱图中都含有 CL-20 和 AP 的特征衍射峰，说明 CL-20 和 AP 是复合在一起的。与标准谱图比较，发现纳米复合含能材料中的 CL-20 为 α-CL-20。在制备过程中，丙酮中的水很难完全除去，同时考虑需要 AP 复合到凝胶骨架，这里将水作为反溶剂来使得 CL-20 重结晶。在有水存在的条件下，更容易形成 α-CL-20。对 CL-20 和 AP 晶粒度的计算发现（表 3.29），CL-20 和 AP 的晶粒度随其含量增加而增加。

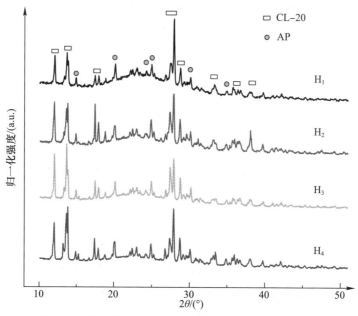

图 3.50 CL-20/AP/SiO$_2$ 纳米复合含能材料的 XRD 图

表 3.29 不同 SiO$_2$ 质量分数 CL-20/AP/SiO$_2$ 纳米复合含能材料的晶粒度

样品	SiO$_2$ 质量分数/%	CL-20 质量分数/%	AP 质量分数/%	AP 晶粒度/nm	CL-20 晶粒度/nm
H$_1$	32.8	50.4	16.8	40.9	71.8
H$_2$	22.3	58.3	19.4	40.9	86.2
H$_3$	15.8	63.2	21.0	49.1	86.2
H$_4$	10.4	67.2	22.4	81.3	94.5

2. 比表面积与孔体积

图 3.51 是不同 SiO_2 含量的 CL-20/AP/SiO_2 纳米复合含能材料的 N_2 吸附-脱附等温曲线。从图可以看出,4 个样品的吸附等温线按 BDDT 分类属于Ⅳ型,迟滞回线是 H2 型(BDDT 分类中的 E 类)。为无机氧化物干凝胶和其他多孔固体常产生的等温线,表现为具有完好的介孔(中孔)结构。可见凝胶骨架并未填满,仍有"墨水瓶"状孔道存在。

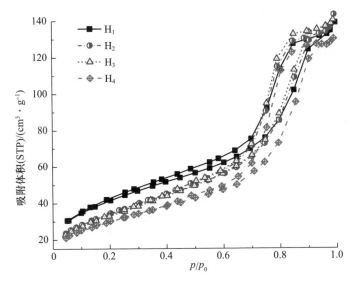

图 3.51 不同 SiO_2 质量分数的 RDX/AP/SiO_2 纳米复合含能材料的 N_2 吸附-脱附等温曲线

4 个样品的比表面积、孔体积和平均孔径列于表 3.30 中。可见,随着 SiO_2 质量分数的减少,纳米复合含能材料的 BET 比表面积和孔体积逐渐减小,平均孔径则逐渐增加。因为纯 SiO_2 凝胶骨架具有较高的 BET 比表面积和孔体积,所以这两个参数随 SiO_2 凝胶骨架含量的降低而减少。将 CL-20 和 AP 与 SiO_2 凝胶骨架复合在一起后,它们在凝胶骨架的孔道内结晶,占据了孔空间,所以孔体积随含能晶体增加而进一步降低。同时,CL-20 在凝胶形成过程起到了稀释剂的作用,阻碍了活性溶胶粒子相互碰撞形成交联结构,使得溶胶粒子必须长到足够大才能形成凝胶,导致平均孔径变大。

表 3.30 不同 SiO_2 质量分数 CL-20/AP/SiO_2 纳米复合含能材料孔结构参数

样品	SiO_2 质量分数/%	BET 比表面积/($m^2 \cdot g^{-1}$)	孔体积/($cm^3 \cdot g^{-1}$)	平均孔径/nm
H_1	32.8	149.7	0.247	5.74
H_2	22.3	125.2	0.221	7.07

续表

样品	SiO_2 质量分数/%	BET 比表面积/($m^2 \cdot g^{-1}$)	孔体积/($cm^3 \cdot g^{-1}$)	平均孔径/nm
H_3	15.8	109.3	0.201	7.36
H_4	10.4	96.5	0.184	8.02

3.5.3 CL-20/AP/SiO_2 纳米复合含能材料的热性能

图 3.52 为 CL-20+AP+SiO_2 物理混合物(质量比为 3∶1,SiO_2 质量分数为 10.5%)的 TG 曲线。图中可以看出,物理混合物的失重有两个阶段,即 CL-20 分解阶段以及 AP 分解阶段。其中第一阶段的质量损失为 65%,小于 CL-20 在混合物中的质量分数,可见 CL-20 未完全分解,有少量分解残渣(碳或含碳化合物)会吸附在 AP 晶体表面,在达到 AP 分解温度时,继续和 AP 发生反应。

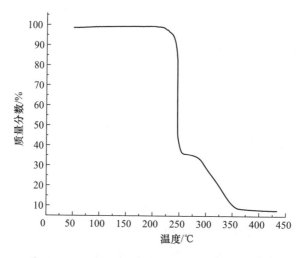

图 3.52　CL-20+AP+SiO_2 物理混合物 TG 曲线

图 3.53 为物理混合物的 DSC 曲线。将 CL-20 与 AP 混合在一起后,两者的分解温度均有小幅提前,说明 CL-20 和 AP 之间存在一定的相互作用。对整个放热过程进行积分,得到的分解热为 1699.3J/g。

图 3.54 为四种不同比例时 CL-20/AP/SiO_2 纳米复合含能材料的 TG 曲线。比较图 3.52 和图 3.54 可以发现,复合后混合体系由两个失重过程变为一个失重过程,可见复合使得 AP 的分解温度大幅提前。表 3.31 为 CL-20/AP/SiO_2 纳米复合含能材料的质量损失。可以发现,纳米复合含能材料的质量损失小于其中含能组分的含量,说明仍有部分含碳化合物残留在凝胶骨架上,没有分解完全,

需要进一步提高 AP 含量,使得纳米复合含能材料中 CL-20 氧化分解完全。

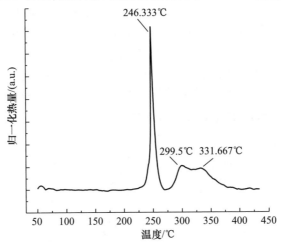

图 3.53　CL-20+AP+SiO$_2$ 物理混合物 DSC 曲线

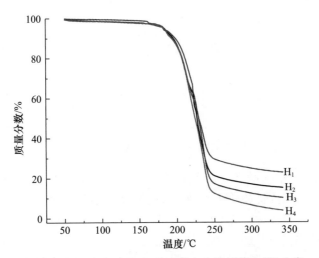

图 3.54　CL-20/AP/SiO$_2$ 纳米复合含能材料的 TG 曲线

表 3.31　CL-20/AP/SiO$_2$ 纳米复合含能材料的失重率

样品	SiO$_2$ 质量分数/%	失重率/%
H$_1$	32.8	63.6
H$_2$	22.3	74.9
H$_3$	15.8	82.3
H$_4$	10.4	88.5

图 3.55 为 CL-20/AP/SiO₂ 纳米复合含能材料 DSC 曲线，表 3.32 列出了它们的分解热。由图可见，4 个样品的 DSC 曲线上都出现了两个放热峰。纳米复合含能材料的两个分解峰温均小于物理混合物的分解峰温，说明复合使得 CL-20 和 AP 的分解均提前了。由于含能晶体的分解温度与其粒径成正比，而粒径又随质量分数提高而增加，因为分解峰温 CL-20 质量分数的增加而升高，所以第一个分解峰主要是 CL-20 的分解峰。第二个分解峰是部分 CL-20 与 AP 同时分解，分解峰温随含量的变化不大，在 238℃左右。

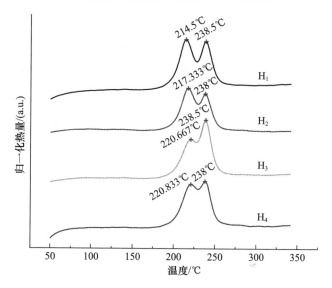

图 3.55　CL-20/AP/SiO₂ 纳米复合含能材料 DSC 曲线

此外，从表中发现，纳米复合含能材料的分解热随 SiO₂ 质量分数的减少而增加，这是 SiO₂ 为惰性材料所致。另外，纳米复合含能材料的 DSC 曲线上有明显的两个放热峰，可见 CL-20 和 AP 的分解还是有先后次序的，应进一步优化两者的配比，得到最佳的组成，发挥最大放热。

表 3.32　CL-20/AP/SiO₂ 纳米复合含能材料的分解热

样品	SiO₂ 质量分数/%	第一分解峰温度/℃	第二分解峰温度/℃	分解热/(J·g⁻¹)
H₁	32.8	214.5	238.5	1162.8
H₂	22.3	217.3	238.0	1185.4
H₃	15.8	220.7	238.5	1277.5
H₄	10.4	220.8	238.0	1312.5

3.6 其他 SiO_2 基纳米复合含能材料

3.6.1 SiO_2/RDX/AP/Al 纳米复合含能材料

潘军杰等通过溶胶-凝胶法将 RDX/AP/Al 复合进入了 SiO_2 凝胶骨架内。扫描电镜分析表明，各组分在亚微米尺度均匀复合，构成粒度在 $0.2\sim2.0\mu m$ 的复合粒子，形貌近球形且较为均匀。与相同条件机械掺杂的物理混合物相比，其撞击感度明显降低。

3.6.2 金属氧化物/二氧化硅(SiO_2)纳米复合含能材料

Clapsaddle 等用溶胶-凝胶法制备了纳米 Fe_2O_3-SiO_2 和 Fe_2O_3-有机官能化 SiO_2(Fe_2O_3-$SiO_{3/2}$-R) R = -$(CH_2)_2(CF_2)_7CF_3$。比较了物理混合的纳米复合含能材料 A(Fe_2O_3,SiO_2,Al)，用溶胶-凝胶法制备的纳米复合含能材料 B(Fe_2O_3-SiO_2 气凝胶)。当没有 SiO_2 存在时，B(40.5m/s)比 A(8.8m/s)的燃速高很多。当有 SiO_2 存在时，两者的燃速随其质量分数增加而降低，而且对 B 的影响更大。这是因为 A 是物理混合的，所以铝粉可以选择与更活泼的 Fe_2O_3 反应，而 B 是通过溶胶-凝胶法制备的 Fe_2O_3-SiO_2 复合气凝胶，铝粉被迫和放热量较低的 SiO_2 反应，降低了整体的燃速。Fe_2O_3-有机官能化 SiO_2，在点燃时会分解并且放出气体。这样的纳米粒子燃烧非常快且很剧烈、温度很高、有强光，并且放出大量的气体。当铝热剂颗粒从 $2\mu m$ 降低到 40nm 时，反应速度更快，这是因为纳米级的混合，会使反应物质量传播速率增加。

Clapsaddle 等还采用 Sol-Gel 法制备金属氧化物/二氧化硅(SiO_2)纳米复合含能材料。这种金属氧化物包含有三氧化钨(WO_3)和氧化铁(Fe_2O_3)等，然后将金属燃料引入金属氧化物/二氧化硅体系中，获得了基于铝热反应的纳米复合含能材料。由该法制备的纳米复合含能材料的纳米级分散增加了组分间的传质速率，表现出一些独特的能量特性。

参 考 文 献

[1] SIMPSON R L, LEE R S, TILLOTSON T M, et al. Energetic formulations prepared by sol-gel processing and

polymerization methods[P]. WO 9912870 A1 18,1999.

[2] TILLOTSON T M,GASH A E,SIMPSON R L,et al. Nano – structured energetic materials using Sol – Gel methods[J]. J. Non – Cryst. Solids,2001,285(2):338 – 345.

[3] 池钰,黄辉,李金山,等. 溶胶 – 凝胶法制备 RDX/SiO_2 纳米含能材料[J]. 含能材料,2007,15(1):16 – 18.

[4] 吴志远,胡双启,张景林,等. 溶胶 – 凝胶法制备 RDX/SiO_2 薄膜[J]. 火炸药学报,2009,32(2):17 – 19.

[5] 王金英,姜夏冰,张景林,等. 膜状 RDX/SiO_2 传爆药的制备和表征[J]. 火炸药学报,2009,32(5):29 – 19.

[6] DIAZ I,ALVAREZ C M,MOHINO F,et al. Fe · MCM – 41 as a Catalyst for Surfur Dioxide Oxidation in HighlyConcentrated Gases[J]. J. Caml. 2000. 193. 283 – 294.

[7] 张立德,牟季美. 纳米材料和纳米结构[M]. 北京:科学出版社,2001.

[8] KIM J M,JUN S,RYOO R. Improvement of Hydothermal Stability of Mesoporous Silica Using Salts:Reinvestigafion for Time – dependent Effects[J]. J. Phys. Chem B. 1999,103:6200 – 6205.

[9] GREGG S J,SING K S. 吸附、比表面与孔隙率[M]. 2 版. 北京:化学工业出版社,1989:1 – 304.

[10] 刘子如,施震灏,阴翠梅,等. 热红联用研究 A P 与 RDX 和 HMX 混合体系的热分解[J]. 火炸药学报,2007,30(5):57 – 61.

[11] 杨毅. 纳米/微米功能复合材料的制备及应用研究[D]. 南京理工大学,2003.

[12] 樊学忠,李吉祯,付小龙. 不同粒度高氯酸铵的热分解研究[J]. 化学学报,2009,67(1):39 – 44.

[13] 刘子如,阴翠梅,孔扬辉,等. 高氯酸铵与 HMX 和 RDX 的相互作用[J]. 推进技术,2000,21(6):70 – 73.

[14] 梁英教,车萌昌. 无机物热力学手册[M]. 沈阳:东北大学出版社,1994,1 – 242.

[15] 刘子如,阴翠梅,孔扬辉,等. 高氯酸铵的热分解[J]. 含能材料,2000,8(2):75 – 79.

[16] 欧育湘,孟征,刘进全. 高能量密度化合物 CL – 20 应用研究进展[J]. 化工进展,2007,26(12):1690 – 1694.

[17] BRYCE C T,THOMAS B B. Thermal decomposition of energetic materials 86:Cryogels synthesis of nanocrystalline CL – 20 coated with cured nitrocellose[J]. Propellants,Explosives,Pyrotechnics,2003,28(5):223 – 230.

[18] CHEN H X,CHEN S S,LI L J,et al. Quantitative Determination of e – phase in polymorphic HNIW using X – ray Diffraction Patterns[J]. Propellants,Explosives,Pyrotechnics,2008,33:467 – 471.

[19] 潘军杰,张景林,尚菲菲,等. RDX/AP/Al/SiO_2 亚微米纳米含能材料的制备与表征[J]. 山西化工,2011,31(2):15 – 17.

[20] CLAPSADDLE B J,ZHAO L,PRENTICE D,et al. Formulation and Performace of novel Energetic Nanocomposites and Gas Generators Prepared by Sol – Gel Methods[C]. UCRL – PROC – 210871,2005.

[21] CLAPSADDLE B J,LI – HUA Z,GASH A E,et al. Synthesis,and characterization of mixed metal oxide nanocomposite energetic materials[C]. Synthesis,Characterization and Properties of Energetic/Reactive Nanomaterials Symposium[J]. Matearials Research Society Symposium Proceedings,2004,80:91 – 96.

第4章 酚醛树脂基纳米复合含能材料

4.1 概述

酚醛气凝胶是一类重要的有机气凝胶,具有低密度、高比表面积、低热导率等优点,可用于隔热材料、吸附材料、催化剂等领域。用作防护材料时,气凝胶具有很好的缓冲吸能特性,受到国内外学者的广泛关注。美国曾用气凝胶捕获彗星尾部的超速粒子,当超速粒子撞进气凝胶后会破坏其内部部分纳米骨架,颗粒动能转移到气凝胶上变为热能和机械能,这样颗粒便会减速并最终完整保留在气凝胶内部。有机凝胶基纳米复合含能材料具有制备工艺简单、原料成本低、安全性高的优点,酚醛由于具有较高的机械强度常用作有机凝胶基体,因此酚醛气凝胶在溶胶-凝胶法制备纳米复合含能材料方面具有优势,可以用于制备各类纳米复合含能材料,也是最早用于制备纳米复合含能材料惰性聚合物载体之一。Stanisław 等分别将其与 AP、RDX 等含能组分复合,并对其结构及热性能进行了研究。20 世纪 80 年代,LLNL 利用间苯二酚和甲醛在碱性条件下的缩聚反应成功制备了 RF 气凝胶,并于 2000 年成功将 RF 凝胶骨架引入到含能材料领域,制备出 RF/AP 纳米复合含能材料,开启了 RF 基纳米复合含能材料研究的先河。RF 基纳米复合含能材料的制备流程根据氧化剂的添加顺序不同主要分为两种:一种是氧化剂在凝胶之前加入,凝胶后采用氧化剂的不良溶剂对体系进行溶剂置换,氧化剂在凝胶骨架内结晶,然后进行干燥得到纳米复合含能材料;另一种是氧化剂在凝胶之后加入,采用"凝胶修补法"使氧化剂渗入到凝胶骨架孔隙中,然后采用溶剂置换使氧化剂结晶,最后经干燥得到纳米复合含能材料。

酚醛气凝胶是由酚醛团簇构成的多孔、无序、具有纳米量级连续网络结构的新型低密度非晶固态材料,其特点是孔隙率高(可达 95% 以上)、比表面积大($400 \sim 1000 m^2/g$)、具有纳米结构、密度变化范围广($30 \sim 800 kg/m^3$),是一种在隔热材料、吸附材料等领域具有重要应用前景的轻质纳米多孔材料。酚醛气凝胶的结构包含纳米尺度颗粒组成的三维网状骨架以及骨架间的纳米孔隙,反应物的配比、浓度,以及催化剂的种类、质量分数等都会对气凝胶结构、性能等产生影响。国内外学者一般采用苯酚、间苯二酚及混甲酚等作为原料酚,用甲醛、糠醛等作为原料醛。由于5-甲基间苯二酚中的苯环有2,4,6三个活性位,具有较高的活性,糠醛相比于甲醛的毒性要低,在安全环保方面得到提高。为此,本章主要介绍采用5-甲基间苯二酚-糠醛(MR-F)及其他反应物体系,通过溶胶-凝胶和超临界干燥的方法制备出气凝胶,并将这种气凝胶应用于制备纳米复合含能材料。

对于纳米复合含能材料的研究,文献[14-15]指出制备酚醛凝胶/无机氧化剂纳米复合含能材料的主要困难是氧化剂的添加会影响酚醛凝胶形成,尤其氧化剂浓度较高时,体系将不会凝胶。为此,本章通过先制得酚醛凝胶再加入氧化剂(如AP、RDX)的方法解决这一问题。另外,在干燥过程中凝胶基体很容易开裂,使孔内的氧化剂析出并团聚长大,而氧化剂的晶体粒度对其热分解性能产生重要影响,纳米颗粒的放热峰温较常规颗粒会提前,且随着颗粒大小的进一步降低,其受到的纳米粒子效应也越明显。所以应防止因气凝胶基体开裂导致的氧化剂团聚,并控制其保持较小的粒径。可通过改变气凝胶基体的孔径来控制孔内氧化剂的晶粒大小,进而改变复合含能材料热分解性能,为此需要制备结构稳定、具有较好力学强度的酚醛凝胶。

4.2 酚醛气凝胶的制备与结构表征

气凝胶制备大致分为两个步骤:①湿凝胶的制备,是利用溶胶-凝胶的办法,由小分子或者高分子通过化学反应或者物理作用在溶剂中形成交联网络三维结构的过程;②气凝胶的制备,湿凝胶形成之后,充满三维网络结构的介质为水或者其他液体,采用一定的干燥工艺除去水或者液体又能保持其三维网络的结构称为气凝胶。

4.2.1 酚醛凝胶的制备

一般来说,可以采用以下两种方法制备湿凝胶:化学法,通过带有官能团的小分子缩聚从而形成化学交联网络结构的湿凝胶;物理法,结晶性聚合物在溶剂中溶解之后再结晶,从而形成具有物理交联网络结构的聚合物湿凝胶。

本章所涉及的酚醛湿凝胶是采用化学法通过原料酚(苯酚、间苯二酚及混甲酚)和原料醛(甲醛、糠醛等)缩合制备而成。按一定比例称取5-甲基间苯二酚(或苯酚、间苯二酚)及糠醛(或甲醛、对羟基苯甲醛)的前躯体反应混合物,加入适当配比的催化剂,经超声震荡混合均匀,将前躯体反应溶液放入烘箱中进行反应,待其凝胶后,继续加热老化。老化完毕后将所得凝胶进行溶剂置换,得到的凝胶密封保存待用。

4.2.2 酚醛气凝胶的制备

气凝胶的干燥是保持三维网络状结构不变的前提下除掉凝胶中的溶剂。由于三维网络的纳米孔状结构,如果采取直接加热蒸发除去溶剂,由于毛细管压力、液体的表面张力以及渗透压力的存在,三维骨架结构并不能支撑,会在干燥过程中造成凝胶的收缩、开裂和坍塌,难以形成具有低密度、高比表面积以及纳米孔状结构的气凝胶。因此,与以往传统干燥方式不同,气凝胶的干燥方式要更为复杂和精细。针对上述问题,为了提高三维网络结构强度、减小渗透压力和表面张力对纳米孔状结构的影响,目前采用的方法主要有超临界流体干燥(SCFD)法、冷冻干燥法和改性后的常压干燥法等。

1. 超临界流体干燥

超临界流体干燥是最早被采用的干燥方式,调节压力和温度至临界点,能减小毛细管压力和表面张力对三维骨架结构的影响,很大程度上保持了三维纳米孔状结构的完好。通过超临界干燥制得的气凝胶密度低,凝胶收缩比小,而且孔隙率高,几乎不会塌陷,是目前最常用制备气凝胶的干燥方式。超临界干燥法操作:首先将湿凝胶放入到高压釜中,向其通入超临界干燥介质;然后加热使得温度和压力达到超临界介质的临界点以上,此时气 - 液界面消失,流体具有气体和液体共同的性质,并具有特殊的溶解度和较低的密度。由于不存在气液界面,也就不存在毛细管作用,因此也不会导致气凝胶收缩和坍塌。之后在恒温下释放超临界介质气体,此时溶剂中的液体被除去得到低密度的三维立体结构的气凝胶。常用干燥介质的临界参数如表4.1所列。

表4.1 常用干燥介质的临界参数

介质	沸点/℃	超临界温度/℃	超临界压强(101.325kPa)/kPa
CO_2	-78.5	31.1	72.9
乙醇	78.3	243	63.0
苯	80.1	288.9	48.3
正丙醇	97.2	263.5	51.0
水	100	374.1	217.6

2. 冷冻干燥

与超临界流体干燥技术恰恰相反,冷冻干燥是在低温低压下将液 - 气界面转化为固 - 气界面,避免了在孔内形成毛细管压力,利用溶剂的升华达到干燥的目的。然而冷冻干燥过程中也会存在一系列问题,比如,冷冻过程中湿凝胶内溶剂体积的变化导致湿凝胶的破裂和网状结构的坍塌等。Tamon 等采用叔丁醇交换 RF 湿凝胶中的水,由于叔丁醇在冷冻时体积改变比水小得多,利于保护凝胶的结构,而且叔丁醇的蒸气压比水高很多,故用叔丁醇代替水可节省干燥时间,所得气凝胶比水湿凝胶干燥产物有更多的介孔结构,有利于生成介孔气凝胶。

3. 常压干燥

理论来讲,常压干燥法的可操作性要通过以下措施来调整:增强凝胶网络结构的强度,改善凝胶中孔洞的均匀性,凝胶表面采用疏水改性或者采用表面张力较小的溶剂。常压干燥常用于制备 SiO_2 气凝胶,Kang 等利用有机溶剂置换 SiO_2 湿凝胶中的溶剂,然后在常温常压下干燥,得到密度为 $0.2g/cm^3$ 的气凝胶。刘圆圆等通过两步法,即先通过苯酚、甲醛等小分子合成线性酚醛树脂,再添加交联剂使酚醛树脂在溶液中发生溶胶 – 凝胶过程,并经常压干燥得到酚醛树脂基纳米多孔材料。由预先合成的线性酚醛分子链通过化学交联和溶胶 – 凝胶过程形成的三维网络结构,与小分子原位反应形成的凝胶骨架相比具有更高的骨架强度,可抵抗毛细管作用力,因而在常压干燥过程中仍能保持较低的收缩率,保证纳米结构完整。

三种干燥方式特点见表 4.2。

表 4.2 三种干燥方式特点

干燥方式	优点	不足
超临界流体干燥	可以通过改变干燥条件高效地完成液态溶剂和固体物质的分离;可以有效地溶解和抽提难挥发、分子量大的物质;干燥方式超临界 CO_2 干燥方法可以在常温下进行干燥,安全、易得;操作简单萃取、分离一步到位;得到的气凝胶密度低,收缩率低,骨架结构破坏小、孔隙率高、孔径分布均匀	成本高,设备要求高,耗能大,实验周期长
冷冻干燥	得到的材料质量好,收缩率低,比表面积大,密度小,吸附性能好,干燥彻底	设备要求高,成本高,干燥时间长,工艺要求高,溶剂不能随意选择
常压干燥	操作简单,干燥成本低,设备要求低	工艺不成熟,得到的气凝胶收缩大且强度不够,一般需要对凝胶进行改性后使用

除了以上所述三种干燥方法制备酚醛树脂基气凝胶外,还有很多其他的制备方法。例如,An – Hui Lu 等利用 GO 作为模板,天冬酰胺作为表面修饰剂,在 GO 的表面原位聚合包覆 RF,同时由于 GO 相互搭接树脂起到胶黏剂的作用,成为 RF 凝胶,所得的多孔碳凝胶具有很好机械稳定性,压缩强度高达 28.9MPa。Long Jiang 等将细菌纤维素 BC 气凝胶浸没在 RF 的溶胶当中,经过一定时间的

聚合,在 BC 的纳米纤维上包覆了一层 RF 树脂,从而得到了 BC@RF 的复合气凝胶。

本章所制备酚醛树脂基气凝胶时主要采取超临界流体干燥法。将 4.2.1 节所述凝胶样品放入超临界干燥装置的萃取釜中,升至一定压力后保压一定时间,使凝胶中的溶剂被液态二氧化碳置换出来。然后升温至超临界温度使二氧化碳处于超临界状态,以便消除凝胶界面间表面张力。保持一段时间后在恒温下缓慢卸压至常压,然后自然冷却至室温,即得到气凝胶样品。

为方便样品辨识,对凝胶及气凝胶样品进行标记。以 $\underline{X}\underline{Y}\underline{a}-\underline{b}-\underline{c}$ 代表某一反应体系所制得的凝胶或气凝胶,其中:

X 代表反应物酚,各种酚的缩写为苯酚(P)、间苯二酚(R)、5-甲基间苯二酚(MR);

Y 代表反应物醛,各种醛的缩写为甲醛(For)、糠醛(F);

a 为催化剂含量,用反应体系中酚与催化剂氢氧化钠的摩尔比($n(R)/n(C)$)来表示;

b 为反应物浓度,即反应物酚与醛的质量和占溶液总质量的百分数;

c 为反应物酚与醛的摩尔比,在代号中不标明的情况下,均表示此值为 1/2。

例如 RF-25-40%-1/2 代表采用间苯二酚(R)和糠醛(F)为反应物所制得的气凝胶或凝胶,其中 $n(R)/n(C)$ 比值为 25,反应物浓度为 40%,$n(R)/n(F)$ 为 1/2。

几种代号举例及其含义见表 4.3。

表 4.3 几种代号举例及其含义

代号	含义
RF-25-40%-1/2	采用间苯二酚(R)和糠醛(F)为反应物所制得的气凝胶或凝胶,其中 R/C 比值为 25,反应物浓度为 40%,$n(R)/n(F)$ 为 1/2
RF-25-50%	采用间苯二酚(R)和糠醛(F)为反应物所制得的气凝胶或凝胶,其中 R/C 比值为 25,反应物浓度为 50%,$n(R)/n(F)$ 为 1/2
MR-F-25-40%-1/2.5	采用 5-甲基间苯二酚(MR)和糠醛(F)为反应物所制得的气凝胶或凝胶,其中 MR/C 比值为 25,反应物浓度为 40%,$n(MR)/n(F)$ 为 1/2.5
MR-F-100-40%	采用 5-甲基间苯二酚(MR)和糠醛(F)为反应物所制得的气凝胶或凝胶,其中 MR/C 比值为 100,反应物浓度为 40%,$n(MR)/n(F)$ 为 1/2
MR-F-25-40%-1/1	采用 5-甲基间苯二酚(MR)和糠醛(F)为反应物所制得的气凝胶或凝胶,其中 MR/C 比值为 25,反应物浓度为 40%,$n(MR)/n(F)$ 为 1/1

4.2.3 酚醛反应原理

图 4.1 为 5-甲基间苯二酚与醛(甲醛、糠醛)的缩聚反应过程。

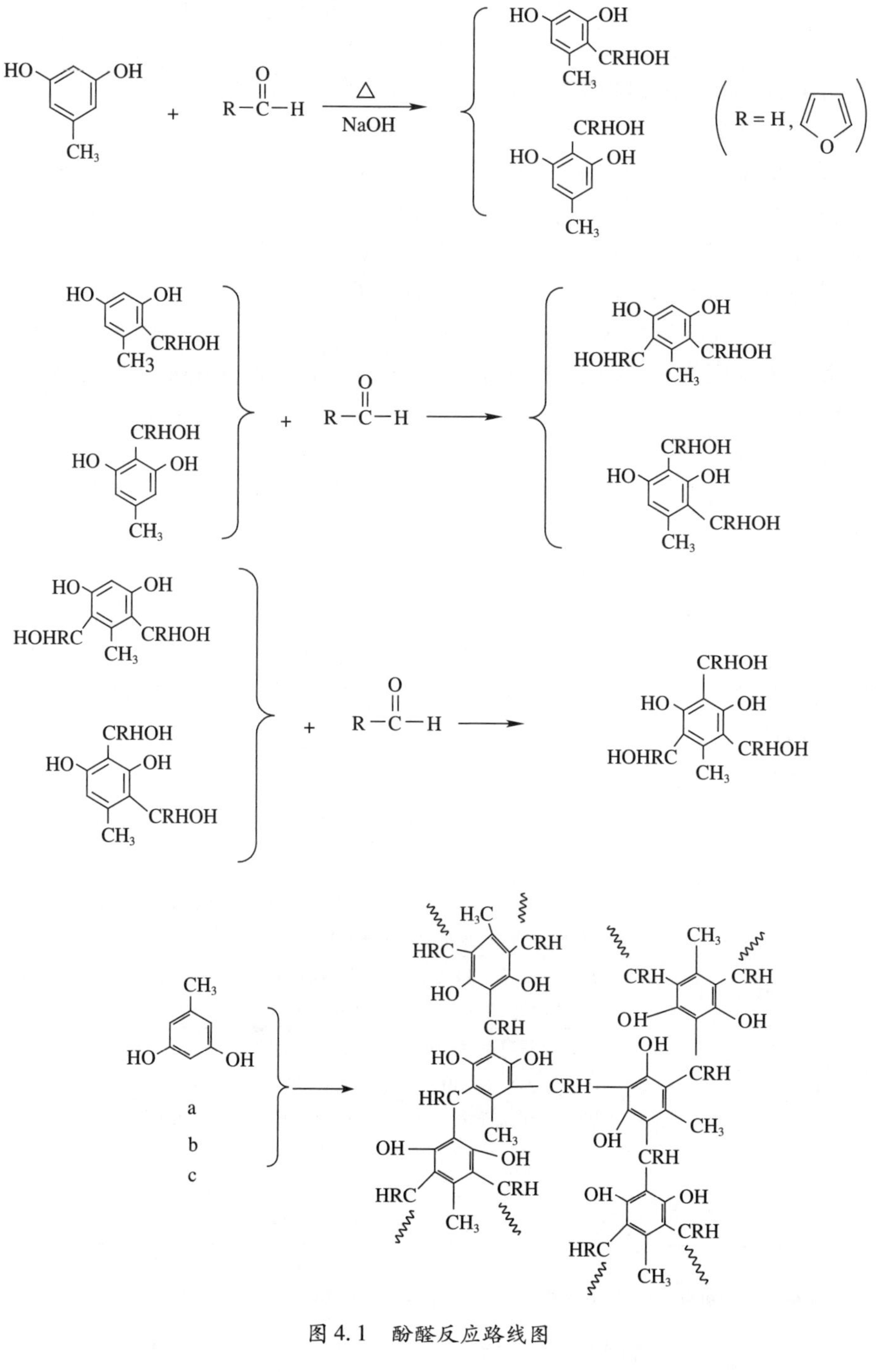

图 4.1 酚醛反应路线图

该反应分两步进行：

第一步为 5-甲基间苯二酚与醛在加热条件下，以氢氧化钠作为催化剂，通过加成反应生成一元酚醇。在碱性条件下，一元酚醇继续发生加成反应的速率要大于酚与醛加成反应生成一元酚醇的反应速率，所以一元酚醇继续反应会生成二元及多元酚醇。

第二步为一元酚醇，多元酚醇及原料酚之间发生缩合反应，生成交联网状结构。这一反应过程中主要形成亚甲基桥或亚甲基醚桥，亚甲基醚歧化成亚甲基桥和副产物醛。

4.2.4 酚醛气凝胶的结构

1. 酚醛气凝胶的 SEM 表征

1）反应物浓度对气凝胶结构的影响

图 4.2 为不同反应物浓度制备的 MR-F(n(MR)/n(C))气凝胶的 SEM 图。MR-F-25-50% 的骨架颗粒为 20nm 左右，而 MR-F-25-20% 则可达到 50nm 左右。这是因为反应物浓度较低时，缩聚反应过程中胶体颗粒相互间碰撞概率较小，只能在原有颗粒的基础上不断长大直至相互间交联成凝胶，所以随着反应物浓度的降低，MR-F 气凝胶的骨架颗粒直径明显变大。另外还发现，反应物浓度较低时，形成气凝胶后在同样体积内固体骨架含量较少，骨架之间距离较大，孔径也较大，

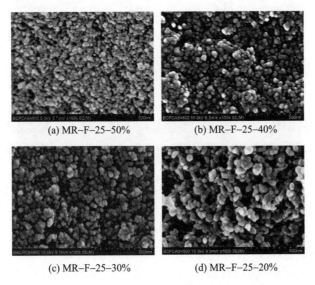

(a) MR-F-25-50%　　(b) MR-F-25-40%

(c) MR-F-25-30%　　(d) MR-F-25-20%

图 4.2 反应物浓度不同时所制备的 MR-F 气凝胶的 SEM 图

2）酚与催化剂摩尔比($n(MR)/n(C)$)对气凝胶结构的影响

图 4.3 为不同 $n(MR)/n(C)$ 比值时 MR-F 气凝胶（反应物浓度为 40%）的 SEM 图。由图可以看出，随着 $n(MR)/n(C)$ 比值的增大，MR-F 气凝胶的骨架颗粒明显增大，样品 MR-F-25-40% 的骨架颗粒平均粒径 20nm 左右，而样品 MR-F-100-40% 则为 30nm 左右。这是因为随着 $n(MR)/n(C)$ 比值的增大，碱性催化剂含量减小，缩聚反应更容易，这样更多的单体会通过缩聚反应连接到胶体颗粒上使其粒径增大。

(a) MR-F-25-40% (20000倍)   (b) MR-F-50-40% (20000倍)

(c) MR-F-100-40% (20000倍) (d) MR-F-100-40% (10000倍)

图 4.3 不同 $n(MR)/n(C)$ 下 MR-F 气凝胶的 SEM 图

3）酚与醛配比($n(MR)/n(F)$)对气凝胶结构的影响

图 4.4 为不同 $n(MR)/n(F)$ 时 MR-F 气凝胶的 SEM 图。由图可以看出，MR-F-25-40%-1/2.5 与 MR-F-25-40%-1/1 气凝胶的骨架颗粒较小，且大小分布不均。这是因为在碱性条件下，5-甲基间苯二酚优先进行加成反应生成多元酚醇，MR-F-25-40%-1/2.5 反应体系中糠醛过量太多，导致部分 5-甲基间苯二酚中苯环上的三个活性位全部发生加成反应，甚至缩聚反应生成的高分子量中间产物也与过量糠醛发生反应，导致其无法进一步缩聚交联到胶体颗粒上，不利于骨架颗粒的长大及网络结构的形成，最终生成的骨架颗粒相对较小且网络结构分布不均。当 $n(MR)/n(F)=1/1$ 时，体系中醛的量小于化学计量，使 MR 苯环上的部分活性位未能反应，只能形成线性分子而无法交联到凝胶骨架上，使骨架颗粒较小且不均匀。而 MR-F-25-40%-1/1.5 与 MR-F-25-40%-1/2 气凝胶的酚与醛配比与化学计量数之比相同或醛略有

过量,此时更有利于形成均匀的结构。这是因为糠醛的沸点(161.7℃)较5–甲基间苯二酚的沸点(290℃)要高,导致糠醛在反应过程更容易挥发,因此糠醛稍过量更有利于反应的进行及气凝胶结构的形成,所以制备糠醛气凝胶时选择 $n(MR)/n(F)=2$。

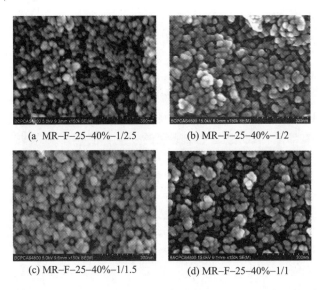

图 4.4　不同 $n(MR)/n(F)$ 下制备的 MR–F 气凝胶的 SEM 图

图 4.5 是 MR–F 与 RF 气凝胶样品的 SEM 图。由图可以看出,RF 气凝胶的孔径明显较 MR–F 气凝胶的大。这是因为 MR 的苯环上有 2、4、6 这 3 个活性位,其活性较 R 要大,更容易发生交联反应,提高凝胶的交联密度。RF 气凝胶的交联密度较低,因此孔径较大。

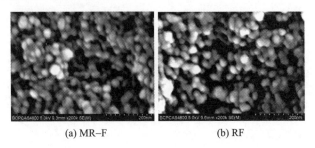

图 4.5　MR–F 与 RF 气凝胶样品的 SEM 图

气凝胶的骨架颗粒大小由反应物浓度、酚与催化剂的摩尔比、酚与醛的配比等因素决定。分析发现,MR–F–100–40% 与 MR–F–25–20% 样品的 $n(MR)/n(C)$ 比值与反应物浓度都不同。从 $n(MR)/n(C)$ 这一参数考虑,前一个体系的 MR/C 值更大,pH 值更小,这都有利于颗粒直径增大。通过比较图 4.3 和图 4.2 中 MR‑F‑100‑40% 与 MR‑F‑25‑20% 的 SEM 图发现,其骨架颗粒大小分别为 30nm 和 50nm 左右,后者的颗粒直径更大。这是由于后者的反应物浓度较低造成的,说明反应物浓度对骨架颗粒大小的影响要大于酚与催化剂的摩尔比的影响。

2. 酚醛气凝胶的比表面积与孔径分析

图 4.6 为用比表面积与孔径分析仪测定的不同配方(包括反应物体系、反应物浓度、$n(MR)/n(C)$ 及 $n(MR)/n(F)$)酚醛气凝胶的 N_2 吸附‑脱附曲线。由图 4.6 可以看出,样品 RF‑25‑40%、MR‑F‑25‑40%、MR‑F‑100‑40% 及 MR‑F‑25‑40%‑1/2.5 气凝胶均为Ⅳ型吸附等温线。这类等温线的明显特征是存在滞后回线,这与毛细凝聚的发生有很大关系,在较高和较宽的分压范围内保持恒定吸附容量,其起始部分对应中孔(2~50nm)壁上的单层到多

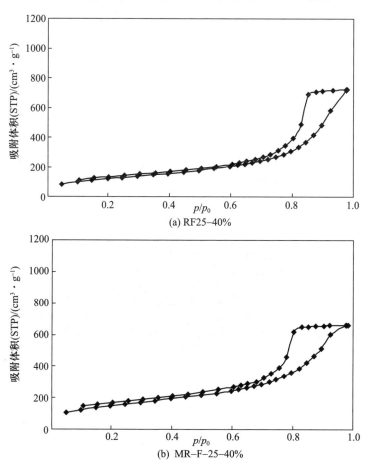

第4章 酚醛树脂基纳米复合含能材料

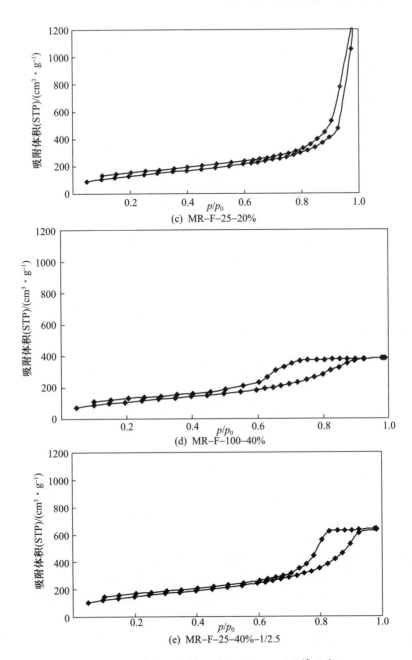

图 4.6 不同气凝胶样品的 N_2 吸附-脱附等温线

层吸附。在曲线起始部分,较低相对压力下有一定的吸附量,说明样品中存在一定数量的微孔(<2nm)。其大孔(>50nm)的孔径范围有一极限值,即没有某一孔径以上的孔。因此,在高的相对压力时出现吸附饱和现象,吸附等温线又平缓起来。根据 IUPAC 推荐划分的四类吸附曲线可知,上述样品均属于 H2 类。此类吸附曲线反映了微粒体系所具有的细颈广体的管子或者墨水瓶形状的孔结构。

上述曲线中只有 MR-F-25-20% 为 II 型吸附等温线,是由大孔吸附剂所引起的不严格的单层到多层吸附。在吸附剂存在大于 20nm 的孔径时常遇到,它的固体孔径尺寸无上限。拐点的存在表明单层吸附到多层吸附的转变,即单层吸附的完成和多层吸附的开始。在曲线起始部分,较低相对压力下有一定的吸附量,说明样品中存在一定数量的微孔。在曲线的后半段发生了急剧的上升,并一直到接近饱和蒸气压也未呈现出吸附饱和现象,它可以解释为发生了毛细孔凝聚,同时说明这种吸附剂孔径大小没有极限。根据 IUPAC 推荐划分的四类吸附曲线可知,上述样品属于 H3 类,它所反映的孔结构是具有平行壁的狭缝状毛细孔。这是由于该样品反应物浓度较低,导致个别区域骨架质量分数较少,孔隙连成狭缝状毛细孔。

3. 酚醛气凝胶孔径分布的影响因素

1) 反应物浓度的影响

用不同反应物浓度制得 MR-F 气凝胶,其孔径分布曲线如图 4.7 所示。由图 4.7 看出,随着反应物浓度的降低,样品的曲线峰向大孔径方向移动,并且曲线越来越宽。这说明反应物浓度的降低使气凝胶的孔径变大,且分布较宽。MR-F-25-40% 气凝胶的曲线峰位于 10nm 左右,孔径集中在 5~13nm 范围内,所以样品内主要是中孔。当反应物浓度降低到 30% 时,MR-F-25-30% 气凝胶的孔径在 60nm 以内均有分布,而且分别在 15nm 和 20nm 出现两个峰,这说明孔径分布不再集中。而 MR-F-25-20% 气凝胶在孔径 5~90nm 的较宽范围内均有分布,样品的孔结构中除了中孔外,还有相当数量的大孔。这主要是因为该气凝胶的反应物浓度较低,所形成的骨架网络较为稀疏,骨架间距离即孔径较大。这些结果与图 4.2 的扫描电镜结果相吻合。从样品的 N_2 吸附-脱附等温线也可以看出,样品 MR-F-25-20% 的等温线末段仍然急剧上升,这主要是由大孔造成,而样品 MR-F-25-40% 的等温线在末段渐趋平缓,这是由样品饱和吸附造成,此时孔径达到一定值后不再增大。所以根据实际需要,可通过改变反应物浓度来控制气凝胶的孔径分布,使其在某一孔径集中分布或在较宽的孔径范围内分散分布。

2) 酚与催化剂的摩尔比($n(MR)/n(C)$)的影响

在其他制备条件均相同的情况下,用不同 $n(MR)/n(C)$ 比值制得 MR-F 气凝胶,其孔径分布曲线如图 4.8 所示。由图 4.8 可知,样品的孔径分布相对都

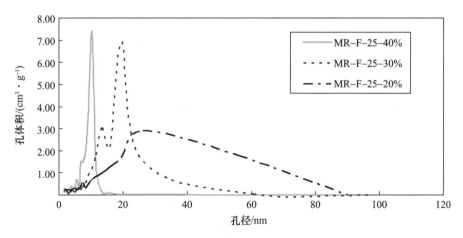

图 4.7 MR-F 气凝胶孔径分布曲线(不同反应物浓度)

较为集中,但是随着 $n(MR)/n(C)$ 比值的减小,样品的曲线峰向大孔径方向移动。样品 MR-F-100-40% 在孔径 6nm 左右出现曲线峰,9nm 以后的吸附量较小,而样品 MR-F-25-40% 在孔径 10nm 左右出现曲线峰。由此可知,随着 $n(MR)/n(C)$ 比值的减小,孔径逐渐变大,与图 4.3 的 SEM 结果一致。

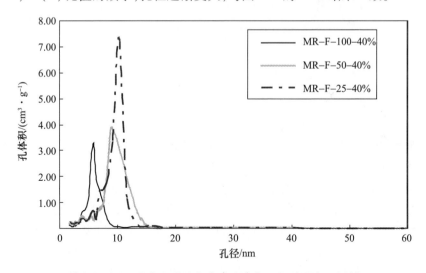

图 4.8 MR-F 气凝胶孔径分布曲线(不同 $n(MR)/n(C)$)

3) 酚与醛的摩尔比($n(MR)/n(F)$)的影响

在其他制备条件均相同的情况下,用不同 $n(MR)/n(F)$ 制得 MR-F 气凝胶,其孔径分布曲线如图 4.9 所示。从图 4.9 可看出,不同 $n(MR)/n(F)$ 所得到气凝胶的曲线峰的位置基本相同。但是 $n(MR)/n(F)=1/2$ 时,样品的曲线峰高而窄,而 $n(MR)/n(F)$ 为 1/2.5、1/1 时,曲线峰变低且向大孔径方向有所扩展。说明 $n(MR)/n(F) = 1/2$ 时,样品孔径分布更为集中,即孔径分布更加均匀。这是 $n(MR)/n(F)$ 为 1/2.5、1/1 时糠醛过量或不足,导致部分反应中间产物无法交联到凝胶骨架中,使骨架结构及孔径分布不均匀,曲线峰降低变宽。而 $n(MR)/n(F) = 1/2$ 时,原料中酚与醛的配比更为接近化学计量数之比,可以避免上述现象。

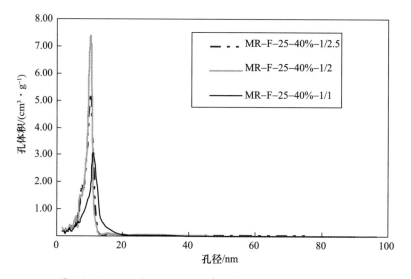

图 4.9　MR-F 气凝胶孔径分布曲线(不同 $n(MR)/n(F)$)

4) 反应物结构的影响

在其他制备条件均相同的情况下,分别制得 MR-F 和 RF 气凝胶,其孔径分布曲线如图 4.10 所示。由图 4.10 可知:MR-F 气凝胶样品在孔径 10nm 左右出现峰值,13nm 以后的孔径分布较少;RF 气凝胶样品在孔径 14nm 左右出现峰值,16nm 以后的孔径分布较少。由孔径分析测得样品 MR-F 和 RF 的平均孔径分别为 7.47nm 和 10.20nm,前者的孔径较后者的小。这是因为 MR 的苯环上有 2,4,6 位 3 个活性位,其活性较间苯二酚(R)要大,更容易发生交联反应,提高凝胶的交联密度。交联密度的提高意味着凝胶的三维网络密度提高,骨架之间孔径变小,所以 MR-F 的孔径较 RF 气凝胶的孔径小。Long 等指出提高间甲酚在甲酚中的质量分数能够增强聚合物的交联密度,减小聚合物与溶剂的相容性,缩短相分离时间,有利于得到较小的胶体颗粒和孔径的气凝胶,故研究表明,采用活性较高的酚同样可以得到孔径较小的气凝胶。

综合以上分析可知,各种制备条件都会影响凝胶的孔径分布,其中

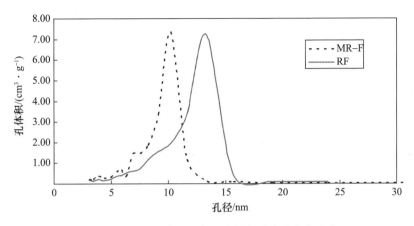

图 4.10　MR-F 与 RF 气凝胶样品的孔径分布曲线

$n(\text{MR})/n(\text{F})$ 的影响较小，但反应物浓度对凝胶的微孔影响较大，因此可以通过调节反应物的浓度来调节气凝胶某一孔径的集中分布或在较宽的孔径范围内分散分布。

4. 比表面积、孔径及孔体积的影响因素

1）反应物浓度的影响

表 4.4 列出其他制备条件均相同的情况下，不同反应物浓度的 MR-F 气凝胶的比表面积、孔径及孔体积相关数据，包括比表面积 S、孔体积 V、平均孔径 d 以及微孔部分的比表面积 S_m 和体积 V_m。由表 4.4 可以看出，随着反应物含量的增加，MR-F 气凝胶的孔体积及孔径变小。这是由于在相同气凝胶体积中，反应物浓度越大，气凝胶固体骨架含量越高，相应的孔体积及孔径就小。尽管 MR-F-25-20% 的孔体积较大，但微孔体积却比 MR-F-25-40% 的小。这可能是因为 MR-F-25-40% 中骨架含量较多，结构更加致密，更容易形成孔径较小的微孔。另外从表 4.4 的数据可知，随着反应物浓度的增加，MR-F 气凝胶比表面积分别为 $480\text{m}^2/\text{g}$、$541\text{m}^2/\text{g}$ 和 $549\text{m}^2/\text{g}$。这是因为反应物含量较高时具有更小的骨架颗粒直径，因此气凝胶就会有较大的比表面积。

孔体积是指每克样品所含的孔隙的体积。假设样品在干燥过程中无任何收缩，对于单位质量的 MR-F-25-20% 及 MR-F-25-40% 样品，前者的孔体积应该为后者的 2.67 倍。从表 4.4 可知，二者的孔体积分别为 $1.87\text{cm}^3/\text{g}$ 和 $1.03\text{cm}^3/\text{g}$，说明样品 MR-F-25-20% 在干燥过程中收缩率更大。这是因为其固体骨架含量较低，相互间交联密度也较低，进而导致其抵抗表面张力破坏的能力较差。

表4.4 MR-F气凝胶的比表面积、孔径及孔体积(不同反应物浓度)

样品	MR-F-25-20%	MR-F-25-30%	MR-F-25-40%
$S/(m^2 \cdot g^{-1})$	480.00	541.00	549.00
$S_m/(m^2 \cdot g^{-1})$	73.97	80.20	87.20
$V/(cm^3 \cdot g^{-1})$	1.87	1.71	1.03
$V_m/(10^{-2} cm^3 \cdot g^{-1})$	3.08	3.44	3.71
d/nm	15.56	12.61	7.47

2)酚与催化剂的摩尔比($n(MR)/n(C)$)的影响

表4.5列出其他制备条件均一致的情况下,不同$n(MR)/n(C)$的MR-F气凝胶的比表面积、孔径及孔体积相关数据。由表4.5可知,包括比表面积、孔体积、平均孔径以及微孔部分的比表面积和体积在内,均随$n(MR)/n(C)$的减小而增加。这是因为$n(MR)/n(C)$越小,骨架颗粒直径越小,MR-F气凝胶比表面积越大。而$n(MR)/n(C)$越大时胶体颗粒越大,越容易碰撞进而相互间交联团聚,因而颗粒间孔径及孔体积也小。

表4.5 MR-F气凝胶比表面积、孔径及孔体积(不同$n(MR)/n(C)$)

样品	MR-F-100-40%	MR-F-50-40%	MR-F-25-40%
$S/(m^2 \cdot g^{-1})$	396.00	469.50	549.00
$S_m/(m^2 \cdot g^{-1})$	21.51	54.00	87.20
$V/(cm^3 \cdot g^{-1})$	0.59	0.78	1.03
$V_m/(10^{-2} cm^3 \cdot g^{-1})$	0.53	2.71	3.71
d/nm	5.97	6.64	7.47

3)酚与醛的摩尔比($n(MR)/n(F)$)的影响

表4.6列出其他制备条件均一致的情况下,不同$n(MR)/n(F)$的MR-F气凝胶的比表面积、孔径及孔体积相关数据。从表4.6中看出,与MR-F-25-40%-1/2相比,样品MR-F-25-40%-1/1和MR-F-25-40%-1/2.5的比表面积、孔体积及平均孔径均略小,但相差不大。变化大的主要是微孔部分的表面积及体积,这是由于$n(MR)/n(F)$为1/2.5、1/1时糠醛过量或不足,使得部分反应物或中间体无法交联到凝胶骨架中,导致骨架颗粒变细强度较低,进而在干燥过程中结构更容易塌陷而产生裂缝,从而使部分微孔消失。

表4.6 MR-F气凝胶的比表面积、孔径及孔体积(不同$n(MR)/n(F)$)

样品	MR-F-25-40%-1/2.5	MR-F-25-40%-1/2	MR-F-25-40%-1/1
$S/(m^2 \cdot g^{-1})$	537.00	549.00	499.20
$S_m/(m^2 \cdot g^{-1})$	49.39	87.20	43.10

续表

样品	MR-F-25-40%-1/2.5	MR-F-25-40%-1/2	MR-F-25-40%-1/1
$V/(\text{cm}^3 \cdot \text{g}^{-1})$	0.99	1.03	0.90
$V_m/(10^{-2}\text{cm}^3 \cdot \text{g}^{-1})$	1.48	3.71	1.65
d/nm	7.35	7.47	7.18

4）反应物结构的影响

表4.7列出MR-F与RF气凝胶样品的比表面积、孔径及孔体积相关数据。由表4.7可以看出，RF气凝胶的孔体积比MR-F气凝胶稍大。分析认为，由于RF气凝胶的孔径较大，干燥时受的表面张力较小，因而其单位质量的样品收缩率也较低，孔体积较MR-F气凝胶的要大。由表4.7可知，MR-F较RF气凝胶的比表面积增加了25%，而微孔比表面积和体积增加程度更加明显，分别增加了3.6倍和9.6倍。这是因为MR-F与RF气凝胶的平均孔径分别为7.47nm和10.20nm，在气凝胶孔体积相差不大的情况下，显然孔径较小时比表面积较大。由此可知，选用活性较高的酚可以大幅提高气凝胶比表面积。相同配方的MR-F与RF气凝胶炭化后其比表面积分别为611m^2/g、421m^2/g，这就对碳气凝胶的制备及气凝胶在对比表面积要求较高的领域（如催化剂、电极材料等）的应用有一定的启示。比如，可用于吸附储氢，因为多孔固体其储氢量正比于比表面积，同时微孔含量越高越有利于氢的吸附。

表4.7 MR-F与RF气凝胶的比表面积、孔径及孔体积

样品	MR-F	RF
$S/(\text{m}^2 \cdot \text{g}^{-1})$	549.00	440.00
$S_m/(\text{m}^2 \cdot \text{g}^{-1})$	87.20	19.07
$V/(\text{cm}^3 \cdot \text{g}^{-1})$	1.03	1.12
$V_m/(10^{-2}\text{cm}^3 \cdot \text{g}^{-1})$	3.71	0.35
d/nm	7.47	10.20

综合以上分析可知，孔径大小主要由反应物的结构及浓度、酚与催化剂的摩尔比值（$n(\text{MR})/n(\text{C})$）决定，孔体积主要由反应物浓度、酚与催化剂的摩尔比值（$n(\text{MR})/n(\text{C})$）决定，比表面积主要与反应物结构及其浓度、酚与催化剂的摩尔比值（$n(\text{MR})/n(\text{C})$）有关，MR-F气凝胶较RF气凝胶在微孔结构中表现出突出的优势，其微孔比表面积和体积则分别增加了3.6倍和9.6倍。在上述制备条件中，反应物浓度对骨架颗粒大小、孔径大小、孔体积及比表面积均有重要的影响。因此，在考虑气凝胶的结构时，应首先选择合适的反应物浓度，其次是酚与催化剂的摩尔比（$n(\text{MR})/n(\text{C})$）。

4.3 AP/酚醛气凝胶纳米复合含能材料

纳米复合含能材料由起支撑作用的基质与有机或无机的含能材料组成,其中至少一种组分在纳米尺度(通常为 1~100nm)。由于其各组分在纳米尺度范围内充分接触,大幅提高了各组分的反应速率,从而提高能量利用率,因此近年来纳米复合含能材料的研究已成为研究热点。有机凝胶基纳米复合含能材料具有制备工艺简单、原料成本低、安全性高的优点,纳米含能材料填充在凝胶的立体网格中,确保了复合含能材料的均匀性,有利于解决超细粒子易团聚、难分散的问题。而且凝胶骨架的胶质粒子和其形成的孔隙都在纳米尺度范围内,可保证填充在孔隙内的组分具有纳米尺寸结构,使组分间充分接触。酚醛由于具有较高的机械强度常被用作有机凝胶基体,在固体推进剂中高氯酸铵(AP)是应用最广的氧化剂,占固体推进剂总质量的30%左右,它的热分解对固体推进剂的燃烧过程有很大影响。因此 AP/RF 气凝胶纳米复合含能材料的研究具有重要的意义。

4.3.1 AP/RF 气凝胶纳米复合含能材料的制备

参照 4.2 节配置反应物浓度为 40% 的 RF 反应溶液,在 40℃下预反应 25h 后加入一定量的正丙醇溶剂,使其稀释成所需浓度的溶液,加入微量的 TDI,搅拌均匀后在 85℃下反应。待体系凝胶后继续加热 11~13 天进行老化,然后用水置换凝胶 3 天后加入所需量的 AP,在 85℃下 AP 通过溶解在凝胶孔隙内的溶剂中渗透到三维网络结构中,形成湿凝胶。

超临界流体干燥:将上述凝胶样品用乙酸乙酯置换 3 天,经超临界流体干燥制得 AP/RF 气凝胶复合含能材料。

冷冻干燥:直接将上述凝胶样品放入冷冻干燥机内,在 -55℃的真空条件下干燥 24h 得到复合含能材料。

4.3.2 AP/RF 气凝胶纳米复合含能材料的制备及表征

在 AP/RF 纳米复合含能材料的制备过程中主要存在两个问题:首先,如果将 AP 氧化剂在体系凝胶前即加入,在氧化剂浓度较高时,RF 体系将不会凝胶;其次,AP 是通过溶解于 RF 体系内的溶剂加入的,加入量受溶解度的限制。但对于 AP/RF 纳米复合含能材料来说,较高的 AP 含量才有实际应用价值,所以必须尽可能地降低 RF 在溶液中的含量。而由 4.2 节可知,当 RF 的浓度低于 10% 时,即使纯的 RF 反应体系也不会凝胶,所以本章将着重解决这个问题。

1. 低反应物浓度酚醛气凝胶的制备

在反应物浓度低于 10% 时，RF 溶液无法交联形成凝胶除了浓度低外，反应物的活性较低也是重要原因。为此可通过加入活性较强的 TDI 促进该体系形成凝胶。但由于 TDI 活性较高，很容易与反应物单体的羟基反应，故不能将 TDI 直接与反应物共混。由文献可知，在加热条件下以碱作为催化剂时，酚醛反应包括两步，即反应物酚与醛之间通过加成反应生成一元酚醇、多元酚醇，以及一元酚醇、多元酚醇和酚相互之间发生的缩聚反应。在大于 60℃ 时，加成反应和缩聚反应同时进行，整个反应过程同时存在反应物单体、酚醇及缩聚产物，因此无法加入 TDI。而在 60℃ 以下酚醇是稳定的，不易发生缩聚反应，只能进一步生成二元酚醇和三元酚醇。因而可使反应物酚和醛先在此条件下进行加成反应，然后加入 TDI 使其自身的 -NCO 官能团与加成反应所得酚醇产物的羟甲基反应。这样既可避免 TDI 与原料的单体反应，又可以加快凝胶的完成。为此，可以首先在较低温度下进行预反应，使原料中醛与酚生成多元酚醇，之后加入 TDI 继续反应至形成凝胶。

由上面的分析可知，采用 TDI 作为促进剂时，反应物的预反应非常重要，尤其必须明确预反应的反应时间。为了确定预反应的反应时间，可以通过实时测试羟甲基的含量来确定。参照标准 ASTMD 4706-93(R98) 可以进行羟甲基的测定。具体过程：称取 0.1g 待测样品放入试管中，加入 10mL 丙酮，搅拌成均匀溶液。向试管样品中加入 2 滴 5% 的氯化铁水溶液，摇匀后观察溶液颜色：如果溶液显紫色，表明含有羟甲基；如果溶液显黄色，则表明不含有羟甲基。

表 4.8 为不同预反应时间后溶液的羟甲基测定结果。溶液显紫色后应继续加热，至 25h 后发现溶液中出现少量颗粒，说明反应物基本生成加成反应产物并开始进行缩聚反应，停止加热即完成了预反应。

表 4.8　预反应溶液的羟甲基测定结果

加热时间/h	5	10	15	25
滴定后溶液颜色	黄色	黄色	紫色	紫色(有少量颗粒)

将上述 RF 预反应溶液加入一定量的正丙醇稀释后配置成所需浓度的溶液，加入一定量的 TDI 并搅拌均匀，倒入试管中密封好后在 85℃ 下加热反应。待其凝胶后继续加热一段时间老化，最后对凝胶进行超临界干燥。

图 4.11 为不同老化时间的 RF25-5% 凝胶经超临界流体干燥后的外观照片。由图 4.11 看出，老化时间为 7 天的样品干燥后只残留了部分样品粉末，而老化时间为 11 天的样品尽管收缩卷曲且裂成两半，但基本保持了干燥前的形状。这是由于前者老化时间不足，体系内残存的大量胶体颗粒无法交联到凝胶

骨架上,在置换过程中被带走,且发现置换后的溶剂显红褐色。这样所形成的凝胶强度较差,无法抵抗超临界流体干燥过程中表面张力的破坏,产物结构塌陷,只剩下少量粉末。

(a) 老化7天　　　　　　　　　(b) 老化11天

图 4.11　不同老化时间制得的 RF 气凝胶外观

2. 酚醛气凝胶的结构表征

用反应物浓度分别为 10% 与 40% 的溶液制得 RF 气凝胶,图 4.12 和图 4.13 分别为它们的 SEM 照片和孔径分布曲线。从图 4.13 可以看出前者的孔径较大且分布不均,部分孔径超过 200nm。后者相对孔径较小且集中在 13nm 左右,大部分孔径为 20nm 以下。这是由于反应物浓度较低时气凝胶样品的骨架密度低,使相互间的间距即孔径较大。由图 4.13 可知反应物浓度为 10% 时制备的气凝胶的孔径分布范围更宽,且曲线峰处的孔径值也较大,这与图 4.12 SEM 的结果是一致的。表 4.9 为反应物浓度分别为 10% 与 40% 时制得的 RF 气凝胶的比表面积及孔结构相关数据。从表 4.9 可以看出样品 1(10%) 较样品 2(40%) 的平均孔径明显要大,分别为 24.5nm 和 10.2nm。

(a) 反应物浓度10%　　　　　　　(b) 反应物浓度40%

图 4.12　不同反应物浓度制得的 RF 气凝胶 SEM 照片

第4章 酚醛树脂基纳米复合含能材料

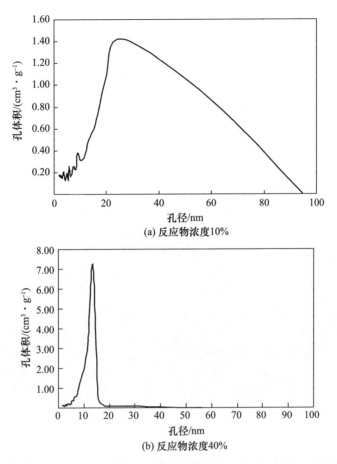

图 4.13 不同反应物浓度制得的 RF 气凝胶孔径分布曲线

表 4.9 不同反应物浓度所得气凝胶的比表面积、孔体积和平均孔径

样品	反应物浓度/%	气凝胶比表面积 /($m^2 \cdot g^{-1}$)	气凝胶孔体积 /($cm^3 \cdot g^{-1}$)	气凝胶平均孔径 /nm
1	10	274.0	1.0	24.5
2	40	440.0	1.1	10.2

假设在理想情况下,RF 气凝胶在超临界干燥后没有任何收缩,说明反应物浓度较低时,其孔体积应该更高。实际上从表 4.9 看出样品 1(10%)和样品 2(40%)的孔体积分别为 $1.0cm^3/g$ 和 $1.1cm^3/g$,与理想情况不相符。这是由于反应物浓度较低导致样品 1 的强度也较低,在干燥过程中结构塌陷较严重造成的,故导致样品 1 较样品 2 的比表面积更低,从表 4.9 知两者比表面积分别为 $274m^2/g$ 和 $440m^2/g$。

3. 干燥方法对 AP/RF 气凝胶复合含能材料组成及热分解性能的影响

按上述方法制得 RF 凝胶后,用水置换 3 天再按照一定的 AP/RF 质量比加入一定量的 AP;随后升温到 85℃以提高 AP 在水中的溶解度(42.45g/100g),促进 AP 的溶解,待 AP 完全溶解后缓慢蒸发掉凝胶上方析出的水;然后对 AP/RF 湿凝胶进行干燥即制得纳米复合含能材料。

1) AP/RF 气凝胶复合含能材料的组成分析

图 4.14 为相同的 AP/RF 气凝胶复合含能材料经不同方法干燥后的 EDS 谱图,表 4.10 为它们的元素分布。可以看出,超临界流体干燥制得的样品中 Cl 原子百分比较冷冻干燥样品大幅减少,分别为 1.1% 和 6.15%,由此可知超临界流体干燥样品中 AP 质量分数较冷冻干燥样品明显偏少。

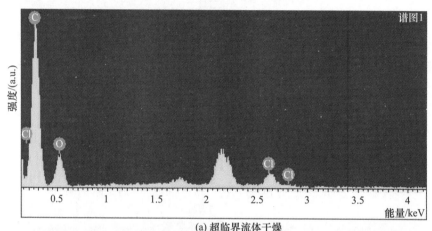

(a) 超临界流体干燥

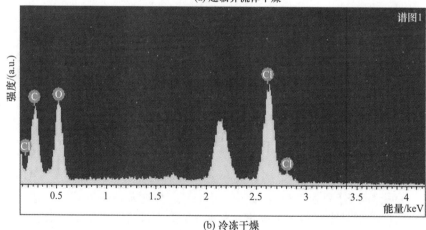

(b) 冷冻干燥

图 4.14 不同干燥方法制得的 AP/RF 气凝胶复合含能材料的 EDS 能谱图

表 4.10　不同干燥方法制得的 AP/RF 气凝胶复合含能材料的元素分布

干燥方法	C 元素百分数/%	O 元素百分数/%	Cl 元素百分数/%
超临界干燥	73.00	25.89	1.10
冷冻干燥	55.36	38.49	6.15

图 4.15 为不同干燥方法制得的 AP/RF 气凝胶复合含能材料的 SEM 图。由图 4.15 也可以看出,与冷冻干燥样品相比,超临界流体干燥样品孔内的 AP 质量分数很少。这是由于样品在超临界干燥前需要对凝胶用大量乙醇溶剂进行置换,在此过程中 AP 会被溶剂带走,随着置换的进行样品内的 AP 质量分数越来越少。同样的样品用冷冻干燥法不会出现这种现象,因为 RF 凝胶加入 AP 后直接进行冷冻干燥,避免了 AP 的流失。

(a) 超临界流体干燥样品

(b) 冷冻干燥样品

图 4.15　不同干燥方法制得的 AP/RF 气凝胶复合含能材料的 SEM 图

2) AP/RF 气凝胶复合含能材料的热分析

对相同的 AP/RF 凝胶样品分别进行超临界流体干燥和冷冻干燥,然后在氮气气氛下以 10℃/min 的升温速率对样品进行热分析,其 TG、DTG 曲线如图 4.16 所示。由图 4.16 可知,经不同方法干燥的 AP/RF 气凝胶复合含能材料的热分解过程不同。冷冻干燥样品有两个明显的分解阶段,DTG 曲线的峰温分别为 300℃和 350℃,而超临界流体干燥样品分解阶段不明显。另外,从 TG 曲线看出,400℃时冷冻干燥样品分解基本结束,质量残留率仅为 4.9%,而超临界流体干燥样品在此温度下分解远未结束,质量残留率仍高达 74.9%。这是由于 AP/RF 气凝胶复合含能材料含有 AP 和 RF 气凝胶两种物质,其中 RF 气凝胶在氮气气氛下加热分解产生水、CO_2、甲烷等气体小分子,最终生成碳化产物,而 AP 加热后可以完全分解,产生氧气、水等小分子。此外,RF 除了自身分解失重外,AP 分解产生的氧气等可以与 RF 发生氧化反应生成 CO_2、水等小分子,进一步增加了 RF 的失重。由于超临界流体干燥样品中 AP 质量分数较少,其分解产生的氧气等也较少,因此 AP 分解结束后样品仍存在一部分未被氧化的 RF,升温后 RF 继续分解直至完全炭化。直至 836℃时超临界流体干燥样品分解才基本结束,此时质量残留率仍高达46.5%。而冷冻干燥样品中AP质量分数较高,AP分解放出的氧气等可以氧化更多的RF,所以冷冻干燥样品的质量残留率较低。

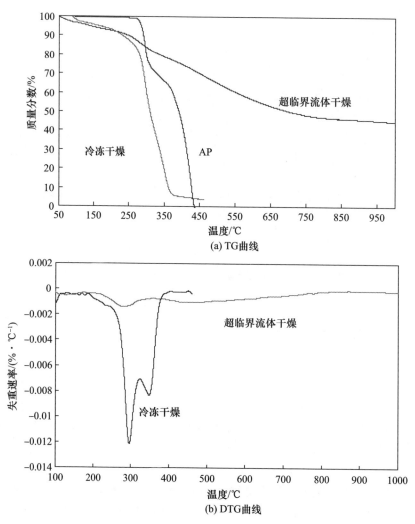

图4.16 不同干燥方法制得的AP/RF气凝胶复合含能材料的TG、DTG曲线图

对相同的AP/RF凝胶样品分别进行超临界流体干燥和冷冻干燥,然后将干燥后的样品及纯AP、RF气凝胶分别在氮气气氛下以10℃/min的升温速率进行热分析,其DSC曲线如图4.17所示。由图4.17可知,冷冻干燥样品的DSC曲线与纯AP曲线相似,有一个吸热峰和两个明显的热分解放热峰,其中放热峰温

分别为304.5℃和372.3℃,较纯AP均有所提前。而超临界流体干燥样品DSC曲线的放热峰很不明显,与纯RF气凝胶相似。造成上述现象的主要原因是两种样品中AP质量分数不同。另外,由表4.11可知,冷冻干燥样品的分解放热可达到730J/g,这是因为此时除了AP分解放热外,其分解放出的氧气等与RF及其分解产物发生反应放热,而超临界流体干燥样品中由于AP含量很少,放热量仅为130.6J/g。

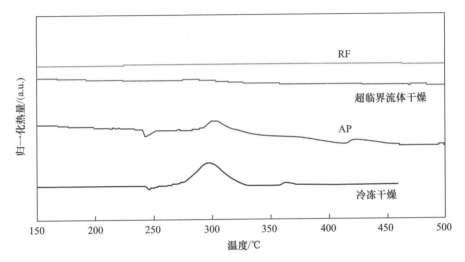

图4.17 不同干燥方法AP/RF气凝胶复合含能材料的DSC曲线

表4.11 不同干燥方法所得AP/RF气凝胶复合含能材料的热分析数据

样品干燥方法	TG曲线	DSC曲线
	400℃时质量残留率/%	热分解放热/(J·g^{-1})
超临界流体干燥	74.9	130.6
冷冻干燥	4.9	730.0

4.3.3 RF气凝胶基体的孔结构对AP晶粒大小的影响

图4.18为AP及AP/RF气凝胶复合含能材料的XRD谱图。由图可以看出,AP/RF气凝胶复合含能材料的谱图较AP多了一个弥散峰,这是因为复合含能材料中的RF气凝胶基体为非晶固体,造成XRD谱图中出现弥散峰。同时观察发现,复合含能材料谱图中的AP衍射峰的强度变弱,这说明复合含能材料中AP的晶粒变小。由Scherrer方程可计算出复合含能材料中AP的晶粒大小:

$$L = K\lambda/\beta_0\cos\theta \qquad (4-1)$$

式中:L 为晶粒尺寸;K 为晶体的形状因子;β_0 为半高宽,需用样品的半高宽(β)扣除仪器宽化(0.08°)的影响;$\lambda = 0.15418\mathrm{nm}$。

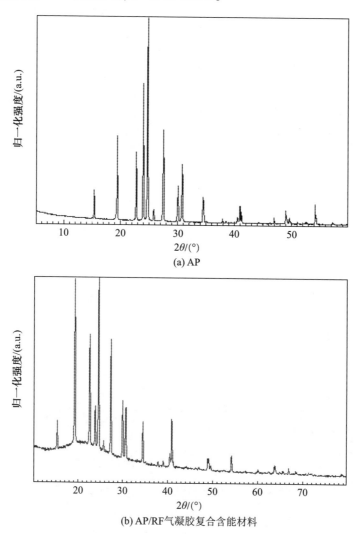

图 4.18 AP 及 AP/RF 气凝胶复合含能材料的 XRD 谱图

表 4.12 列出根据 Scherrer 方程计算所得到的纯 AP 及其在 RF 气凝胶复合含能材料中的晶粒大小。由表 4.12 可以看出,复合含能材料中 AP 晶粒较纯 AP 相比明显变小。这是因为气凝胶为纳米多孔材料,对进入其孔中的第二种材料有很大的影响。一方面孔的尺寸限制了孔内物质的颗粒大小;另一方面因为极

大的孔表面和进入孔内物质间强的相互作用,使孔内物质的性质与块体时不同。AP 在凝胶基体内重结晶过程中,由于 RF 凝胶基体的孔径为纳米级,限制了 AP 晶体的长大,因此晶粒尺寸小于纯的 AP 晶体。然而与纯气凝胶的平均孔径相比,气凝胶复合含能材料孔内的 AP 晶粒明显要大。这是因为在 AP/酚醛气凝胶复合含能材料的制备过程中,气凝胶部分孔结构开裂会造成孔内的 AP 析出并发生团聚,粒径增大,超过气凝胶的平均孔径。另外,气凝胶为开孔结构,各个孔之间相互贯通,因此气凝胶相邻孔内的 AP 在结晶过程也可以相互聚集。

表 4.12 纯 AP 及其在 RF 气凝胶复合含能材料中的晶粒尺寸

样品	$\beta/(°)$	$2\theta/(°)$	d/nm
AP/RF 气凝胶复合含能材料	0.1624	24.5961	98.7
AP	0.0975	24.6707	468.7

4.3.4 AP/RF 质量比($w(AP)/w(RF)$)对复合含能材料结构及热分解性能的影响

图 4.19 为不同 AP/RF 质量比时所制备的复合含能材料的 SEM 图。由图 4.19 可以看出,当 $w(AP)/w(RF)$ 为 1 时,RF 气凝胶基体的孔洞内 AP 质量分数较少且分布不均匀,部分区域几乎不存在 AP;随着 $w(AP)/w(RF)$ 比值的增大,RF 气凝胶基体的大部分孔洞均填满 AP 颗粒且分布较均匀,由于气凝胶孔径分布不均,存在一些孔径为数百纳米的大孔,AP 无法完全将其填满。

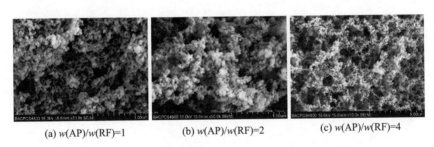

(a) $w(AP)/w(RF)=1$ (b) $w(AP)/w(RF)=2$ (c) $w(AP)/w(RF)=4$

图 4.19 不同 AP/RF 质量比所得复合含能材料的 SEM 图

表 4.13 为不同 AP/RF 质量比下所制备的复合含能材料中的 AP 晶粒大小。当 $w(AP)/w(RF)=1$ 时,由于基体内孔的限制以及 AP 含量较低,晶粒尺寸仅为 98.7nm。当 $w(AP)/w(RF)$ 为 2 和 4 时,其晶粒大小分别为 162.6nm 和 212.9nm,这说明 AP 质量比较高时基体孔内晶粒的大小也增加。因为 AP 质量比

较高时,基体内每个孔的 AP 量也较高,更容易生成较大的 AP 晶粒。

表 4.13　不同 AP/RF 质量比所得复合含能材料中的 AP 晶粒尺寸

原料中 $w(\text{AP})/w(\text{RF})$	复合含能材料中 AP 质量分数/%	$\beta/(°)$	$2\theta/(°)$	d/nm
1	68.5	0.1624	24.5961	98.7
2	81.3	0.1299	24.6244	162.6
4	89.7	0.1182	24.3542	212.9

用同一种基体制得不同 AP/RF 质量比的 RF 气凝胶复合含能材料,其原料中 AP 与 RF 的质量比分别为 1、2 及 3,然后对样品进行热分析,其 TG 曲线如图 4.20 所示,纯 AP、RF 气凝胶及上述复合含能材料的 DSC 曲线图 4.21 所示。表 4.14 列出不同 AP/RF 质量比的 RF 气凝胶复合含能材料的热分析数据。可以看出,在 400 ℃ 时随着 AP 质量分数的增加,样品的质量残留率越来越低,分别为 9.6%、5.5%、5.0%。这是因为此时 AP 已经完全分解,AP 质量分数越高,复合含能材料的质量残留率就越低;此外随着 AP 质量分数的增加,其分解放出的氧气等可以与更多的 RF 及其分解产物发生氧化反应,使其失重增加。另外,由表 4.14 可知,复合含能材料质量残留率为 10% 时,所对应的温度随着 AP 质量分数的增加而逐渐降低,这是因为较高 AP 质量分数可以加快 RF 气凝胶基体的氧化分解。

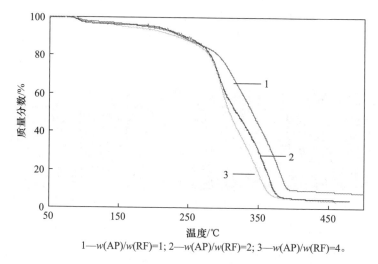

1—$w(\text{AP})/w(\text{RF})=1$; 2—$w(\text{AP})/w(\text{RF})=2$; 3—$w(\text{AP})/w(\text{RF})=4$。

图 4.20　不同 AP/RF 质量比的 RF 气凝胶复合含能材料的 TG 曲线

由图 4.21 可知,纯 RF 气凝胶没有明显的吸热和放热峰,纯 AP 和复合含能材料样品 1~3 在 250 ℃ 左右均存在一个吸热峰,这是 AP 的晶型转变造成的。

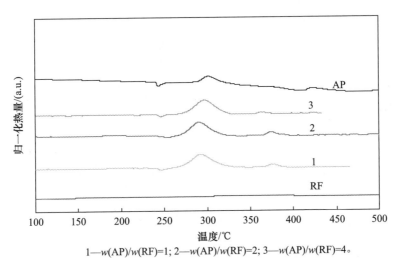

1—$w(AP)/w(RF)=1$; 2—$w(AP)/w(RF)=2$; 3—$w(AP)/w(RF)=4$。

图 4.21 不同 AP/RF 质量比所制备的 RF 气凝胶
复合含能材料以及纯 AP、RF 气凝胶的 DSC 曲线

纯 AP 的低温和高温分解峰分别为 304.6℃ 和 425.1℃。复合含能材料样品 1～3 同样有两个分解放热峰,且较 AP 的分解峰温均有所提前。这是由于复合含能材料中 AP 晶粒变小甚至可达纳米级,处于表面的原子比例大,表面能高,因此较常规的 AP 晶体分解提前,且随着粒径的进一步降低,其受到的纳米粒子效应也越明显。另外发现,复合含能材料的分解热尤其是低温分解热较 AP 分解热(440J/g)大幅增加。这是因为在此温度下,除了 AP 自身发生分解放热外,其产生的氧气等可以与 RF 反应生成大量的热。300℃ 以上在氧的存在下,酚醛树脂大分子结构中亚甲基桥就会被氧化形成氢过氧化物,然后热解形成醇和酮,反应方程式如下:

(4-2)

当 AP/RF 质量比由 1 提高到 2 时,分解热由 806.2J/g 提高到 945.7J/g,当 AP/RF 质量比为 4 时,分解热又降低至 807.5J/g。元素分析表明 RF 气凝胶中各元素的摩尔比 $n(C)/n(H)/n(O) = 55.4/41.7/18.3$,由此计算出其氧平衡为 -181.6%,达到氧平衡时 $w(RF)/w(AP) = 15.8/84.2$。样品 2 中原料中 $w(AP)/w(RF) = 2$,由于反应物原料并不能完全生成酚醛聚合物,可以计算出

最终所得气凝胶复合含能材料的 AP 质量分数为 81.3%，与上述达到氧平衡时的 AP 理论含量（84.2%）基本一致，所以此时放热量最大。而当 AP/RF 质量比为 4 时，其分解的氧气等相对 RF 已经过量，不再参与氧化反应，使分解热降低。此时其质量残留率的降低速度也明显变慢，由样品 2 的 5.5% 微降至 5.0%。

表 4.14 不同 AP/RF 质量比的 RF 气凝胶复合含能材料的热分析数据

样品	$w(AP)/w(RF)$	DSC		TG	
		低温分解峰/℃	低温分解热/(J/g)	400℃时质量残留率/%	残留率为10%时的温度/℃
1	1	291.3	806.2	9.6	393.3
2	2	293.4	945.7	5.5	373.6
3	4	297.5	807.5	5.0	361.7

4.3.5 RF 反应物浓度对复合含能材料的结构及热分解性能的影响

图 4.22 为不同反应物浓度所得气凝胶的 SEM 图。由图可以看出，反应物浓度为 5% 时气凝胶的孔分布不均匀，存在较多大孔，孔径可达数百纳米，这主要是反应物浓度较低造成的。随着反应物浓度的上升，大孔数目明显减少，达到

(a) 反应物浓度5%

(b) 反应物浓度10%

(c) 反应物浓度20%

图 4.22 不同反应物浓度所得 RF 气凝胶的 SEM 图

20%时气凝胶的孔分布相对均匀,孔径大部分为数十纳米的中孔。经孔径测试可知,反应物浓度分别为5%、10%、20%时,所得气凝胶的平均孔径分别为28.5nm、24.5nm、18.6nm。

在其他条件相同的情况下,分别用不同反应物浓度制得RF气凝胶复合含能材料,表4.15列出其孔内的AP晶粒尺寸。由表4.15可知,随着反应物浓度增加,气凝胶基体孔径变小,AP晶粒也随之变小。这说明通过控制反应物的浓度可控制气凝胶基体的孔径,进而可以控制孔内晶粒的大小。

表4.15 不同反应物浓度所得气凝胶中的AP晶粒尺寸

样品序号	反应物浓度/%	$\beta/(°)$	$2\theta/(°)$	d/nm
1	5	0.0974	19.2045	463.4
2	10	0.1301	19.2133	161.0
3	20	0.1624	19.2292	97.9

分别对反应物浓度为5%、10%及20%所得的酚醛气凝胶复合含能材料TG-DTG与DSC曲线,如图4.23和图4.24所示。由图4.23可知,在热分解过程中样品1有很明显的两个分解失重阶段,随着反应物浓度的增加,样品2和样品3基本只有一个分解阶段。纯AP的低温和高温分解峰温分别为304.6℃和425.1℃。由图4.24也可以看出,样品1在297.6℃和363.6℃相应存在两个放热峰,较纯AP的峰温均有所提前。而样品2和样品3基本重合为一个高温分解峰,其峰温较纯AP(425.1℃)均有所提前。这是由样品的RF气凝胶基体不同的结构造成的。由图4.22可知,随着反应物浓度的增加,气凝胶的平均孔径逐渐减小,尤其是大孔数目减少,孔内的AP晶粒也随之减小,分别为463.4nm、161.0nm、97.9nm。随着孔内AP晶粒的减小,其低温分解阶段变弱,最终与高温分解阶段重合,而且AP与RF接触更加充分,由表4.16可知分解热也随之增加。

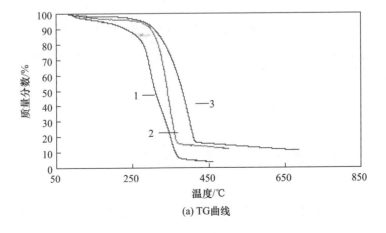

(a) TG曲线

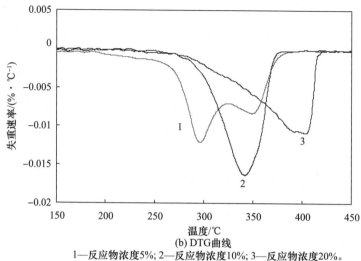

(b) DTG曲线

1—反应物浓度5%；2—反应物浓度10%；3—反应物浓度20%。

图 4.23 不同反应物浓度所得气凝胶复合含能材料的 TG－DTG 曲线

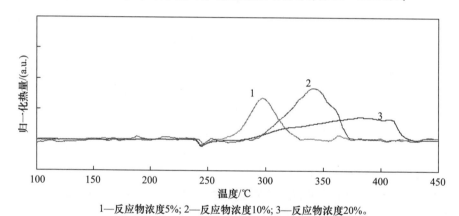

1—反应物浓度5%；2—反应物浓度10%；3—反应物浓度20%。

图 4.24 不同反应物浓度所得气凝胶复合含能材料的 DSC 曲线

表 4.16 不同反应物浓度所得气凝胶复合含能材料的分解热

样品	1	2	3
分解热/($J \cdot g^{-1}$)	757.8	1892.0	1903.0

注：1—反应物浓度5%；2—反应物浓度10%；3—反应物浓度20%。

4.3.6 常压干燥所得 AP/热固性酚醛树脂气凝胶纳米复合含能材料的结构及性能

由前面的研究可知，同一种 AP/RF 气凝胶复合含能材料样品经过不同方法干燥后,超临界流体干燥较冷冻干燥制得的样品中 AP 质量分数减少,进而导致分解放热量降低。这是由于在超临界流体干燥前进行溶剂置换时样品内的 AP 被带走,尽管冷冻干燥可以避免这一现象,但无法像超临界流体干燥那样可以最大程度地保留气凝胶基体的孔结构,孔结构容易坍塌开裂。这样孔内的 AP 颗粒析出并重新团聚,粒径增大。如图 4.25 所示,RF 气凝胶基体有明显的开裂,存在 AP 相互团聚的现象。

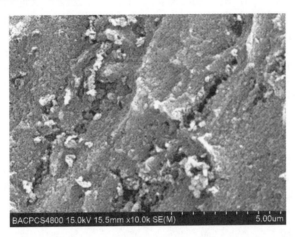

图 4.25 冷冻干燥制得的 AP/RF 气凝胶复合含能材料的 SEM 图

图 4.26 为常压干燥制得的 AP/热固性酚醛树脂气凝胶复合含能材料的 SEM 图。由图 4.26 可知,与 AP/RF 气凝胶复合含能材料不同,AP/热固性酚醛树脂气凝胶复合含能材料中的 AP 颗粒分布在孔内并附着在网络骨架上,并无团聚现象。AP/热固性酚醛树脂气凝胶复合含能材料即使经过常压干燥,其基体结构仍保持完整无开裂,孔内的 AP 颗粒无法相互团聚。如表 4.17 所列,由 Scherrer 方程算出热固性酚醛树脂气凝胶复合含能材料中 AP 的晶粒大小为 162.5nm。

图 4.26 常压干燥制得的 AP/热固性酚醛树脂气凝胶复合含能材料的 SEM 图

表4.17 热固性酚醛树脂气凝胶中的 AP 晶粒尺寸

$\beta/(°)$	$2\theta/(°)$	d/nm
0.1299	22.6841	162.5

图4.27 和图4.28 分别为 AP/RF 气凝胶复合含能材料和 AP/热固性酚醛树脂气凝胶复合含能材料的 TG-DTG 曲线,二者只有气凝胶基体不同。从它们的 DTG 曲线可以看出,AP/热固性酚醛树脂气凝胶复合含能材料只有一个明显的分解失重阶段,从 AP/RF 气凝胶复合含能材料的 TG 图看只有一个分解失重阶段,但从 DTG 图可以看出其实含有两个分解峰。

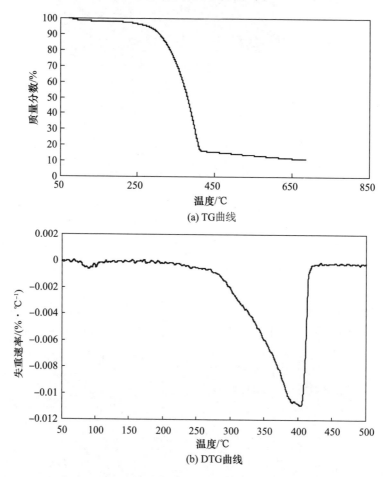

(a) TG曲线

(b) DTG曲线

图4.27 AP/RF 气凝胶复合含能材料的 TG/DTG 曲线

图4.29 为不同气凝胶基体复合含能材料的 DSC 曲线。与图4.17 比较发现,纯热固性酚醛树脂气凝胶同 RF 气凝胶的 DSC 曲线相似,没有明显的吸热及

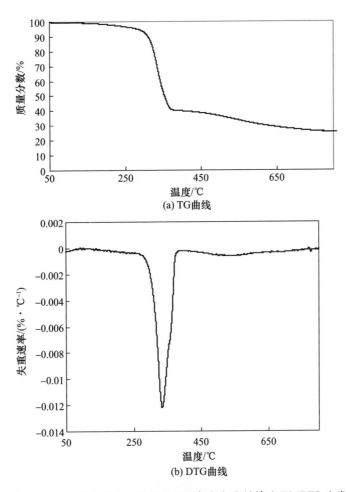

图 4.28 AP/热固性酚醛树脂气凝胶复合含能材料的 TG/DTG 曲线

放热峰。由图 4.29 可知,复合含能材料 1 和 2 在 242℃左右均存在一个吸热峰,这是由 AP 的晶型转变造成的。AP/热固性酚醛树脂气凝胶复合含能材料只有一个尖锐的放热峰,峰温为 337.5℃,较纯 AP 的高温分解峰温(425.1℃)提高了 87.6℃。AP/RF 气凝胶复合含能材料可辨别出是几个峰大致重合成一个峰,峰温为 381.7℃,较纯 AP 的高温分解峰温(425.1℃)提高 43.4℃,峰形较为复杂,温度范围较宽。由文献[49]可知,AP 粒度越小,DSC 曲线中的低温分解阶段逐渐变弱,甚至完全消失。由前述可知,AP/RF 气凝胶复合含能材料在干燥后出现部分孔结构坍塌的现象,导致孔内的 AP 颗粒重新团聚,粒径达到数百纳米甚至微米级,而未开裂的孔内 AP 晶粒大小不变,因此复合含能材料内的 AP 存在多种粒径,这就使分解放热峰较为复杂。而 AP/热固性酚醛树脂气凝胶复合含能材料即使经过常压干燥,其基体结构仍保持完整无开裂,孔内的 AP 颗粒大小保持在纳米级,因此其 DSC 曲线只有一个放热峰。AP/热固性酚醛树脂气凝胶复合含能材料与 AP/RF 气凝胶复合含能材料的分解热分别为 1805J/g 和 1903J/g,二者较纯 AP 的分解热(440J/g)均大幅提高,然而前者略低。这是因为酚醛气凝胶纳米复合含能材料的分解热主要由 AP 分解热、酚醛分解热以及 AP 分解产生的氧气等与酚醛发生氧化反应所放出的热量构成。在 AP 与酚醛配比一定的情况下,复合含能材料的分解热主要由氧化反应所放出的热量决定。AP/热固性酚醛树脂气凝胶复合含能材料中的 AP 晶体无团聚,粒径大小较为均匀,因而分解温度范围更为集中。这样 AP 分解产生的氧气等在较短的时间内集中放出,导致其来不及与气凝胶基体反应便逸出,最终导致其放热量略低。

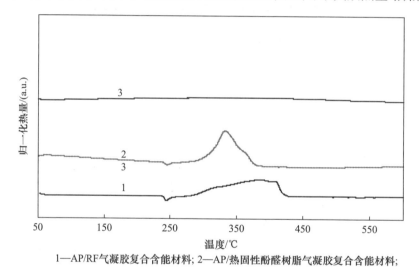

1—AP/RF气凝胶复合含能材料;2—AP/热固性酚醛树脂气凝胶复合含能材料;
3—热固性酚醛树脂气凝胶。

图 4.29 不同气凝胶基体的复合含能材料 DSC 曲线

综上所述,由于可通过常压干燥制得结构完整无开裂的热固性酚醛树脂气凝胶,因此在此基体中加入 AP 制得的纳米复合含能材料,不仅可避免 RF 气凝胶基体超临界流体干燥造成的 AP 流失,还可避免冷冻干燥造成的气凝胶基体开裂,防止孔内的 AP 颗粒团聚长大,进而影响其热分解性能。

4.3.7 国内外有关 RF/AP 纳米复合含能材料的研究报道

Simpson 等对 RF/AP 纳米复合物进行了详细研究,采用溶胶-凝胶法:在 RF 凝胶之前加入氧化剂 AP,凝胶后对体系进行溶剂置换,AP 在凝胶骨架内结晶,通过超临界干燥得到了 RF/AP 纳米复合含能材料。复合物由尺寸为几纳米的 RF 聚合物初级粒子相互连接成的燃料骨架和均匀分布于其中且小于 20nm 的 AP 晶粒组成，AP 的颗粒尺寸为 1~10nm。复合物的比表面积为 292m²/g，比常规含能材料复合物比表面积的最大值高出 6 倍以上。DSC 结果表明，RF/AP 纳米复合材料在 250℃附近开始出现强放热峰（图 4.30），远高于 AP 的分解放热温度。该纳米复合物的撞击感度也较相同配比的常规 RF/AP 复合物低。Gash 对 RF/AP 纳米复合含能材料的进一步研究发现，常压下对 RF/AP 复合材料进行干燥可导致 AP 晶粒的增长。

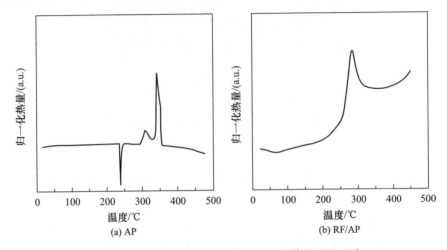

图 4.30　AP 及 RF/AP 纳米复合含能材料的 DSC 曲线

Holub 等使用 RF/AP 体系，对溶胶-凝胶法制备的含能干凝胶的实验条件进行了研究。结果表明，影响纳米颗粒产生的因素有原溶液和高氯酸铵的溶解度、产生干凝胶的干燥速度，并且发现高温会明显缩短凝胶形成的时间。

4.4　其他酚醛(RF)基纳米复合含能材料

4.4.1　HP$_2$/RF 纳米复合含能材料

Bryce 等采用低温溶胶-凝胶方法制备了二高氯酸肼盐（$[N_2H_6][ClO_4]_2$ 或 HP$_2$）纳米或亚微米晶粒为核，外层包覆间苯二酚/甲醛聚合物(RF)的核壳型纳米复合粒子。间二苯酚与甲醛的缩和反应是在 HP$_2$ 的水溶液中进行的，干燥后 HP$_2$ 分散在凝胶的纳米网格结构中，核成分含量高达 88%，SEM 照片结果表明，HP$_2$ 粒径为 20~50nm（图 4.31），并形成了 400~800nm 大小的团聚体。该材料与数微米粒径的这两种成分粒子进行常规物理混合的样品相比，纳米复合材料的能量相似,但表观燃烧速率增加较多,撞击感度较低。这是由于纳米尺度复合减少了降解过程中热传导和质量迁移因素的控制作用,增强了化学动力学因素的作用。

图 4.31　HP_2/RF 冻凝胶的 SEM 照片[59]

Tappan 及 Brill 等以水作溶剂,通过溶胶-凝胶法及冷冻干燥制备了 HP_2/RF 干凝胶。所制备的 HP_2/RF 纳米含能复合材料中 HP_2 质量分数最高可达 88%。而冷冻干燥可阻止 AP 大晶粒增长。通过比较 RF/HP_2 干凝胶与相同配比的物理混合物的 DSC(图 4.32)可得出,所制备的 RF/HP_2 干凝胶组分间的相互作用

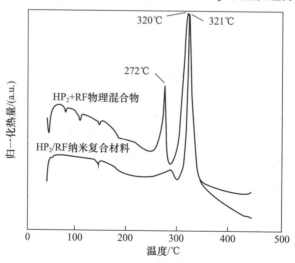

图 4.32　RF/HP_2 物理混合物及纳米复合材料
（其中 HP_2 的质量分数为 65%）的 DSC 曲线

更为密切;同时考查了相同 HP_2 质量分数时物理混合物的分解热,证明干凝胶与同配比物理混合物的分解热相近(图4.33);闪速热解测试表明,干凝胶中随着 HP_2 质量分数的增加,引发温度随之降低,同时引发时间缩短,而物理共混物的引发温度及引发时间与 HP_2 质量分数无关(表4.18),这说明干凝胶中 RF 骨架与 HP_2 结合更加紧密,且反应过程受化学反应控制。通过对干凝胶以及相同配比物理混合物落锤感度对比(图4.34),证明干凝胶的感度得到了降低。

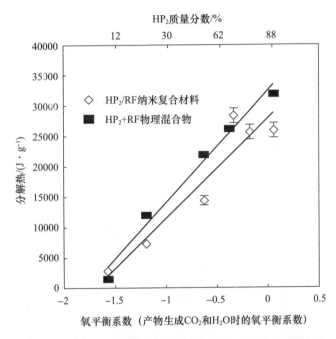

图 4.33 RF/HP_2 纳米复合材料及同配比物理混合物的分解热

表 4.18 HP_2/RF 纳米复合材料及同配比物理混合物闪速热解测试的引发温度及引发时间

HP_2 质量分数/%	干凝胶		物理混合物	
	引发温度/℃	引发时间/s	引发温度/℃	引发时间/s
88	321	1.9	322	1.9
77	322	1.8	322	1.0
67	349	3.5	322	1.2
53	353	3.0	322	1.5

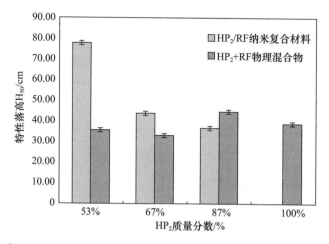

图 4.34　RF/HP_2 纳米复合材料及其同配比机械混合物落锤感度

4.4.2　CuO/RF 纳米复合含能材料

Leventis 等用溶胶-凝胶法制备了一种新型 CuO/RF 互穿网络结构气凝胶。其微观结构如图 4.35 所示。

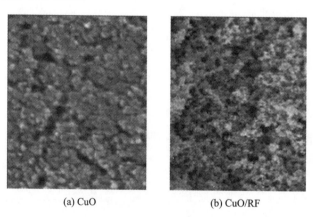

(a) CuO　　　　　　　　(b) CuO/RF

图 4.35　CuO 干凝胶 SEM 照片及 CuO/RF 纳米复合材料的 SEM 图

DSC 研究表明,CuO 干凝胶及其纳米复合材料的 SEM 图复合气凝胶在 200 ℃ 有明显放热峰,EDS 及 XRD 测试证明,RF 凝胶骨架与 CuO 共同形成整体的含能材料,而不只是惰性骨架包络含能材料。其分解燃烧过程反应式如下:

$$RF + CuO \rightarrow CO_2 + H_2O + Cu \qquad (4-3)$$
$$2Cu + O_2 \rightarrow 2CuO \qquad (4-4)$$

燃烧火焰及燃烧后 SEM 微观结构如图 4.36 所示。

图 4.36　原料及燃烧后残渣的 SEM 图

Cudzilo 等以间苯二酚和甲醛/糠醛为原料，水和甲醇/DMF 为混合溶剂，以 HCl/Na_2CO_3 为催化剂，添加 NH_4ClO_4/$Mg(ClO_4)_2$/NH_4NO_3，采用常压干燥得到了氧化剂/RF 干凝胶，其微观形貌如图 4.37 所示。

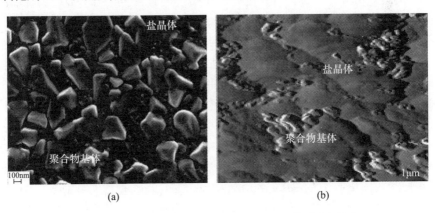

图 4.37　样品 RF/NH_4ClO_4 = 70∶30 干凝胶的 SEM 图
及样品 RFur/$Mg(ClO_4)_2$ = 65∶35 干凝胶的 AFM 图

通过 N_2 吸附测试干凝胶比表面积,聚合物/氧化剂干凝胶的比表面积为 $0.002\sim0.3m^2/g$,在沸水中加热除掉氧化剂后,此时酚醛(糠醛)凝胶的比表面积为 $210m^2/g$,可知所制备的干凝胶为多孔结构,且复合氧化剂后,氧化剂占据了所有空隙。

4.4.3 RDX/RF 纳米复合含能材料

聂福德等对 RF 基纳米复合含能材料进行了深入的研究,先后采用溶胶凝胶法制备了 RDX/RF 气凝胶、RDX/RF 干凝胶、RDX/RF 薄膜、RDX/RF 纳米含能微球、HMX/AP/RF 气凝胶等多种纳米复合含能材料。以间苯二酚和甲醛为原料制得 RDX/RF 湿凝胶,通过超临界干燥制备出 RDX/RF 气凝胶,采用冷冻干燥得到 RDX/RF 干凝胶。RDX/RF 气凝胶中 RF 凝胶网格尺寸为几纳米到几十纳米,为口小腔大的"墨水瓶状"孔,凝胶中的 RDX 平均晶粒为 38nm;与同组分的机械混合物相比,RDX/RF 复合物的热分解峰温提前约 25℃,机械感度有所降低,复合物比表面积较为理想;RDX/RF 干凝胶则由于冷冻干燥导致凝胶骨架结构坍塌,比表面积显著降低,使 RDX 的平均晶粒度较气凝胶相比有所增大,为 $50\sim100nm$,同时由于 RDX 晶粒度的增大,使其热分解峰温较原料 RDX 相比提前约 7℃;以间苯二酚和甲醛为原料复合 RDX 后,在溶胶状态下用玻璃基片提拉并干燥可制得纳米 RDX/RF 复合薄膜,经 XRD 测试还表明复合薄膜中 RDX 的平均晶粒度为 $50\sim100nm$,且溶胶凝胶法制备的纳米 RDX/RF 薄膜中 RDX 质量分数及其能量输出特性可调,与气相蒸发沉积法相比具有优越之处,在微小型火工品中具有潜在应用价值。

张娟等采用溶胶-凝胶与乳化技术相结合的方法制备了 RDX/RF 纳米含能微球,以解决溶胶-凝胶法制备出的材料空隙大、松装密度不高的缺点。通过控制表面活性剂浓度、凝胶反应温度以及反应时间,可控制 RDX/RF 含能微球的尺寸为 $50\sim200nm$,如图 4.38 所示。RDX/RF 含能微球中 RDX 受单个凝胶微粒大小及凝胶孔洞限制,微球中 RDX 的平均晶粒度为 $30\sim50nm$,凝胶微球的比表面积为 $56.3m^2/g$。粒径减小后,复合材料的热分解峰提前约 33℃。

郭秋霞等以间苯二酚和甲醛为原料,通过超临界流体干燥制备出 RDX/RF 气凝胶。结构分析表明,RF 凝胶网格尺寸为几纳米到几十纳米,为口小腔大的"墨水瓶状"孔,凝胶中的 RDX 平均晶粒为 38nm;与物理混合物相比,RDX/RF 复合物的热分解峰温提前约 25℃,机械感度有所降低,复合物比表面积较为理想。

郁卫飞又进一步制备了纳米 RDX/RF 薄膜,通过 XRD 分析发现 RF 呈非晶

(a) ×1000图　　　　　　　　　　(b) ×10000图

图 4.38　RDX/RF 凝胶复合含能微球的 SEM 图

态馒头形峰的特征,而 RDX 呈典型结晶形态,且衍射峰明显宽化,薄膜中 RDX 的晶粒度可低至 43nm。

张娟等采用超临界干燥方式和冷冻干燥方式制得 RDX/RF 气凝胶和干凝胶。测试结果表明,超临界干燥方式得到的 RDX/RF 气凝胶具有典型纳米孔洞结构和高比表面积特性。冷冻干燥导致干凝胶骨架结构坍塌,比表面积显著降低。RDX/RF 气凝胶中 RDX 的平均晶粒度为 34~38nm,干凝胶中 RDX 的平均晶粒度为 50~100nm。RDX/RF 气凝胶和干凝胶的热分解峰分别提前了 14~25℃ 和 2~7℃,热分解峰分别列于表 4.19 中。

表 4.19　RDX/RF 气凝胶和干凝胶的 DSC 测试结果

样品	熔融峰温/℃	分解峰温/℃
RDX	205.28	241.06
50% RDX/RF 气凝胶	203.14	217.59
60% RDX/RF 气凝胶	204.81	222.18
70% RDX/RF 气凝胶	203.97	227.35
80% RDX/RF 气凝胶	203.48	216.02
50% RDX/RF 干凝胶	204.31	234.57
60% RDX/RF 干凝胶	204.85	236.08
70% RDX/RF 干凝胶	205.03	239.50
80% RDX/RF 干凝胶	205.34	239.57

4.4.4　HMX/AP/RF 纳米复合含能材料

张娟等成功制备了 HMX/AP/RF 气凝胶。SEM 扫描电镜测试结果表明，HMX/AP/RF 气凝胶具有纳米网孔结构(图 4.39)，纳米复合气凝胶的比表面积为 27.13m^2/g，相比空白 RF 气凝胶有明显下降；HMX/AP/RF 气凝胶中晶体的平均晶粒度为 48~93nm；HMX/AP/RF 气凝胶中 HMX 的转晶峰(194℃)及液相分解峰(281.84℃)消失，同时 AP 和 RF 的热分解峰被掩盖，受纳米尺寸 HMX 及 AP 晶粒作用，HMX/AP/RF 气凝胶的热分解峰较 HMX 相比有所提前，如图 4.40 所示。HMX/AP/RF 气凝胶的撞击感度爆炸概率为 28%（落锤质量 10kg，落高 25cm，装药量 35mg），摩擦感度为 40%（摆角 90°，压力 3.92MPa，装药量 30mg），受 HMX 及 AP 纳米晶粒的纳米效应影响，HMX/AP/RF 气凝胶的 5s 延滞期爆发点(299℃)显著降低。

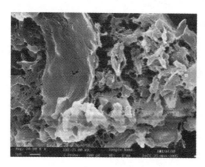
(a) 放大2×10^{4}倍

(b) 放大10×10^{4}倍

图 4.39　HMX/AP/RF 气凝胶的 SEM 照片

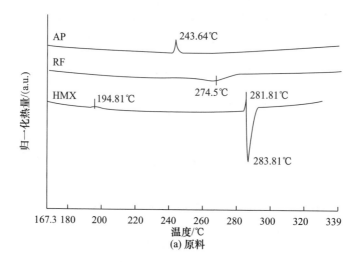
(a) 原料

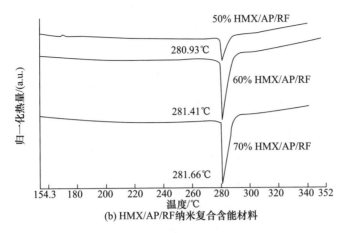

图 4.40 原料及 HMX/AP/RF 纳米复合含能材料 DSC 曲线

参 考 文 献

[1] WANG J, GLORA M, PETRICEVIC R, et al. Carbon cloth reinforced carbon aerogel films derived from resorcinol formaldehyde[J]. Journal of Porous Materials, 2001, 8:159-165.

[2] STANISLAW C, WOJCUECH K. Preparation and Characterization of Energetic Nano-composites of Organic Gel-Inorganic Oxidizers[J]. Propellants Explos. Pyrotech. , 2009, 34:155-160.

[3] NIE F, ZHANG J, GUO QX, et al. Sol-gel synthesis of nanocomposite crystalline HMX/AP coated by resorcinol-formaldehyde. Journal of Physics and Chemistry of Solids. 2010, 71 :109-113.

[4] SIMPSON R L, TILLOTSON T M, HRUBESH L W, et al. Nanostrustured Energetic Materials Derived from Sol-Gel Chemistry[A]. 31st Int. Annual Conference of ICT[C], 2000, 35:27-30.

[5] TAPPAN B C, BRILL T B. Thermal decomposition of energetic materials 85:Cryogels of nanoscale hydrazinium diperchlorate in resorcinol-formaldehyde[J]. Propellants, Explosives, Pyrotechnics, 2003, 28(2):72-76.

[6] BOCK V, NILSSON O, BLUMM J, et al. Thermal properties of carbon aerogels[J]. Journal of Non-Crystalline Solids, 1995, 185(3):233-239.

[7] 赵惠忠,葛山,汪厚植,等. Cu/SiO$_2$ 纳米气凝胶的组成及催化氧化 CO 性能研究[J]. 高等学校化学学报, 2006, 27(5):914-919.

[8] TAMON H, ISHIZAKA H, MIKAMI M, et al. Porous structure of organic and carbon aerogels synthesized by sol-gel polycondensation of resorcinol with formaldehyde[J]. Carbon, 1997, 35(6):791-796.

[9] GRONAUER M, FRICKE J. Acoustic properties of microporous SiO$_2$ aerogel[J]. Acustica, 1986, 59:177-181.

[10] PAJONK G M. Aerogel catalysts[J]. Applied Catalysis, 1991, 72:217-266.

[11] LU X, ARDUINI-SCHUSTER M C, KUHN J, et al. Thermal conductivity of monolithic organic aerogels

[J]. Science,1992,255:971-972.
[12] MAYER S T,PEKALA R W,KASCHMITTER J L. The aerocapacitor:an electrochemical double-layer energy-storage device[J]. J. Electrochem. Soc. ,1993,140(2):446-451.
[13] 秦国彤,门薇薇,魏微,等. 气凝胶研究进展[J]. 材料科学与工程学报,2005,23(2):293-296.
[14] WANG J,GLORA M,PETRICEVIC R,et al. Carbon cloth reinforced carbon aerogel films derived from resorcinol formaldehyde[J]. Journal of Porous Materials,2001,8:159-165.
[15] CUDZILO S,KICIŃSKI W. Preparation and characterization of energetic nanocomposites of organic gel-inorganic oxidizers[J]. Propellants,Explosives,Pyrotechnics,2009,34(2):155-160.
[16] NIE F,ZHANG J,GUO QX,et al. Sol-gel synthesis of nanocomposite crystalline HMX/AP coated by resorcinol-formaldehyde[J]. Journal of Physics and Chemistry of Solids. 2010,71(2):109-113.
[17] KISTLER S S. Coherent expanded aerogels and jellies[J]. Nature,1931,127:741.
[18] KISTLER S S,Swann S,Appel E G. Aerogel catalysts-thoria:preparation of the catalyst and conversion of organic acids to ketones[J]. Journal of Industrial and Engineering Chemistry,1934,26(4):388-391.
[19] SWANN S,APPEL E G,KISTLER S S. Thoria aerogel catalyst:aliphatic esters to ketones[J]. Journal of Industrial and Engineering Chemistry,1934,26(9):1014.
[20] PAJONK G M. Aerogel Catalysts[J]. Applied Catalysis,1991,72(2):217-266.
[21] ABOUARNADASSE S,PAJONK G M,TEICHNER S J. Support effects in the catalytic nitroxidatyion of toluene into benzonitrile on nickel oxide based catalysts[J]. Applied Catalysis,1985,16(2):237-247.
[22] CHAOUKI J,CHAVARIE C,KLVANNA D,et al. Kinetics of the selective hydrogenation of cyclopentadiene on a $Cu-Al_2O_3$ aerogel catalyst in an integral plug flow reactor[J]. Applied Catalysis,1986,21(1):187-199.
[23] CHAOUKI J,CHAVARIE C,KLVANA D. Study of selective hydrogenation of cyclopentadiene on a fluidized Cu/Al_2O_3 aerogel[J]. Canadian Journal of Chemical Engineering,1986,64(3):440-446.
[24] KLVANA D,C J,KUSOHORSKY D,et al. Catalytic storage of hydrogen:hydrogenation of toluene over a nickel/silica aerogel catalyst in integral flow condinations[J]. Applied Catalysis,1988,42(1):121-130.
[25] ARMOR J N,CARLSON E J,ZAMBRI P M. Aerogels as hydrogenation catalysts[J]. Applied Catalysis,1985,19(2):339-348.
[26] CONNER Jr. W C,PAJONK G M,TEICHNER S J. Spillover of sorbed species[J]. Applied Catalysis,1986,34:1-79.
[27] BLANCHARD F,REYMOND J P,POMMIER B,et al. On the mechanism of the fischer-tropsch synethesis involving unresuced iron catalyst[J]. Journal of Molecular Catalysis,1982,17(2-3):171-181.
[28] PERI J B. Infrared study of OH and NH_2 groups on the surface of a dry silica aerogel[J]. Journal of Molecular Catalysis,1966,70(9):2937-2945.
[29] CANTIN M,CASSE M,KOCH L,et al. Silica aerogels used as cherenkov radiators[J]. Nuclear Instruments and Methods,1974,118(1):177-182.
[30] FOLCHER G,KELLER N,PARIS J. Luminescent solar concentration using Uranyl-doped silicate glasses[J]. Solar Energy Materials,1984,10(3-4):303-307.
[31] YANG J,LI S K,YAN L L,et al. Compressive behaviors and morphological changes of resorcinol-formaldehyde aerogel at high strain rates[J]. Micropor Mat,2010,133,134-140.
[32] TEICHNER S J,NICOLAON G A,VICARINI M A. Inorganic oxide aerogels[J]. Advances in Colloid and

Interface Science,1976,5,245-273.

[33] TAMON H,ISHIZAKA H,YAMAMOTO T,et al. Preparation of mesoporous carbon by freeze drying[J]. Carbon,1999,37:2049-2055.

[34] TAMON H,ISHIZAKA H,YAMAMOTO T,et al. Influence of freeze-drying conditions on the mesoporosity of organic gels as carbon precursors[J]. Carbon,2000,35:1009-1105.

[35] 庞颖聪,甘礼华,郝志显,等. 气凝胶微球的制备及其表征[J]. 物理化学学报,2005,21,1363-1367.

[36] LIU M X,GAN L H,PANG Y C,et al. Synthesis of titania-silica aerogel-like microspheres by a water-in-oil emulsion method via ambient pressure drying and their photocatalytic properties[J]. Colloids Surf,2008,317,490-495.

[37] KANG S K,CHOI S Y. Synthesis of low-density silica gel at ambient pressure:Effect of heat treatment [J]. Journal of Materials Science,2000,35,4971-4976.

[38] 刘圆圆,郭慧,刘韬,等. 酚醛树脂基纳米多孔材料的制备及结构调控[J]. 航空学报,2019,40(05):307-317.

[39] HAO G P,JIN Z Y,SUN Q,et al. 2013,Lightweight carbon-nanosheets with precisely tunable thickness and selective CO_2 adsorption properties[J]. Energy & Environmental Science,6:3740-3747.

[40] XU X Z,ZHOU J,NAGARAJU D H,et al. 2015,Flexible,Highly Graphitized Carbom Aerogels Based on Bacterial Cellulose/Lignin:Catalyst-Free Synthesis and its Application in Energy Storage Devices[J]. Advanced Functional Materials,25:3193-3202.

[41] 唐路林,李乃宁,吴培熙. 高性能酚醛树脂及其应用技术[M]. 北京:化学工业出版社,2007:47-48.

[42] 秦仁喜,沈军,吴广明,等. 碳气凝胶的常压干燥制备及结构控制[J]. 过程工程学报,2004,4(5):429-433.

[43] BOCK V,EMMERLING A,SALIQER R,et al. Structural investigation of resorcinol formaldehyde and carbon aerogels using SAXS and BET[J]. Journal of Porous Materials,1997,4(4):287-294.

[44] 严继民,张启元,高敬棕. 吸附与凝聚——固体的表面与孔[M],北京:科学出版社,1986,137.

[45] LONG D H,ZHANG J,YANG J H,et al. Preparation and microstructure control of carbon aerogels produced using m-cresol mediated sol-gel polymerization of phenol and furfural[J]. New Carbon Materials,2008,23(2):165-170.

[46] PAHL R,BONSE U,PEKALA R W,et al. SAXS investigations on organic aerogels[J]. Journal of Applied Crystallography,1991,24(5):771-776.

[47] 唐路林,李乃宁,吴培熙. 高性能酚醛树脂及其应用技术[M]. 北京:化学工业出版社,2007:36-420.

[48] 马礼敦. 近代X射线多晶体衍射——实验技术与数据分析[M]. 北京:化学工业出版社,2004.

[49] 樊学忠,李吉祯,付小龙等. 不同粒度高氯酸铵的热分解研究[J]. 化学学报,2009,67(1)39-44.

[50] SIMPSON R L,TILLOTSON T M,SATCHER J H,et al. Nano-structured energetic materials derived from Sol-Gel chemistry[C]. 31st Int Annu Conf IC. Karlsruhe:ICT,2000.

[51] GASH A E,SATCHER J H,SIMPSON R L,et al. Nanostructured energetic materials with sol-gel methods [C]//MRS Proceedings. Cambridge University Press,2003,800(1).

[52] HOLUB P,VAVRA P. Preparation of nanostructured energetic materials by sol-gel technology[D]. Pardubice:The University of Pardubice,2005,11:177-182. URI:http://hdl. handle. net/10195/32726

[53] BRYCE C T,THOMAS B B. Very sensitive energetic materials highly loaded into RF matrices by sol – gel method[C]. The 33th International ICT Conference Karsruhe,Germany,2002.

[54] LEVENTIS N,CHANDRASEKARAN N,SADEKAR A G,et al. One – pot synthesis of interpenetrating inorganic/organic networks of CuO/resorcinol – formaldehyde aerogels:nanostructured energetic materials [J]. Journal of the American Chemical Society,2009,131(13):4576 – 4577.

[55] 郭秋霞,聂福德,杨光成,等. 溶胶凝胶法制备 RDX/RF 纳米复合含能材料[J]. 含能材料,2006,14(4):268 – 271.

[56] 郭秋霞,聂福德,李金山,等. RDX/RF 纳米结构复合含能材料的孔结构研究[J]. 含能材料,2007,15(5):478 – 481.

[57] 郭秋霞. 溶胶凝胶法制备纳米复合含能材料[D]. 绵阳:西南科技大学,2006.

[58] 张娟,聂福德,郁卫飞,等. 干燥方式对 RDX/RF 复合含能材料结构性能影响[J]. 含能材料,2009,17(1):23 – 26.

[59] 郁卫飞,黄辉,张娟,等. 溶胶 – 凝胶法制备纳米 RDX/RF 薄膜技术研究[J]. 含能材料,2008,16(4):391 – 394.

[60] 张娟,杨光成,聂福德. RDX/RF 纳米复合含能微球的乳液溶胶 – 凝胶制备[J]. 含能材料,2011,18(6):643 – 647.

第5章　硝化棉基纳米复合含能材料

5.1　概述

溶胶-凝胶法是制备纳米复合含能材料的重要方法。前面几章论述了 SiO_2、RF 等为骨架的纳米复合含能材料，但这类凝胶骨架均为惰性材料。为了提高体系的能量，必须在降低惰性骨架组成的同时提高含能材料的组成，这对该类复合含能材料的制备带来了难度，同时对其综合性能有不利影响。因此，若纳米复合含能材料的凝胶骨架为含能材料，如硝化棉(NC)、聚叠氮缩水甘油醚(GAP)、聚缩水甘油醚硝酸酯(PGN)、聚3,3′-双叠氮甲基环氧丁烷(PBAMO)、聚3-叠氮甲基-3′-甲基环氧丁烷(PAMMO)及两者共聚物(P(BAMO/AMMO))等，对进一步提高纳米复合含能材料的能量性能具有重要意义。

NC 是发射药和推进剂的重要黏合剂，NC 既是发射药的基体，又是推进剂的力学骨架，可溶于多种有机溶剂(丙酮、乙酸乙酯、四氢呋喃等)形成高聚物塑溶胶，从而将其他组分黏结在一起，使材料具有特定的几何形状、物理化学性质以及良好的力学性能。目前，以 NC 为凝胶骨架的纳米复合含能材料的研究报道极少，主要有 NC/CL-20 及 NC-GAP/CL-20 两种纳米复合含能材料。

本章利用 NC 分子链上未被硝化的羟基与异氰酸酯的反应，制备出一种新型的含能气凝胶，并以 NC 气凝胶为有机连续相，复合纳米铝粉、RDX、AP，制备了多种 NC 基二组元、三组元、四组元的新型纳米复合含能材料，对其结构、热性能及应用性能进行介绍。

5.2　硝化棉气凝胶

为制备以 NC 为凝胶骨架的纳米复合含能材料，须首先制备 NC 气凝胶。本节对 NC 气凝胶的制备和结构、性能进行了介绍，为其作为凝胶骨架制备纳米复合含能材料奠定基础。

5.2.1 NC气凝胶的制备

NC凝胶的制备原理是利用NC分子链上未被硝化的羟基(—OH)与多异氰酸酯分子上的异氰酸酯基(—NCO)之间的反应,从而形成三维网络交联结构,制备工艺过程如图5.1所示。

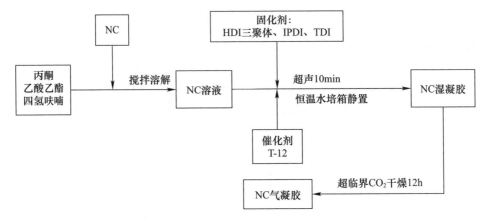

图5.1 NC气凝胶的制备工艺过程

其中,当NC浓度为50g/L、交联剂为TDI、R值为0.75、反应温度45℃、丙酮为溶剂可制备出性能优良的NC气凝胶。

5.2.2 NC气凝胶的结构

1. NC气凝胶的X射线衍射分析

对NC原料及干燥后NC气凝胶样品进行了XRD测试,结果如图5.2所示。
由图可知,纯NC的XRD谱图在$2\theta = 12.98°$处出现较强的结晶衍射峰,而在$2\theta = 15° \sim 30°$处出现宽的非晶弥散峰,说明纯NC有部分结晶存在;根据NC的XRD曲线中结晶衍射峰的积分强度与体系中非晶散射峰的积分强度、结晶衍射峰积分强度之和的比值,可计算出其结晶度,经Jade软件拟合计算NC结晶度为3.25%,结晶度较低;而NC气凝胶的XRD谱图中,$2\theta = 12.98°$处的结晶衍射峰消失,只在$2\theta = 15° \sim 30°$处出现典型的非晶弥散峰,说明NC凝胶过程中,其结晶被溶解过程破坏,交联形成三维网络结构之后又限制了NC分子有序重排,因此NC气凝胶呈现出非晶无序特征。

2. NC气凝胶的形貌

图5.3为NC气凝胶的SEM图。由于高密度的电子打在NC气凝胶样品的表面,可引起样品表面温度升高,导致其开始熔化、分解,因此样品放大倍数不能过高。

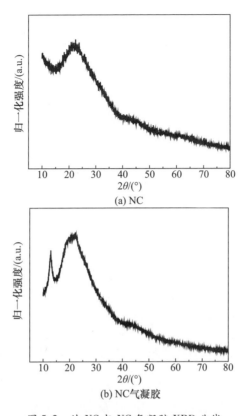

图 5.2　纯 NC 与 NC 气凝胶 XRD 曲线

图 5.3　NC 气凝胶的 SEM 图

由图可知，NC 气凝胶的孔隙尺寸为 20nm～2μm，是一种无序多孔结构；同时，由高倍率电镜图可以看出，NC 气凝胶的凝胶骨架是由 20～30nm 的颗粒状结构堆积而成。

3. NC 气凝胶的 N_2 吸附测试

图 5.4 为 NC 气凝胶的 N_2 吸附-脱附等温曲线。

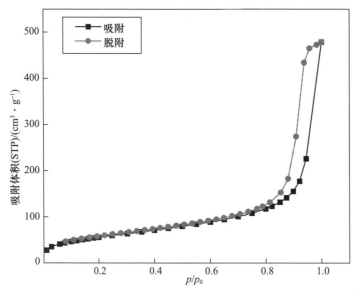

图 5.4　NC 气凝胶(交联剂 TDI;NC 浓度 50g/L;R = 0.75)的 N_2 吸附-脱附等温曲线

根据 Brunauer, Deming 和 Teller(BDDT)提出的物理吸附等温线的分类方法,所制备的硝化棉气凝胶吸附-脱附等温线属于Ⅳ类,其典型特征是带有滞后回线,根据 De Boer 提出的分类,该滞后回线属于 H1 型滞后回线。样品的吸附-脱附等温线属于典型介孔(2~50nm)材料等温线,在 p/p_0 接近于 1 时,出现吸附饱和现象,表现为吸附-脱附曲线趋于平坦,样品没有大于某一范围的孔存在。而由样品的 HI 型滞后回线类型,可知样品的孔结构为两端开放的管状毛细孔。

5.2.3　NC 气凝胶的形成机理

所制备的硝化棉气凝胶的微观结构为 20~30nm 的颗粒状结构堆积。可以推断,虽然硝化棉的分子链较长,但是其凝胶形成机理为各部分硝化棉分子首先交联成团簇结构,此时体系为溶胶体系。随着时间延长,各个团簇(凝胶粒子)再继续交联堆积,溶剂被包络在团簇中间,最终形成凝胶体系。在超临界 CO_2 的干燥过程中,凝胶体系中的溶剂被置换为超临界 CO_2 流体中,且超临界状态下,溶剂气液界面张力消失,对维持凝胶骨架的形貌起到保护作用,因此干燥后 NC 气凝胶的凝胶骨架呈现颗粒状。其形成机理示意图如图 5.5 所示。

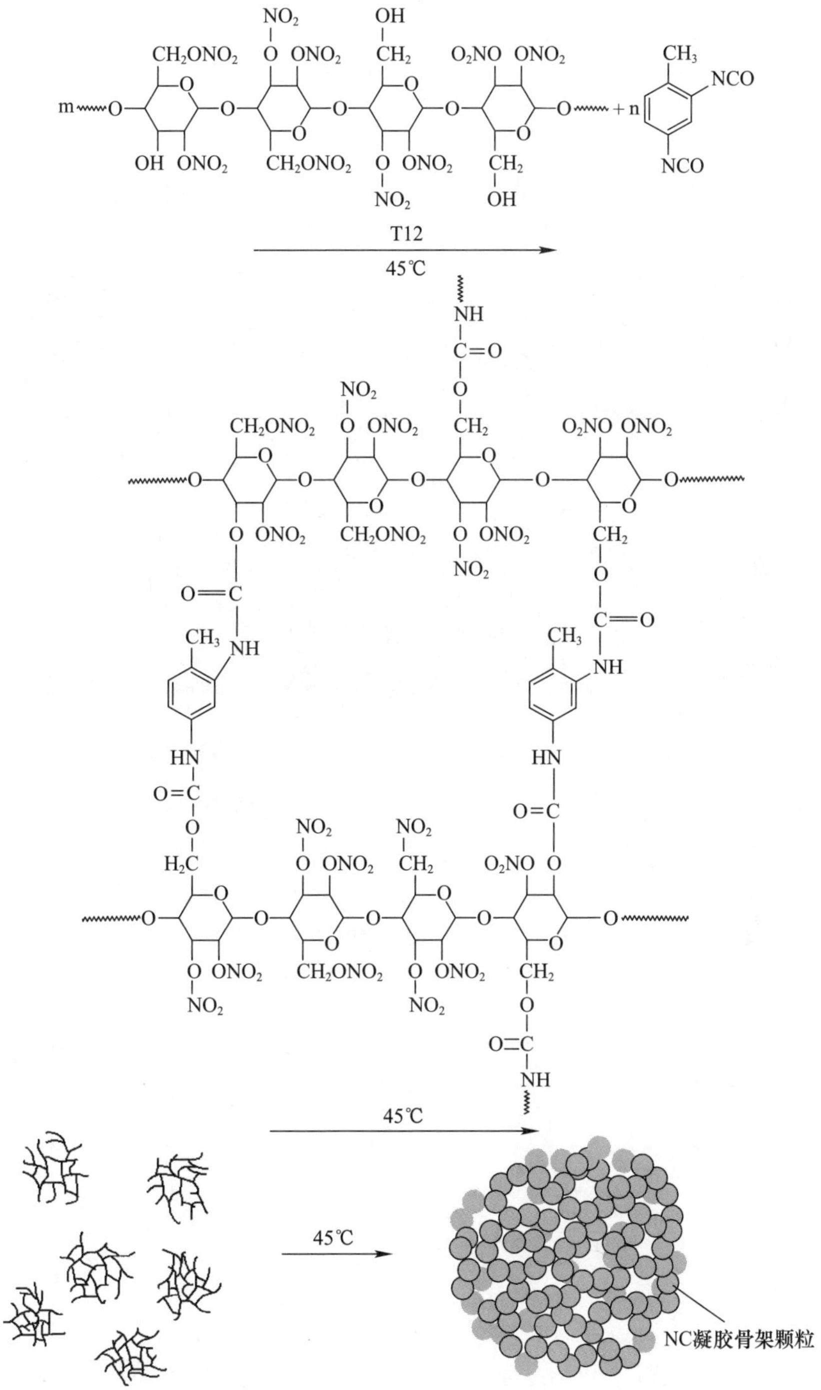

第 5 章 硝化棉基纳米复合含能材料

图 5.5 NC 气凝胶的反应机理图

5.2.4　NC气凝胶的性能

1. NC气凝胶的热分解性能

1）热失重

首先对两者在高温下的残渣(对样品在N_2氛围中加热至某一温度,然后冷却后喷金测试)形貌进行了扫描电镜表征,如图5.6所示。

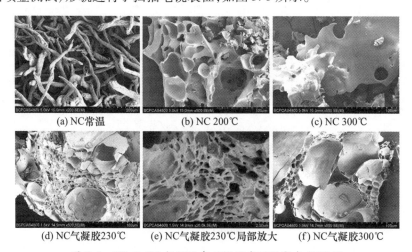

(a) NC常温　　(b) NC 200℃　　(c) NC 300℃

(d) NC气凝胶230℃　(e) NC气凝胶230℃局部放大　(f) NC气凝胶300℃

图5.6　NC及NC气凝胶在不同温度下凝聚态SEM图

由图5.6可知,NC开始分解后,凝聚态发生熔融凝聚,堵塞孔结构,对气相产物吸附能力较差;而NC气凝胶从加热直至分解完成(300℃),虽出现部分凝聚现象,但其多孔结构并未消失,仍具有大量纳米级孔隙,该孔隙的存在使NC气凝胶在分解过程中能够吸附大量气相产物。

图5.7为NC及NC气凝胶的TG和DTG曲线。

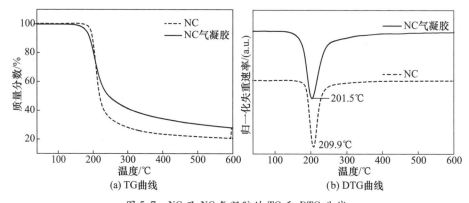

(a) TG曲线　　　　　　　　　　(b) DTG曲线

图5.7　NC及NC气凝胶的TG和DTG曲线

由图可知,与 NC 相比,NC 气凝胶的最大分解温度提前约 7℃,同时 NC 气凝胶的残渣剩余量增大(由纯硝化棉的 20.54% 增大至 27.68%)。文献[6]提出,NC 热分解与其微观尺寸密切相关,NC 分解温度随着其尺寸的减小而降低,纳米级 NC 分解温度会提前,而 NC 气凝胶其微观结构为纳米级 NC 凝胶粒子堆积而成,因此其最大分解温度提前;同时,NC 分解所产生的 NO_2 气体对 NC 热分解有自催化作用,NC 气凝胶的多孔结构能够吸附其分解产生的 NO_2 气体,减缓其逸出速度,从而使其催化作用增强,因此 NC 最大分解温度提前。此外,气凝胶的制备过程中使用异氰酸酯与 NC 分子链上剩余的羟基进行交联,生成了氨基甲酸酯键,氨基甲酸酯基团的断裂一般发生在 170~200℃,也会导致 NC 气凝胶最大分解温度提前。

图 5.8 为 NC 及 NC 气凝胶的 DSC 曲线。由图可知,NC 及 NC 气凝胶的 DSC 曲线中均没有出现熔融吸热峰,这是由于 NC 的熔融发生在 200℃ 左右,熔融与分解同时进行,熔融吸热被其自身的分解放热抵消所致,由 XRD 测试可知 NC 气凝胶呈非晶无序特征,不存在熔融吸热现象。

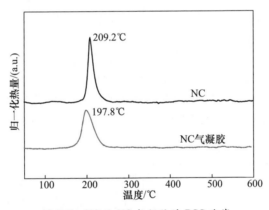

图 5.8 NC 及 NC 气凝胶的 DSC 曲线

对 NC 及 NC 气凝胶的放热峰进行积分,两者的分解热分别为 1429.87J/g 和 1689.21J/g。NC 气凝胶的分解热升高有两方面原因:一是 NC 气凝胶中 NC 结晶微区被破坏,不存在熔融吸热过程;二是 NC 气凝胶的纳米多孔结构,使其初始分解产物被吸附于纳米空隙中进一步与凝聚相反应,从而使体系的分解更彻底、分解放出的热值更高导致的。

比较 NC 及 NC 气凝胶的最大分解温度和 DSC 峰温,可知两者的最大分解温度分别滞后于 DSC 放热峰温 0.7℃ 和 3.7℃,这是凝聚相在分解过程中可吸附其分解产生的气体导致的。同时由图 5.6 可知,在分解过程中 NC 气凝胶的多孔结构未被破坏,可吸附大量气相产物使其不易逸出,因此 NC 气凝胶的最大分解温度的滞后作用更加明显。

2) NC 气凝胶的热分解机理

为了分析 NC 气凝胶分解热提高的原因及 NC 气凝胶的热分解机理,采用 TG-FTIR 联用技术分别对 NC 及 NC 气凝胶的热分解产物进行了表征,对其气相产物成分进行了分析,并结合 NC 及 NC 气凝胶不同温度下凝聚相残渣的红外分析,提出 NC 气凝胶的分解机理。不同气相产物及凝聚相中相应基团的红外特征吸收峰如表 5.1 所列。

表 5.1 不同气相产物及凝聚相主要特征基团的红外特征吸收峰

气体种类	特征吸收峰位置/cm^{-1}	基团	特征吸收峰位置/cm^{-1}
CO_2	2320~2380	$-O-NO_2$	1660,1280,836 746,688
CO	2100	C-O-C	1072(环间),1007(环内)
CH_2O	2800,1777	-NH-COO-	1529
NO_2	1630,1598	>C=O	1740
NO	1908	-NCO	2270
N_2O	2238,2201	-CH-	2927
H_2O	3500~4000	$-CH_2$	2966

NC 及 NC 气凝胶的三维红外图如图 5.9 所示。NC 及 NC 气凝胶的气相产物种类,可通过截取不同温度下两者的气相产物红外光谱图得到,如图 5.10 所示。由图可知,NC 及 NC 气凝胶的气相产物类型一致,包括 CH_2O、CO_2、CO、N_2O、NO、H_2O、NO_2 等。

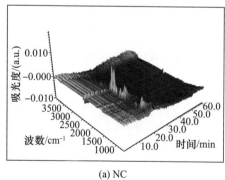
(a) NC

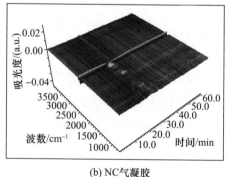
(b) NC 气凝胶

图 5.9 NC 及 NC 气凝胶气相产物的三维红外图

对不同温度下 NC 和 NC 气凝胶凝聚相进行了红外表征,凝聚相红外图如图 5.11 所示。由图 5.10(a) 及图 5.11(a) 可知,NC 在 190℃附近开始分解,首

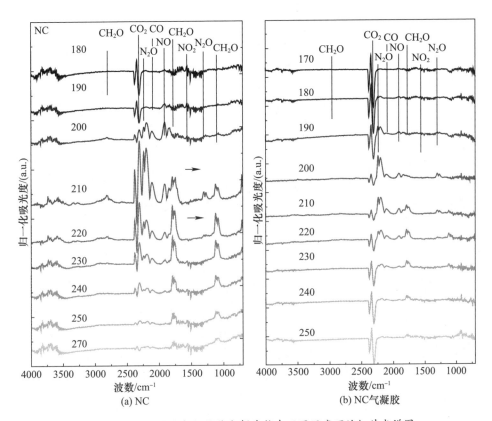

图 5.10 NC 及 NC 气凝胶热分解产物在不同温度下的红外光谱图

先是 $-O-NO_2$(1649cm^{-1})开始断裂,生成 NO_2 气体,NO_2 继续作用于凝聚相引发自催化反应并生成 NO 逸出,且 $-O-NO_2$ 脱除后生成 $-C=O$ 键(1774cm^{-1}),随温度升高,$-O-NO_2$ 特征吸收峰逐渐减弱,同时 $-C=O$(1774cm^{-1})吸收峰增强;200℃开始,NC 分子链上吡喃糖环间 $-C-O-C-$ 键(1077cm^{-1})开始断裂分解,此时气相产物中出现 CO,随温度继续升高,吡喃糖环内 $-C-O-C-$ 键(1007cm^{-1})开始断裂,气相产物红外图中 CO_2 强度开始升高。在 NC 分解后期,230℃时,凝聚相中 $-O-NO_2$ 完全消失,对应主要气相产物为碳氧化物,随温度进一步升高,250℃时的主要气相产物为 CH_2O。由此可知:NC 的热分解首先发生 $-O-NO_2$ 的脱除,逸出 NO,随着温度升高,N_2O、NO_2 逸出,然后是大分子链断裂成小分子碎片;首先逸出碳的不完全氧化物 CO,然后 CO_2 逸出,凝聚相最后分解气相产物为 CH_2O。

由图 5.10(b)及图 5.11(b)可知,NC 气凝胶于 170℃开始分解,$-NH-COO-$ 键(1529cm^{-1})首先发生断裂,同时 $-NCO$(2270cm^{-1})出现,且气相产物的红外谱图

183

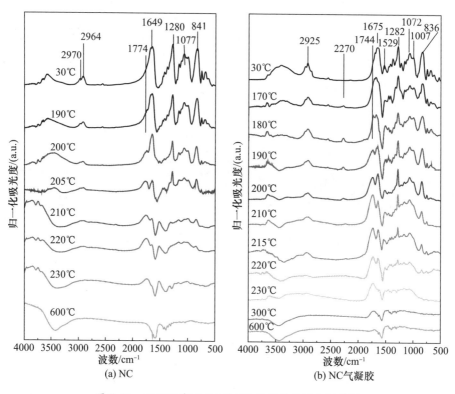

图 5.11 不同温度下 NC 及 NC 气凝胶凝聚相红外图

中无气相产物逸出,说明 -NH-COO- 键分解生成异氰酸酯及相应多元醇。温度升高至 180℃, -O-NO$_2$ 特征峰开始减弱,同时气相产物中出现了 N$_2$O;随温度升高,190℃时凝聚相中环内 -C-O-C- 键(1007cm^{-1})的特征吸收峰开始减弱,同时气相产物中开始出现 CO 气体,随温度的继续升高,环间 -C-O-C- 键(1077cm^{-1})开始断裂,气相产物中 CO、CO$_2$ 特征吸收峰增强,即 -C-O-C- 断裂产物为碳氧化物。与 NC 分解类似,在 NC 气凝胶分解后期,气相产物的主要成分为 CH$_2$O。由此可推断 NC 气凝胶的分解机理如图 5.12 所示。

首先,170℃时 -NH-COO- 键氮原子上电子发生转移, -NH-COO- 键断裂生成 NC 及 TDI,无气相产物生成,如图 5.12(a)所示;随温度升高至 180℃ 左右,NC 分子链上仲 -O-NO$_2$ 发生硝基脱除,产生氧自由基及 NO$_2$,氧自由基上电子继续转移作用于邻位 -O-NO$_2$ 的碳原子,生成 -C=O 键,同时生成的 NO$_2$ 继续作用于凝聚相反应生成 N$_2$O、NO 等氮氧化物,如图 5.12(b)、(c)所示;随温度继续升高,NC 分子链上环内氧桥 -C-O-C- 键发生断裂,生成碳氧化物,随后环间 -C-O-C- 键断裂,碳氧化物产物增多,CH$_2$O 开始生成并持续到分解完全,如图 5.12(d)、(e)所示。

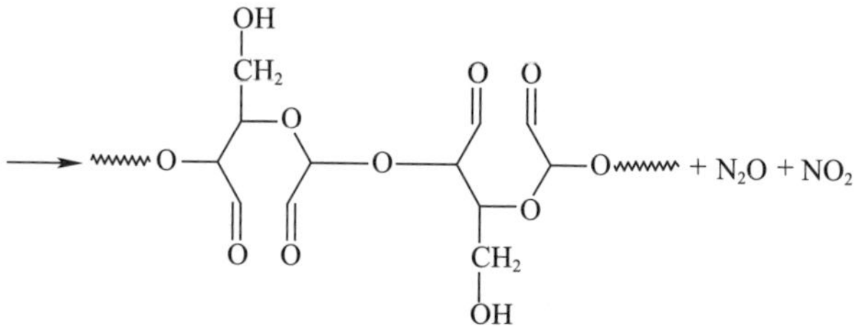

(d)

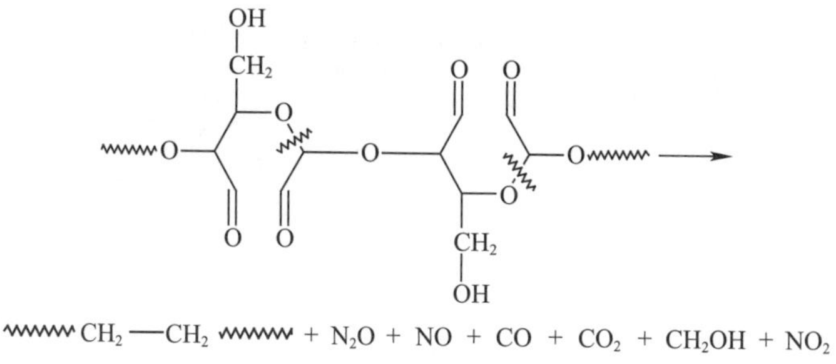

(e)

图 5.12　NC 气凝胶的热分解机理图

根据以上分析,提出了 NC 气凝胶的热分解模型,如图 5.13 所示。图中的 (a)～(d) 阶段与图 5.12 对应。其中 (a) 为氨基甲酸酯键断裂,此时产物为

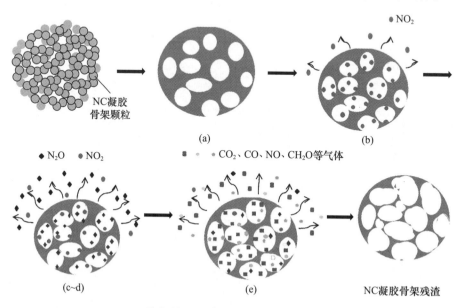

图 5.13　NC 气凝胶的热分解模型

NC 大分子及 TDI,体系中无气相产物逸出;(b)为 NC 分子链上仲 - O - NO_2 脱除,气相产物为 NO_2,此时由于 NC 气凝胶处于分解初期,体系中存在大量纳米孔隙,对气体的吸附作用较强,只有少量气体逸出,大部分被吸附于纳米孔中,进一步与(c)~(d)凝聚相反应生成 N_2O 逸出;由于纳米孔隙对气相产物的强吸附作用,气相产物在纳米孔隙中可充分进行氧化反应,然后逸出,如(e)所示;最后剩余凝胶骨架残渣仍存在多孔结构(SEM 表征已证实)。

图 5.14 为 NC 及 NC 气凝胶分解时各种气相产物随温度变化的强度曲线。分别对 NC 及 NC 气凝胶的气相分解产物的红外吸收峰面积进行积分;然后将每种气相产物的积分面积除以所有气相产物积分面积之和得到各种气相产物的积

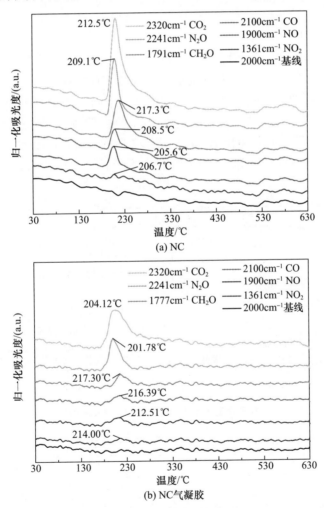

图 5.14 NC 热分解产物及 NC 气凝胶热分解产物随温度变化的强度曲线

分面积百分比,如表 5.2 所列。由表 5.2 可知,与 NC 相比,NC 气凝胶的热分解产物中,CO_2、CH_2O、CO 的积分面积百分比增大,同时 NO、N_2O 的百分比降低,这说明 NC 气凝胶与 NC 相比其分解过程更加彻底,证实了前面 NC 气凝胶分解热增加的机理推测。几种气体的标准生成焓如表 3.15 所列。由表可知 NC 气凝胶的热分解产物中,生成放热的气相产物量增加,而生成吸热的气相产物量减小,这导致了 NC 气凝胶的放热量增大。

表 5.2　NC 及 NC 气凝胶热分解产物积分强度比

气体产物		CO_2	N_2O	CH_2O	CO	NO	NO_2
积分面积百分比/%	NC 气凝胶	42.85	18.49	17.24	8.75	8.18	4.50
	NC	37.13	18.18	16.65	10.91	11.00	6.12

3) NC 气凝胶的热分解动力学

采用非等温法,在不同升温速率(5℃/min、10℃/min、15℃/min、20℃/min)下分别对 NC 及 NC 气凝胶进行热失重测试,对其 TG 曲线进行微分得到不同升温速率下 DTG 曲线,如图 5.15 所示。将样品在不同升温速率下最大分解温度代入 Kissinger 方程(2-1),以 $1/T_p$ 对 $\ln(\beta/T_p^2)$ 作图,得到对应活化能拟合曲线,如图 5.16 所示。计算得出活化能如表 5.3 所列。将计算得到的活化能代入 Arrhenius 公式(2-3),计算出其最大分解温度下的分解速率常数,如表 5.4 所列。

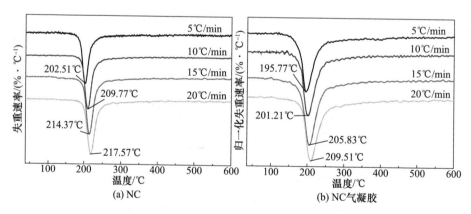

图 5.15　不同升温速率下 NC 及 NC 气凝胶的 DTG 曲线

表 5.3　Kissinger 法计算 NC 及 NC 气凝胶热分解活化能

样品	$\ln(\beta/T_{p2}) - 1/T_p$ 斜率	$E_a/(kJ \cdot mol^{-1})$	线性相关系数 γ
NC	-20.49	170.34	0.9999
NC 气凝胶	-20.07	166.85	0.9972

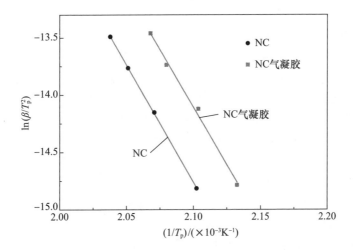

图 5.16 Kissinger 法计算 NC 及 NC 气凝胶热分解活化能拟合曲线

表 5.4 Arrenhis 公式计算 NC 及 NC 气凝胶最大分解温度对应的分解速率常数

样品	截距	指前因子 A/s^{-1}	反应速率常数 k/s^{-1}
NC	28.262	3.852×10^{16}	0.016
NC 气凝胶	28.036	3.008×10^{16}	0.014

由表 5.3 可知，NC 气凝胶与 NC 相比，表观活化能变化不大，说明两者的分解反应难易程度相当，将 NC 制备成 NC 气凝胶之后，其稳定性没有明显变化。但由表 5.4 可知，在 NC 最大分解温度所对应的热分解速率常数高于同样条件下 NC 气凝胶的热分解速率常数，说明在各自热失重速率最快的阶段，NC 的反应速率高于 NC 气凝胶的反应速率。前面关于 NC 气凝胶的热分解机理分析指出，NC 气凝胶在热分解过程中其多孔结构所吸附的气体产物能够抑制分解反应的进行，使分解产物间的相互反应更加充分，从而导致其反应速率降低。

2. NC 气凝胶的其他性能

1) NC 气凝胶的机械感度

表 5.5 列出 NC 及 NC 气凝胶的撞击感度及摩擦感度数据。由表可知，NC 气凝胶与 NC 相比其撞击感度大幅下降，而摩擦感度有所增加。

表 5.5 NC 及 NC 气凝胶的特性落高及摩擦感度数据

样品		NC	NC 气凝胶
H_{50}/cm	质量 5kg	25	70
	质量 2kg	47	118
摩感爆炸概率 $P(2.45\text{MPa}, 60°$摆角$)$/%		40	68

撞击感度降低的原因主要有两点：一是 NC 气凝胶是由三维交联网络结构形成的、具有纳米微孔结构的多孔材料，纳米级微孔不易在受到外力作用时形成热点；二是 NC 气凝胶的纳米多孔结构使其在收到外力撞击时，可迅速缓冲外力作用，消耗部分能量，降低局部过热概率，进而降低了热点形成的概率，使 NC 气凝胶的撞击感度降低。

但由于 NC 气凝胶与 NC 相比，在受到外界摩擦作用时，其网络交联结构限制了其滑动能力，造成局部黏滞流动，形成热点，使 NC 气凝胶的摩擦感度有所增加。

2）NC 气凝胶的爆热

NC 及 NC 气凝胶的爆热数据如表 5.6 所列。由表可知，NC 气凝胶的爆热与 NC 相比略有提高但相差不大，说明 NC 气凝胶中氨基甲酸酯键以及纳米多孔结构的出现对 NC 气凝胶的爆炸过程反应影响不大。

表 5.6　NC 及 NC 气凝胶的爆热值

样品	NC	NC 气凝胶
爆热/(kJ·kg^{-1})	2483.3	2525.8

5.3　NC 基二组元纳米复合含能材料

纳米铝粉具有颗粒燃烧时间缩短、凝聚尺寸降低、点火延迟时间缩短以及可预期增加推进剂热反馈等优势，可解决微米铝粉在应用中受到的限制；高氯酸铵（AP）是目前最常用且综合性能最好的氧化剂之一，具有气体生成量大、生成焓大、相容性好以及廉价等优点，超细 AP 具有更加优异的热性能、力学性能及燃烧性能；环三亚甲基三硝胺（RDX，又称黑索今）的爆热、爆容、爆速等性能在现有炸药中相当优越，同时其价格较低，因此得到了广泛的应用。这三种材料分别在含能材料中作为燃烧剂、氧化剂及高能炸药使用，是三种典型组分，其与 NC 复合具有重要意义。

本节对 Al/NC、RDX/NC、AP/NC 三种二组元纳米复合含能材料制备、结构、形成机理和性能进行了介绍。

5.3.1　Al/NC 纳米复合含能材料

1. Al/NC 纳米复合含能材料的制备

Al/NC 纳米复合含能材料的制备工艺过程如图 5.17 所示，结构示意图如图 5.18 所示。

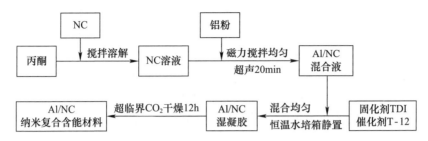

图 5.17　Al/NC 纳米复合含能材料的制备工艺过程

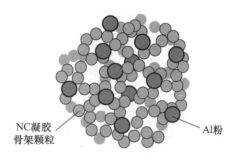

图 5.18　Al/NC 纳米复合含能材料的结构示意图

2. Al/NC 纳米复合含能材料的结构

1）Al/NC 纳米复合含能材料的红外光谱分析

图 5.19 分别为纳米铝粉、NC 气凝胶及 Al/NC 纳米复合含能材料的红外光谱图。

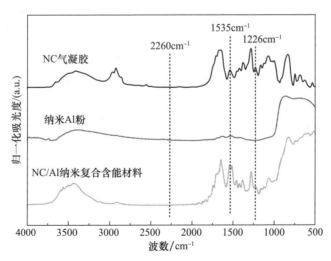

图 5.19　纳米铝粉、NC 气凝胶及 Al/NC 纳米复合含能材料的红外光谱图

由图可知,Al/NC 纳米复合含能材料的红外光谱图中在 $1535cm^{-1}$、$1226cm^{-1}$ 出现了由 –NH– 的剪式振动和 C–N 的伸缩振动偶合造成的酰胺Ⅱ带和酰胺Ⅲ带的特征吸收峰,表明 Al/NC 纳米复合含能材料中生成了氨基甲酸酯键,说明 NC 凝胶骨架与纳米铝粉的复合并未对交联剂与 NC 分子的反应产生影响。

2) Al/NC 纳米复合含能材料的 XRD 分析

图 5.20(a)、(b)分别为纯 Al 粉及 Al/NC 纳米复合含能材料的 X 射线衍射图。

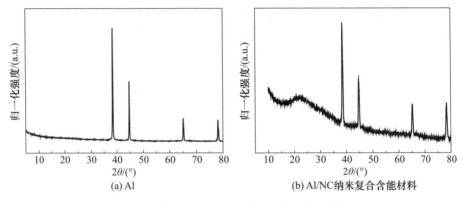

图 5.20　Al 粉与 Al/NC 纳米复合含能材料的 XRD 图

由图 5.20(b)可知,Al/NC 纳米复合含能材料的 XRD 图中同时出现了 NC 气凝胶的弥散峰及 Al 粉的特征衍射峰,说明 Al 粉与 NC 气凝胶已经复合在一起。采用 X 射线衍射法及 Scherrer 公式,分别计算得到了纳米铝粉在空气氛围中、N_2 氛围中以及 Al/NC 纳米复合含能材料在空气氛围下储存不同时间后 Al 粉粒径的变化曲线(图 5.21),考查了 Al/NC 纳米复合含能材料的储存性能。

由于原料纳米铝粉经过钝化处理,表面存在氧化层,开封后实测活性 Al 平均粒径为 47.2nm,小于其颗粒粒径(50nm)。在空气氛围中存储的纳米铝粉随着时间的延长,氧化层厚度逐渐增加,在空气中放置 120 天后,其活性 Al 粒径减小至 34.1nm;而在 N_2 氛围中储存的纳米铝粉,放置 120 天后,活性 Al 粒径降至 40.6nm,可知 N_2 氛围储存纳米铝粉可更好地保持 Al 粉活性;Al/NC 纳米复合含能材料中纳米铝粉在空气中的储存性能较 N_2 氛围中纳米铝粉的储存性能更好,一方面是由于 NC 凝胶骨架对纳米铝粉的包络减小了纳米铝粉与外界空气接触的面积,另一方面由于经超临界二氧化碳干燥,复合材料孔隙中充满二氧化碳气体,可阻隔材料对空气的吸附,使复合材料中纳米铝粉的活性得到良好的保持,空气氛围中放置 120 天后复合材料中纳米铝粉的活性 Al 粒径仍达到 42.1nm,说明 Al/NC 纳米复合含能材料能有效保持纳米铝粉的活性,提高其应用时的能量。

第 5 章 硝化棉基纳米复合含能材料

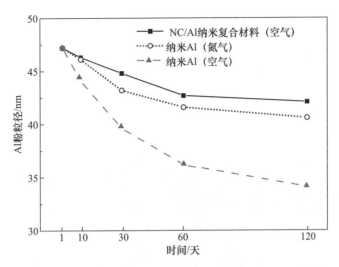

图 5.21 Al/NC 纳米复合含能材料及纳米铝粉在不同气氛中活性铝粒径随时间的变化曲线

3) Al/NC 纳米复合含能材料的 SEM 分析

图 5.22 分别为 NC 气凝胶、50nm 原料 Al 粉及 Al 与 NC 质量比为 5∶10 形成的 Al/NC 纳米复合含能材料(产物代号 Al/NC-5∶10)的 SEM 图，图 5.23 为

图 5.22 NC 气凝胶、50nm 原料 Al 粉及 Al/NC-5∶10 的 SEM 图

Al/NC 纳米复合含能材料中圆球形颗粒的能谱图。确定其元素组成为 Al,证实该圆球形颗粒为分散到凝胶骨架上的纳米铝粉。由图 5.22(a) 和 (b) 可以看出,空白 NC 气凝胶凝胶骨架颗粒尺寸在 30nm 左右,纳米 Al 粉的尺寸在 50nm 左右;由图 5.22(c) Al/NC 纳米复合含能材料微观结构图可以看出,纳米铝粉均匀分散到 NC 凝胶骨架上,无明显团聚现象,同时 NC 凝胶网络将 Al 粉包络于骨架中,二者充分接触,而且在 Al 粉颗粒周围可看到有孔的存在,部分 Al 粉成为凝胶骨架。

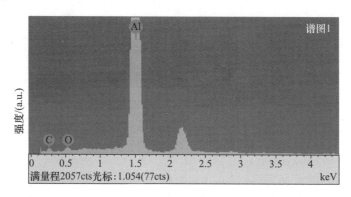

图 5.23　Al/NC-5∶10 纳米复合含能材料中指定区域能谱图

为考查 Al/NC 纳米复合含能材料中 Al 粉在 NC 凝胶骨架中的分布情况,对 Al/NC 纳米复合含能材料选定区域(图 5.24(a))进行了能谱测试,Al 元素能谱面分布如图 5.24(b) 所示。由图 5.24(b) 可知,Al 粉在 NC 凝胶骨架中分布均匀。

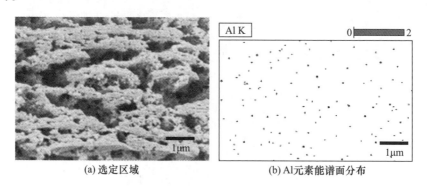

图 5.24　Al/NC-5∶10 选定区域的 Al 元素能谱面分布

4) Al/NC 纳米复合含能材料的 N_2 吸附测试

用 BET 氮气吸附法测试了空白 NC 气凝胶及 Al/NC-5∶10 的 N_2 吸附-

脱附等温曲线,结果如图 5.25 所示。由图可以看出,空白 NC 气凝胶与 Al/NC 纳米复合含能材料的 N_2 吸附－脱附等温曲线类型相同,根据 BDDT 提出的物理吸附等温线的分类方法,该等温曲线均为Ⅳ类,迟滞回线类型为 H1 型,属于典型的介孔(2～50nm)材料,孔结构为两端开放的管状毛细孔。

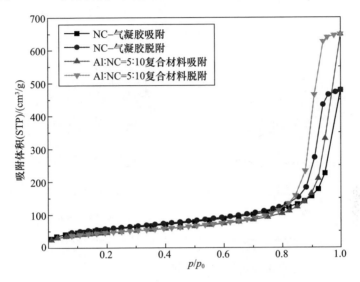

图 5.25　NC 气凝胶及 Al/NC－5∶10 的 N_2 吸附－脱附等温曲线

空白 NC 气凝胶与不同 Al 粉质量分数时 Al/NC 纳米复合含能材料的孔结构测试结果如表 5.7 所列。由表可知,与空白 NC 气凝胶相比,Al/NC 纳米复合含能材料的比表面积随铝粉质量分数的增加而减小(当 Al 与 NC 的质量比为 9∶10 时,比表面积为 121.66m^2/g),纳米复合含能材料的平均孔径及孔体积相应增加。由前面的电镜测试结果可知,Al 粉的平均粒径为 50nm 左右,与 NC 凝胶骨架尺寸接近,且由于 Al 粉的添加是在 NC 交联网络生成之前,Al 粉的周围有孔出现,说明有部分 Al 粉成为 NC 凝胶骨架的一部分,以"镶嵌"形式存在。因此,随着 Al 粉质量分数的增加,复合体系中凝胶骨架上的纳米铝粉质量分数相对增加,凝胶骨架强度增大,在干燥过程中更加不易塌陷,使复合体系的比表面积、孔体积及平均孔径增大;同时,随着纳米铝粉含量增加,进入体系凝胶孔隙中的 Al 粉质量分数也相对增加,这使得材料的比表面积、孔体积及平均孔径减小,与前一因素相互抵消,使 Al/NC 纳米复合含能材料随着 Al 粉质量分数增加,其比表面积稍有下降,同时平均孔径及孔体积相应上升,这也是所制备纳米复合含能材料孔结构与空白凝胶孔结构一致,即均为两端开放的管状毛细孔的原因。结构示意图如图 5.26 所示。

表 5.7　NC 气凝胶及不同 Al 粉质量分数的 Al/NC 纳米复合含能材料的孔结构测试结果

$w(Al)/w(NC)$	0	1∶10	3∶10	5∶10	7∶10	9∶10
比表面积/(m²·g⁻¹)	203.39	170.71	160.86	165.03	133.41	121.66
平均孔径/nm	14.57	23.08	22.36	24.32	34.28	42.11
孔体积/(cm³·g⁻¹)	0.7406	0.985	0.899	1.003	1.143	1.281

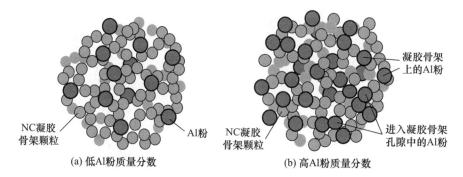

图 5.26　纳米铝粉质量分数低与高时的 Al/NC 纳米复合含能材料结构示意图

3. Al/NC 纳米复合含能材料的热性能

1）Al/NC 纳米复合含能材料的热性能表征

图 5.27 为不同 Al/NC 质量比制备的 Al/NC 纳米复合含能材料的热失重曲线及其对应 DTG 曲线。

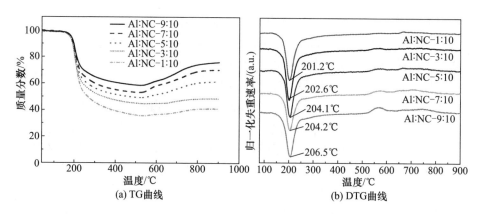

图 5.27　不同 Al/NC 质量比制备的 Al/NC 纳米复合含能材料的 TG、DTG 曲线

由图可知,Al/NC-1∶10 的最大分解温度与 NC 气凝胶(201.5℃)近似,随着纳米铝粉质量分数的增加,Al/NC 纳米复合含能材料的最大分解温度逐渐升

高。由于纯纳米铝粉的氧化反应温度在500℃以后,在Al/NC纳米复合含能材料的缓慢分解过程中,NC凝胶骨架的分解放热不足以使纳米铝粉完全发生氧化反应;同时由于部分纳米铝粉颗粒参与了凝胶骨架形成,一定程度上阻碍了NC凝胶骨架分解时的传质效率,使得NC凝胶骨架的最大分解温度随Al粉含量增加向高温方向移动。此外,由于Al/NC纳米复合含能材料的热失重气氛为N_2,纳米铝粉的小尺寸和大比表面积,使其在温度高于500℃后即可与N_2发生反应生成AlN,造成体系增重,当温度继续升高至660℃达到Al粉熔点,纳米铝粉与N_2间的反应加剧,出现第二个增重阶段。

图5.28为不同Al/NC质量比制备的Al/NC纳米复合含能材料的DSC曲线。由图可知,Al/NC纳米复合含能材料的DSC放热峰温与NC气凝胶DSC放热峰温(197.8℃)相比,均有一定程度升高,且与样品最大分解峰温变化规律一致,Al/NC纳米复合含能材料的DSC放热峰温随着Al粉质量分数的增加,逐渐向高温方向移动。随着纳米铝粉质量分数继续增加,纳米铝粉对NC凝胶骨架分解的传质阻碍作用增强,使其DSC放热峰温延后。

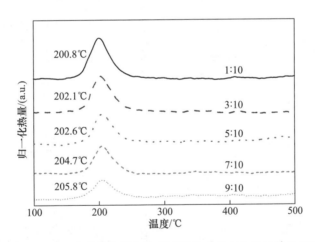

图5.28 不同Al/NC质量比制备的Al/NC纳米复合含能材料的DSC曲线

为了分析复合体系中纳米铝粉与NC凝胶骨架的相互作用,对相同Al/NC质量比NC-Al物理共混物和NC气凝胶-Al物理共混物进行了对比。首先对两种物理共混物的微观结构进行了表征,其SEM照片如图5.29所示。由图可知,在NC+Al物理共混物中,NC纤维的直径约为15μm,纳米铝粉团聚在NC纤维表面;NC气凝胶+Al物理共混物中纳米铝粉团聚于凝胶骨架表面,两种物理共混物的NC基体与纳米铝粉颗粒均未实现均匀分散,有明显相分离。由图5.28及图5.29已知,Al/NC纳米复合含能材料中纳米铝粉均匀分散于NC凝胶骨架上。

(a) NC+Al物理共混物 (b) NC气凝胶+Al物理共混物

图 5.29 NC–Al 物理共混物和 NC 气凝胶–Al 物理共混物的 SEM 图

NC + Al 物理共混物和 NC 气凝胶 + Al 物理共混物的 TG、DTG 曲线及 DSC 曲线分别如图 5.30 和图 5.31 所示。

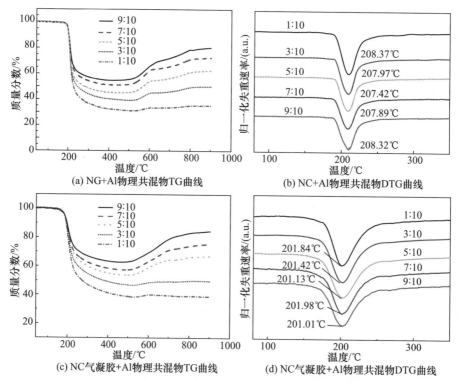

(a) NG+Al物理共混物TG曲线 (b) NC+Al物理共混物DTG曲线
(c) NC气凝胶+Al物理共混物TG曲线 (d) NC气凝胶+Al物理共混物DTG曲线

图 5.30 不同 Al/NC 配比的 NC–Al 物理共混物及
NC 气凝胶–Al 物理共混物的 TG 及 DTG 曲线(见彩插)

对于 NC + Al 物理混合物和 NC 气凝胶 + Al 物理混合物,由于 NC 组分与纳

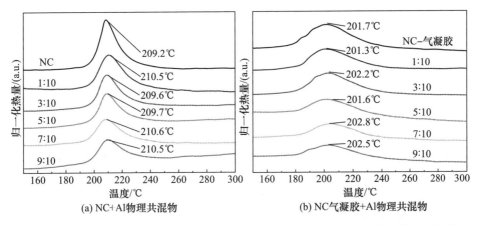

图 5.31 不同 Al/NC 配比的 NC-Al 物理共混物及 NC 气凝胶-Al 物理共混物的 DSC 曲线

米铝粉未能均匀混合,在热分解过程中不能充分接触,使其热分解过程相互独立;同时由于纳米铝粉与 NC 组分的有效接触面积明显减小,纳米铝粉对 NC 分解的影响并不明显,因此物理共混物的最大分解温度以及 DSC 放热峰温与纯 NC 及空白 NC 气凝胶相比无明显变化。

分别对 Al/NC 纳米复合含能材料、同配比 NC+Al 物理混合物以及 NC 气凝胶+Al 物理混合物的 DSC 放热峰进行积分得到其对应的分解热,以总分解热除以 NC 组分的质量分数,得到 NC 组分分解热,如表 5.8 所列。

表 5.8 Al/NC 纳米复合含能材料、NC+Al 物理混合物以及 NC 气凝胶+Al 物理混合物的分解热

w(Al)/w(NC)	NC+Al 物理混合分解热/(J·g⁻¹)		NC 气凝胶+Al 物理混合分解热/(J·g⁻¹)		Al/NC 纳米复合分解热/(J·g⁻¹)	
	总	NC 组分	总	NC 气凝胶组分	总	NC 组分
0	1429.87	1429.87	1689.21	1689.21	1689.21	1689.21
1:10	1268.20	1395.01	1562.13	1718.33	1660.83	1826.89
3:10	1082.98	1405.33	1332.84	1732.76	1638.66	2130.34
5:10	976.86	1465.22	1136.78	1705.08	1605.5	2408.07
7:10	877.57	1491.96	940.52	1598.97	1335.54	2270.55
9:10	796.56	1513.51	860.71	1635.39	1141.54	2168.99

由表可知,Al/NC 物理混合物中 NC 组分分解热无明显变化,在 1400~1500J/g 之间;NC 气凝胶+Al 物理混合物中 NC 组分分解热与空白 NC 气凝胶分解热相比也无明显变化,为 1600~1730J/g;Al/NC 纳米复合含能材料中 NC 组分的分解热较空白凝胶均有大幅度提高,其中 Al:NC=5:10 时复合体系中

NC 组分分解热最高,为 2408.07J/g。一方面,由于纳米铝粉对 NC 的热分解有一定催化作用,且 Al/NC 纳米复合含能材料中两相充分接触,纳米铝粉的催化作用使 NC 组分的分解更加充分,放热量提高;另一方面,由于纳米铝粉参与了 NC 凝胶骨架的形成,在 NC 凝胶骨架的热分解反应过程中 Al 粉并未分解,在一定程度上增加了体系凝胶骨架的稳定性,使其多孔结构更不易被破坏,可以充分吸附 NC 凝胶骨架分解产生的气体,使之不易逸出,各种不完全氧化的气体可继续与凝聚相反应生成更加稳定的气体,使体系放热量增加。随着 Al 粉复合量的增加,Al/NC 纳米复合含能材料单位质量 NC 骨架的分解热呈现先增加后减小的趋势。这是随着铝粉含量增多,单位质量复合凝胶中 NC 骨架含量减少,NC 骨架不能为纳米铝粉的氧化提供足够的氧导致的。

2) Al/NC 纳米复合含能材料的热分解动力学

采用非等温法,在不同升温速率(5℃/min、10℃/min、15℃/min、20℃/min)下分别对 Al/NC 纳米复合含能材料进行了热失重测试,并将样品在不同升温速率下最大分解温度带入 Kissinger 方程,以 $1/T_p$ 对 $\ln(\beta/T_p^2)$ 做图,得到对应活化能拟合曲线,如图 5.32 所示。计算得出活化能以及通过 Arrenhis 公式计算得出最大分解温度所对应的分解速率常数,如表 5.9 所列。

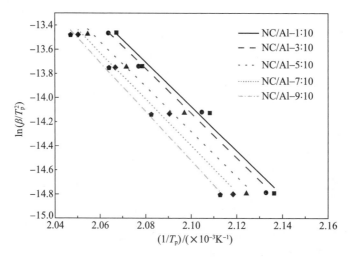

图 5.32 Kissinger 法计算 Al/NC 纳米复合含能材料的热分解活化能拟合曲线

表 5.9 Al/NC 纳米复合含能材料的活化能及最大分解温度对应的反应速率常数

$w(\mathrm{Al})/w(\mathrm{NC})$	$\ln(\beta/T_p^2)$ - $(1/T_p)$ 曲线的斜率	$E_a/(\mathrm{kJ \cdot mol^{-1}})$	k/s^{-1}
1 : 10	-18.004	149.69	0.0106

续表

$w(Al)/w(NC)$	$\ln(\beta/T_p^2) - (1/T_p)$曲线的斜率	$E_a/(kJ \cdot mol^{-1})$	k/s^{-1}
3∶10	-18.011	149.75	0.0106
5∶10	-18.224	151.52	0.0108
7∶10	-18.338	152.47	0.0108
9∶10	-18.688	155.38	0.0111

由表可知,Al/NC 纳米复合含能材料的表观活化能均低于 NC 气凝胶的表观活化能(166.85kJ/mol),这是由于纳米铝粉具有较大的比表面积及较高的表面能,因此反应活性更高,对硝化棉的热分解具有催化作用,使复合体系中 NC 组分的表观活化能降低。随着纳米铝粉含量增加,NC 凝胶骨架的表观活化能增大,这是由于纳米铝粉在复合体系中占据了一部分体积,使得单位体积内 NC 凝胶骨架量降低,即在分解过程中单位体积内活化分子数降低,与纳米铝粉的催化作用抵消,且纳米铝粉含量越多,单位体积内 NC 组分的活化分子数越低,因此随着纳米铝粉含量增加,NC 凝胶骨架的表观活化能升高。

与 NC 气凝胶相比,Al/NC 纳米复合含能材料 NC 凝胶骨架其最大分解温度对应的反应速率常数略有降低(NC 气凝胶的反应速率常数为 $0.012s^{-1}$),这是由于纳米铝粉的添加占据了部分 NC 凝胶骨架的体积,降低了 NC 凝胶骨架分解过程中活化分子的碰撞概率,因此使其分解速率常数降低。

4. Al/NC 纳米复合含能材料的其他性能

1) 密度

不同纳米铝粉质量分数的 Al/NC 纳米复合含能材料的密度如表5.10所列。

表5.10 不同纳米铝粉质量分数的 Al/NC 纳米复合含能材料的密度

样品	NC 气凝胶	纳米铝粉	Al/NC -1∶10	Al/NC -3∶10	Al/NC -5∶10	Al/NC -7∶10	Al/NC -9∶10
密度/$(g \cdot cm^{-3})$	0.82	2.69	1.21	1.34	1.53	1.69	1.78

由表可知,与 NC($1.66g/cm^3$)相比,NC 气凝胶由于其多孔结构密度大大降低;与高密度纳米铝粉复合之后,Al/NC 纳米复合含能材料的密度与 NC 气凝胶相比增大。且随着纳米铝粉含量增加,进入到凝胶骨架孔洞中占据孔隙体积的 Al 粉含量增大,因此密度随之增大。由前面研究可知,部分纳米铝粉参与形成 NC 凝胶骨架形成并使凝胶骨架强度更高,因此复合体系中在纳米铝粉含量最高(9∶10)时,其密度与纯纳米铝粉相比仍相对较低。

2) 撞击感度

不同纳米铝粉含量的 Al/NC 纳米复合含能材料的撞击感度(落锤质量2kg、

5kg,装药量(35±1)mg 如表 5.11 所列。

表 5.11 不同纳米铝粉含量的 Al/NC 纳米复合含能材料的特性落高

样品	特性落高 H_{50}(2kg)/cm	特性落高 H_{50}(5kg)/cm
NC 气凝胶	118	70
纳米铝粉	>120	>120
Al/NC-1∶10	105	79
Al/NC-3∶10	112	86
Al/NC-5∶10	109	95
Al/NC-7∶10	>120	103
Al/NC-9∶10	>120	116

由表可知,与 NC 气凝胶相比,Al/NC 纳米复合含能材料的感度均明显降低。由于部分纳米铝粉可参与形成凝胶骨架,使材料的骨架强度提高,因此在受到外力撞击作用时,能够有效缓冲外力作用消耗能量,且金属的导热性越低,越易形成温度较高的热点,而由于纳米铝粉具有良好导热作用,可有效减小温度较高热线形成的概率,因此 Al/NC 纳米复合含能材料的感度与 NC 气凝胶相比,感度较低。且随着纳米铝粉含量增加,体系中纳米铝粉对撞击感度的影响占主导作用,感度逐渐降低。

3) 爆热

不同纳米铝粉质量分数的 Al/NC 纳米复合含能材料及同配比物理共混物的爆热值如表 5.12 所列。物理共混物由 NC 气凝胶在液氮冷冻条件下研磨过筛(100 目),然后加入不同比例纳米铝粉研磨混合制得。

表 5.12 不同纳米铝粉质量分数的 Al/NC 纳米复合含能材料及同配比物理共混物的爆热

样品(Al∶NC)	纳米复合爆热/(kJ·kg^{-1})	物理共混爆热/(kJ·kg^{-1})
1∶10	2621.2	2541.2
3∶10	3425.3	2981.4
5∶10	3672.4	3151.6
7∶10	3549.8	3274.5
9∶10	3177.4	2897.6

由表可知,与 NC 气凝胶(2525.8kJ/kg)相比,Al/NC 纳米复合含能材料以及其同配比物理共混物的爆热值均有提高,这是由于在爆炸反应中,体系温度突然升高,纳米铝粉可与 NC 凝胶骨架分解产物反应生成氧化铝(式(5.1)),而且可以与爆炸产物 CO_2、H_2O 进行二次反应(式(5.2)、式(5.3))放出热量;此外,

纳米铝粉还可与爆炸产物中的 N_2 反应释放热量(式(5.4))。综合以上因素,纳米铝粉的加入可提高体系热值。铝粉/NC 纳米复合含能材料中,随着纳米铝粉含量增加,在爆炸反应中实际参与反应的纳米铝粉含量增加,因此体系爆热值随之增大,但当纳米 Al 与 NC 质量比超过 7∶10 后,由于体系中 NC 凝胶骨架的质量分数相对减少,爆热值开始降低。此外,物理共混物的爆热值均低于同配比凝胶复合样品,这是凝胶复合样品中纳米铝粉可与凝胶骨架达到纳米级分散复合,在实际反应过程中具有充分的接触面积,反应更加充分导致的。

$$2Al + 1.5O_2 \rightarrow Al_2O_3 \tag{5.1}$$

$$2Al + 3CO_2 \rightarrow Al_2O_3 + 3CO \tag{5.2}$$

$$2Al + 3H_2O \rightarrow Al_2O_3 + 3H_2 \tag{5.3}$$

$$2Al + N_2 \rightarrow 2AlN \tag{5.4}$$

5.3.2　RDX/NC 纳米复合含能材料

1. RDX/NC 纳米复合含能材料的制备

RDX/NC 纳米复合含能材料的制备过程如图 5.33 所示,结构示意图如图 5.34 所示。

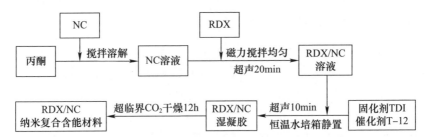

图 5.33　RDX/NC 纳米复合含能材料的制备过程

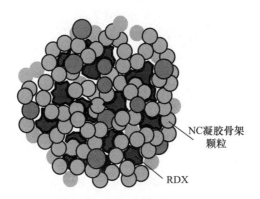

图 5.34　RDX/NC 纳米复合含能材料的结构示意图

2. RDX/NC 纳米复合含能材料的结构

1) RDX/NC 纳米复合含能材料的红外光谱分析

图 5.35 为 NC 气凝胶、原料 RDX 及不同 RDX 质量分数时 RDX/NC 纳米复合含能材料的红外光谱图。其中，RDX/NC – 20%、RDX/NC – 30%、RDX/NC – 40%、RDX/NC – 50% 分别代表 RDX 的质量百分数为 20%、30%、40% 和 50% 时制备的 RDX/NC 纳米复合含能材料。

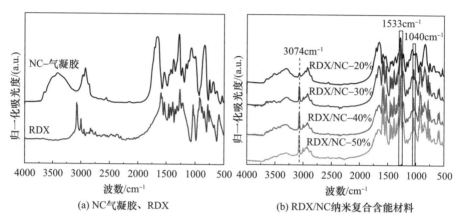

图 5.35 原料及不同 RDX 质量分数的 RDX/NC 纳米复合含能材料的红外光谱图

RDX/NC 纳米复合含能材料中，NC 气凝胶在 $1535\mathrm{cm}^{-1}$、$1226\mathrm{cm}^{-1}$ 处的氨基甲酸酯基特征峰仍然存在，表明 RDX 并没有影响 NC 与交联剂间的交联反应；同时，复合体系中 RDX 的特征吸收峰位置与原料 RDX 的特征吸收峰相对应，在 $1533\mathrm{cm}^{-1}$ 和 $1040\mathrm{cm}^{-1}$ 处也出现了 α – RDX 晶型的特征吸收峰。说明复合含能材料中 NC 凝胶骨架与 RDX 同时存在，且 RDX 仍为 α 晶型，复合过程没有改变 RDX 晶型。

2) RDX/NC 纳米复合含能材料的 X 射线衍射分析

图 5.36 为 NC 气凝胶、RDX 及 RDX/NC 纳米复合含能材料的 XRD 衍射谱图。原料 RDX 和 RDX/NC 纳米复合含能材料的衍射峰位置相同，进一步证明溶胶 – 凝胶法制备该复合材料没有改变 RDX 的晶型；同时，随着复合体系中 RDX 含量的增加，NC 凝胶骨架的弥散峰高逐渐下降，这是 NC 凝胶骨架组分的含量降低导致的。与原料 RDX 衍射峰相比，复合体系中 RDX 衍射峰有宽化现象，这是 RDX 在 NC 凝胶骨架的孔隙中结晶，孔隙大小限制了 RDX 晶粒增长，导致 RDX 晶粒变小，衍射峰增强。根据 Scherrer 公式 $d = k\lambda/(\beta\cos\theta)$，计算得出不同 RDX 质量分数复合体系中 RDX 的粒径如表 5.13 所列。

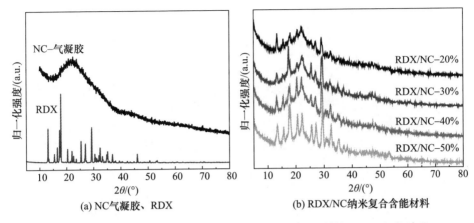

(a) NC气凝胶、RDX　　(b) RDX/NC纳米复合含能材料

图5.36　NC气凝胶、RDX及RDX/NC纳米复合含能材料的XRD衍射谱图

表5.13　不同RDX含量的RDX/NC纳米复合含能材料中RDX粒径

RDX 质量分数/%	半峰宽 β/(°)	2θ/(°)	粒径/nm
20	0.1618	29.19	50.17
30	0.1307	29.15	62.09
40	0.0933	20.47	85.10
50	0.0843	29.15	96.28

由表可知，RDX/NC纳米复合含能材料中RDX粒径均在100nm以下，证明该制备方法所制备出的复合体系中RDX为纳米级晶体颗粒。由5.2.4节研究表明，NC气凝胶的孔结构平均尺寸在100nm以内，RDX在凝胶骨架孔隙内结晶，NC凝胶骨架的纳米孔隙限制了RDX晶粒增长。

同时，随着RDX质量分数的增加，RDX的粒径随之增大，这是RDX添加量增大后，凝胶孔洞内RDX结晶量也增加，晶粒长大导致的。

3）RDX/NC纳米复合含能材料的SEM分析

图5.37为NC气凝胶及不同RDX质量分数的RDX/NC纳米复合含能材料的扫描电镜照片。

由图可知，与NC气凝胶相比，RDX/NC纳米复合含能材料仍具有多孔结构，并出现了颗粒状RDX晶体。随着RDX质量分数增加，RDX晶粒逐渐增大，在RDX质量分数超过40%后，RDX晶体呈现类似连续相状态。这是由于复合体系中RDX质量分数增大之后，NC凝胶孔洞中RDX的质量分数随之增加，RDX晶粒粒径随之增大。由于NC气凝胶的纳米孔隙为开孔结构，RDX晶粒在开孔孔隙中结晶逐渐连续，但由于NC凝胶骨架的阻隔作用，该RDX晶粒尺寸仍为纳米级；同时由于NC气凝胶的开孔结构，进一步提高RDX质量分数后，样

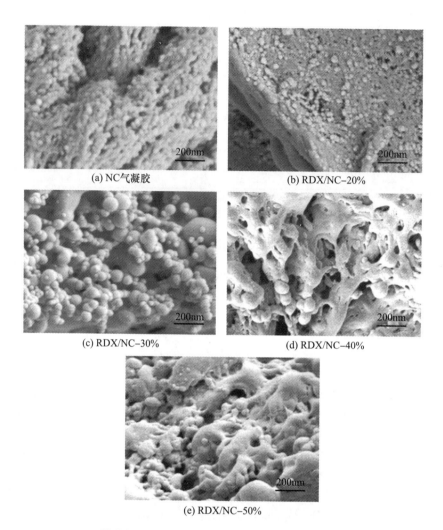

(a) NC气凝胶　　(b) RDX/NC-20%
(c) RDX/NC-30%　　(d) RDX/NC-40%
(e) RDX/NC-50%

图 5.37　RDX/NC 纳米复合含能材料的 SEM 图

品在干燥后 RDX 从孔隙中析出,使实际 RDX 复合量降低,因此 RDX/NC 纳米复合含能材料 RDX 质量分数目前最高只能到 50%。RDX/NC 纳米复合含能材料的结构示意图如图 5.38 所示。

4) RDX/NC 纳米复合含能材料的 N_2 吸附测试

图 5.39 为 RDX/NC-50% 的吸附-脱附等温曲线。由图可知,RDX/NC 纳米复合含能材料的吸附-脱附等温曲线与空白 NC 气凝胶的吸附-脱附等温曲线类型相同,根据 BDDT 提出的物理吸附等温线的分类方法,该等温曲线均为Ⅳ类,迟滞回线类型为 H1 型,属于典型的介孔(2~50nm)材料,孔结构为两端开

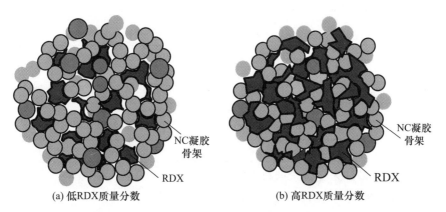

图 5.38 低 RDX 质量分数及高 RDX 质量分数 RDX/NC 纳米复合含能材料微观结构示意图

放的管状毛细孔。RDX/NC 纳米复合含能材料的空隙类型与 NC 气凝胶相比并未发生改变,这是由于 NC 凝胶网络的形成为化学交联形成,RDX 在 NC 凝胶网络中结晶后,RDX 结晶未能填充的凝胶孔隙仍为网状开放结构,因此干燥后仍为管状开孔结构。

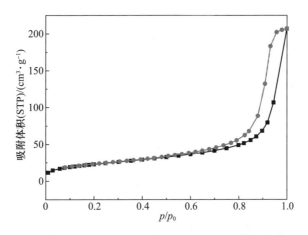

图 5.39 RDX/NC-50% 的 N_2 吸附-脱附等温曲线

表 5.14 列出 NC 气凝胶及不同 RDX 质量分数时 RDX/NC 纳米复合含能材料的比表面积、平均孔径及孔体积。由表可知,与 NC 气凝胶相比,RDX/NC 纳米复合含能材料的比表面积下降,且随着 RDX 质量分数增加,RDX/NC 纳米复合含能材料的比表面积逐渐降低,这是由于 RDX 的添加占据了部分 NC 凝胶骨架的孔隙,使其比表面积下降,同时 RDX/NC 纳米复合含能材料的孔体积及平均孔径下降。

表 5.14　不同 RDX 质量分数的 RDX/NC 纳米复合含能材料的比表面积、孔体积及平均孔径

样品	NC 气凝胶	RDX/NC-20%	RDX/NC-30%	RDX/NC-40%	RDX/NC-50%
比表面积/$(m^2 \cdot g^{-1})$	203.39	164.81	136.00	129.57	83.11
孔体积/$(cm^3 \cdot g^{-1})$	0.74	0.68	0.60	0.48	0.32
平均孔径/nm	14.57	16.54	17.54	18.61	15.40

3. RDX/NC 纳米复合含能材料的热性能

1) RDX/NC 纳米复合含能材料的 TG 分析

图 5.40、图 5.41 分别为空白 NC 气凝胶、RDX 及不同 RDX 质量分数的 RDX/NC 纳米复合含能材料的热失重曲线及其对应 DTG 曲线。

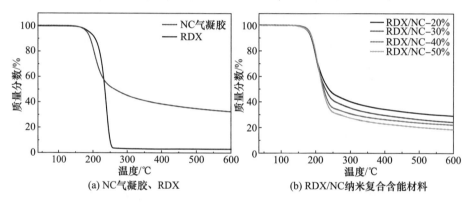

图 5.40　NC 气凝胶、RDX 及不同 RDX 质量分数的 RDX/NC 纳米复合含能材料的热失重曲线

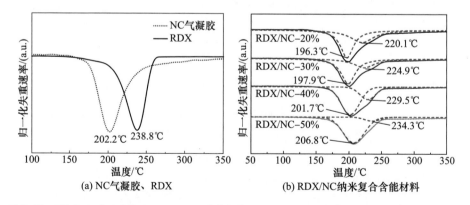

图 5.41　NC 气凝胶、RDX 及不同 RDX 质量分数的 RDX/NC 纳米复合含能材料的 DTG 曲线

由图5.40可知,复合之后材料只有一个明显的热分解阶段,为了考查复合体系中两个组分的分解情况,对原料及复合体系进行微分处理得到其对应的DTG曲线。由图5.41可知,NC气凝胶与RDX的热分解处于两个不同的温度范围内;而复合体系的热分解过程实际为两个不明显的分解阶段,利用Origin软件经高斯方程分峰拟合处理得到两个分解阶峰,对应其两个分解阶段,其中第一个阶段为NC凝胶骨架的热分解,第二个分解阶段为RDX晶粒的热分解。比较NC凝胶骨架的最大分解温度,可知在RDX质量分数较小时,复合体系中NC凝胶骨架的最大分解温度与NC气凝胶相比有一定提前(约6℃),且随着RDX质量分数增大,该温度逐渐延后。同时,RDX最大分解温度与原料RDX相比,有4~18℃的明显提前。有两方面原因:一是NC凝胶骨架的分解放热对RDX晶粒有一定预热作用;二是RDX的分解温度与其粒径尺寸成正比,粒径越小分解温度越低,RDX/NC纳米复合含能材料中,RDX晶粒减小至纳米级,其表面原子数增加,分解温度降低。同时,随着RDX添加量增加,RDX最大分解温度逐渐延后,这是由于RDX晶体尺寸变大,失重峰温度也随之升高。

2) RDX/NC纳米复合含能材料的DSC分析

图5.42为不同RDX质量分数RDX/NC复合含能材料及NC气凝胶、原料RDX的DSC曲线。由图可知,与原料RDX相比,RDX/NC纳米复合含能材料中RDX的熔融吸热峰消失。这是由于RDX的熔融吸热峰与NC凝胶骨架的放热峰重合,测试结果为样品放热量与吸热量加权求和之后的结果,因此RDX/NC纳米复合含能材料中RDX的熔融吸热过程被复合体系的热分解放热过程掩盖。在RDX质量分数较小时,复合体系的放热量主要有NC凝胶骨架的分解贡献,因此DSC放热峰主要体现为NC凝胶骨架的放热;RDX质量分数增大后,复合体系中RDX的放热量增加,DSC曲线上出现两个明显的放热阶段,通过分峰拟

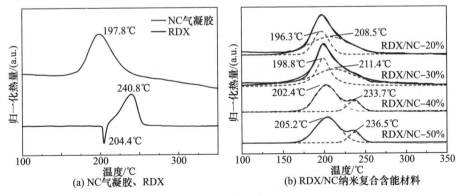

图5.42 NC气凝胶、RDX及不同RDX质量分数的RDX/NC纳米复合含能材料的DSC曲线

合处理得到了两个放热阶段的峰温。与原料 RDX 相比,复合体系中 RDX 的放热峰温提前了 5~30℃,这是由于 RDX 晶粒减小,分解放热提前导致的;同时由于随着 RDX 质量分数增加,复合体系中 RDX 粒径增大,RDX 放热峰温随之延后。

为研究 RDX/NC 纳米复合含能材料与 NC 气凝胶 + RDX 物理共混物热性能差别,给出了同配比 NC 气凝胶 + RDX 物理共混物的 DTG 曲线及 DSC 曲线,如图 5.43 和图 5.44 所示。

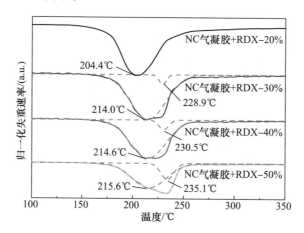

图 5.43 NC 气凝胶 + RDX 物理共混物的 DTG 曲线

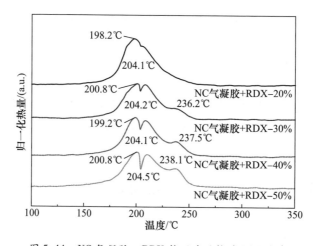

图 5.44 NC 气凝胶 + RDX 物理共混物的 DSC 曲线

由图可知,与 RDX/NC 纳米复合含能材料相比,NC 气凝胶 + RDX 物理共混物的热分解可分为两个更加明显的分解阶段,RDX 组分的最大分解温度与原料 RDX 相比略有提前,这是 NC 气凝胶组分分解预热导致的;与 RDX/NC

纳米复合含能材料中RDX组分结晶熔融吸热被NC组分热分解放热抵消不同,物理共混物的DSC曲线中NC气凝胶分解放热峰上出现明显的峰谷,且峰谷温度与RDX熔融峰温一致,由此可知该峰谷是由RDX熔融吸热导致热量变化引起。由于物理共混物中NC气凝胶组分和RDX组分两相分离,热分解过程相互独立,NC气凝胶组分分解放热量不足以抵消RDX组分熔融吸热量,两者加权后导致DSC曲线上NC气凝胶放热峰出现峰谷,且随着RDX质量分数增加,RDX熔融吸热量增加,共混物DSC放热曲线上峰谷随之增大。

分别对NC气凝胶、RDX、不同RDX质量分数的RDX/NC纳米复合含能材料以及NC气凝胶-RDX物理共混物的DSC放热峰进行积分,得到其对应的分解热如表5.15所列。

表 5.15 NC 气凝胶、RDX 及不同 RDX 质量分数的 RDX 与
NC 形成的物理混合物和纳米复合含能材料的 DSC 分解热

RDX 的质量分数	物理混合分解热/(J·g^{-1})	复合分解热/(J·g^{-1})
NC 气凝胶	1689.21	1689.21
RDX	883.86	883.86
RDX/NC-20%	1529.04	1976.88
RDX/NC-30%	1420.92	1885.65
RDX/NC-40%	1339.50	1625.48
RDX/NC-50%	1303.50	1569.71

由表可知,复合体系及物理共混物均随着RDX质量分数增加,放热量逐渐降低。有两方面原因:一是RDX自身放热量低于NC凝胶骨架的放热量;二是该分解热中包含了RDX组分熔融吸热导致的。在RDX质量分数相同的情况下,RDX/NC纳米复合含能材料的放热量明显高于NC气凝胶+RDX物理共混物的放热量。NC凝胶骨架与RDX达到纳米级复合后,两者充分接触,热分解的协同作用使其分解更为充分导致的;且由NC气凝胶热分解分析可知,NC凝胶骨架在分解后仍存在多孔结构,该多孔结构可吸附分解产生的气相产物,使其能够继续与凝聚相进行反应,生成更加稳定的产物,放出更多热量。而NC气凝胶-RDX物理共混物中由于两相不能充分接触,同时NC气凝胶骨架对RDX分解气相产物的吸附作用减弱,两种组分在分解反应中相互独立,使其放热量与复合体系相比降低。

3) RDX/NC 纳米复合含能材料的热分解动力学分析

RDX/NC纳米复合含能材料在不同升温速率(5℃/min、10℃/min、15℃/min、

20℃/min)下的 DTG 曲线可通过高斯分峰得到对应的 NC 组分最大分解温度及 RDX 最大分解温度。图 5.45 为根据 RDX/NC 纳米复合含能材料 NC 组分最大分解温度及 RDX 最大分解温度,分别得到的复合体系中 NC 组分活化能和 RDX 组分活化能拟合曲线。

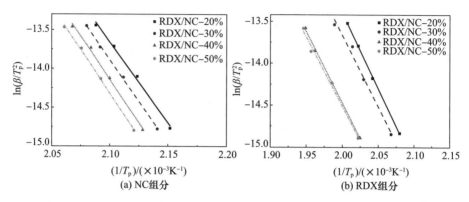

图 5.45 RDX/NC 纳米复合含能材料中 NC 组分和 RDX 组分活化能拟合曲线

根据 Kissinger 方程计算得出 RDX/NC 纳米复合含能含能材料中 NC 组分的分解活化能如表 5.16 所列。由表可知,不同 RDX 质量分数的 RDX/NC 纳米复合含能材料中 NC 组分的活化能与 NC 气凝胶相比,均有一定提高,说明 RDX/NC 纳米复合含能材料中 NC 组分的分解变得更加困难,稳定性提高。

表 5.16 Kissinger 方程计算 RDX/NC 纳米复合含能材料中 NC 组分的分解活化能

样品	$\ln(\beta/T_p^2) - (1/T_p)$ 曲线的斜率	$E_a/(kJ \cdot mol^{-1})$	线性相关系数 γ
NC 气凝胶	-20.07	166.85	0.9972
RDX/NC - 20%	-20.77	172.67	0.9973
RDX/NC - 30%	-21.45	178.36	0.9993
RDX/NC - 40%	-22.23	184.79	0.9920
RDX/NC - 50%	-22.42	186.43	0.9991

根据 Arrhenius 公式计算得出 NC 组分在其最大分解温度处的反应速率常数,如表 5.17 所列。与 NC 气凝胶相比,NC 组分的反应速率常数提高,说明 RDX/NC 纳米复合含能材料 NC 组分一旦开始分解,其反应可以更快的速率进行,高温下活性增大;随着 RDX 质量分数增加,体系中 NC 组分的反应速率常数随之降低,这是体系中 RDX 质量分数增加后,RDX 晶粒开始长大并逐渐连续,使 NC 组分在热分解过程中的传质效率受阻导致的。

表 5.17　Arrhenius 公式计算 RDX/NC 纳米复合含能材料中 NC 组分的分解速率常数

样品	截距	指前因子 A/s^{-1}	反应速率常数 k/s^{-1}
NC 气凝胶	28.036	3.008×10^{16}	0.012
RDX/NC – 20%	29.95	2.11×10^{17}	0.018
RDX/NC – 30%	31.16	7.33×10^{17}	0.015
RDX/NC – 40%	32.60	3.19×10^{18}	0.013
RDX/NC – 50%	32.76	3.82×10^{18}	0.010

根据 Kissinger 方程计算得出 RDX/NC 纳米复合含能材料中 RDX 组分的分解活化能如表 5.18 所列。由表可知，与 RDX 相比，不同 RDX 质量分数的 RDX/NC 纳米复合含能材料中 RDX 组分的活化能均有大幅下降，由于 NC 凝胶骨架分解后可吸附其分解产生的气体，该气体可进一步催化 RDX 的分解，使得 RDX/NC 纳米复合含能材料中 RDX 组分的分解变得更加容易。

表 5.18　Kissinger 方程计算 RDX/NC 纳米复合含能材料中 RDX 组分的分解活化能

样品	$\ln(\beta/T_\mathrm{p}^2) - (1/T_\mathrm{p})$ 曲线的斜率	$E_\mathrm{a}/(\mathrm{kJ \cdot mol^{-1}})$	线性相关系数 γ
RDX	-24.93	207.30	0.9926
RDX/NC – 20%	-18.05	150.04	0.9998
RDX/NC – 30%	-17.03	141.59	0.9920
RDX/NC – 40%	-17.04	141.70	0.9981
RDX/NC – 50%	-16.92	140.70	0.9897

根据 Arrhenius 公式计算得出 RDX 组分在 230℃ 时的反应速率常数，如表 5.19 所列。与 RDX 相比，RDX 的反应速率常数提高，说明 RDX/NC 纳米复合含能材料中 RDX 组分一旦开始分解，其反应可以更快的速率进行，高温下反应速率增大。

表 5.19　Arrhenius 公式计算 RDX/NC 纳米复合含能材料中 RDX 组分的分解速率常数

样品	截距	指前因子 A/s^{-1}	反应速率常数 k/s^{-1}
RDX	34.323	2.009×10^{19}	6.1×10^{-3}
RDX/NC – 20%	22.69	1.291×10^{14}	3.4×10^{-2}
RDX/NC – 30%	20.389	1.219×10^{13}	2.4×10^{-3}
RDX/NC – 40%	19.611	5.601×10^{12}	1.1×10^{-3}
RDX/NC – 50%	18.922	2.794×10^{12}	6.9×10^{-3}

4. RDX/NC 纳米复合含能材料的其他性能

1) 密度

表 5.20 为不同 RDX 质量分数时 RDX/NC 纳米复合含能材料的密度。由于 RDX/NC 纳米复合含能材料仍具有多孔结构,因此其密度仍较低。随着 RDX 质量分数增加,RDX 逐渐占据越来越多的凝胶骨架的孔隙,使材料的密度逐渐增大。

表 5.20　RDX/NC 纳米复合含能材料的密度

样品	RDX/NC-20%	RDX/NC-30%	RDX/NC-40%	RDX/NC-50%	RDX
密度/(g/cm^3)	1.38	1.51	1.60	1.67	1.79

2) 机械感度

图 5.46 及表 5.21 为 NC 气凝胶、RDX、不同 RDX 质量分数的 RDX/NC 纳米复合含能材料及同配比物理共混物的特性落高。由图可知,虽然 RDX/NC 纳米复合含能材料的撞击感度高于 NC 气凝胶,但与 RDX 相比,复合体系的撞击感度显著降低,与同配比的物理共混物相比,复合体系的感度也较低。由于 RDX/NC 纳米复合含能材料中 RDX 晶粒存在于 NC 凝胶骨架的多孔结构中,且为纳米级晶粒,受到外力撞击时,凝胶骨架的多孔结构会缓冲外力,吸收部分能量;同时作用力沿纳米颗粒表面迅速传递,被分散到更多的表面上,单位表面承受的作用力减少,降低了热点的形成概率,使复合体系的撞击感度降低。物理共混物中虽然 NC 气凝胶的存在会缓冲部分外力,但由于体系中 RDX 组分感度较高,一旦热点在 RDX 区域形成,即引发爆炸,使物理共混物的撞击感度虽略低于原料 RDX,但明显高于纳米复合体系。

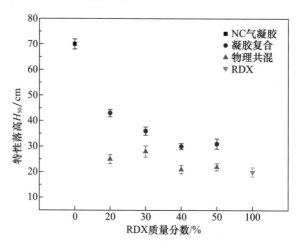

图 5.46　NC 气凝胶、RDX、不同 RDX 质量分数的 RDX/NC 纳米复合含能材料及同配比物理共混物的特性落高(5kg)

表 5.21　NC 气凝胶、RDX、不同 RDX 质量分数的 RDX/NC 纳米
复合含能材料及同配比物理共混物的特性落高

RDX 的质量分数	特性落高 H_{50}(2kg)/cm		特性落高 H_{50}(5kg)/cm	
	纳米复合	物理共混	纳米复合	物理共混
NC 气凝胶	118		70	
RDX	35		20	
RDX/NC－20%	72	52	43	25
RDX/NC－30%	62	49	36	28
RDX/NC－40%	55	45	30	21
RDX/NC－50%	48	38	31	22

3）爆热

图 5.47 及表 5.22 为 NC 气凝胶、RDX、不同 RDX 质量分数的 RDX/NC 纳米复合含能材料以及同配比物理共混物的爆热值。由图可知，RDX/NC 纳米复合含能材料的爆热均高于相同 RDX 含量的物理共混物，这是由于复合体系中 NC 组分与 RDX 组分纳米级接触，在爆炸反应中两者的分解反应更加充分，释放热量更高导致的。

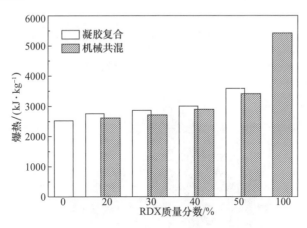

图 5.47　NC 气凝胶、RDX、不同 RDX 质量分数的 RDX/NC
纳米复合含能材料及同配比物理共混物的爆热

表 5.22　NC 气凝胶、RDX、不同 RDX 质量分数的 RDX/NC 纳米
复合含能材料及同配比物理共混物的爆热

RDX 的质量分数	纳米复合爆热/(kJ·kg^{-1})	物理共混物爆热/(kJ·kg^{-1})
NC 气凝胶	2525.8	

续表

RDX 的质量分数	纳米复合爆热/(kJ·kg^{-1})	物理共混物爆热/(kJ·kg^{-1})
纯 RDX	5422.6	
RDX/NC-20%	2755.5	2616.1
RDX/NC-30%	2864.8	2713.4
RDX/NC-40%	3005.5	2898.5
RDX/NC-50%	3588.2	3412.5

5.3.3 AP/NC 纳米复合含能材料

1. AP/NC 纳米复合含能材料的制备

AP/NC 纳米复合含能材料的制备过程如图 5.48 所示。样品结构示意图如图 5.49 所示。

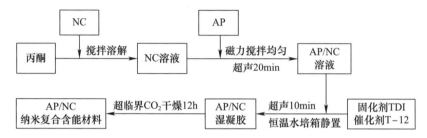

图 5.48 AP/NC 纳米复合含能材料的制备过程

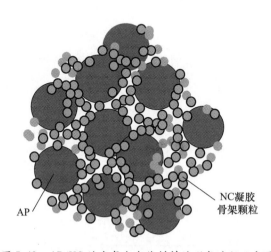

图 5.49 AP/NC 纳米复合含能材料的形成过程示意图

通过计算 NC 与 AP 的氧平衡确定样品组成,AP/NC 纳米复合含能材料样品编号、AP 含量与体系氧平衡的关系如表 5.23 所列。

表 5.23　AP/NC 纳米复合含能材料中 AP 含量与体系氧平衡的关系

样品编号	AP/NC-(-10)	AP/NC-(-5)	AP/NC-(0)	AP/NC-(5)	AP/NC-(10)	AP/NC-(15)
氧平衡/%	-10	-5	0	5	10	15
AP 质量分数/%	40	46	51	60	67	74

2. AP/NC 纳米复合含能材料的结构

1）AP/NC 纳米复合含能材料的红外光谱测试

图 5.50 为 NC 气凝胶、AP 及不同 AP 质量分数时 AP/NC 纳米复合含能材料的红外光谱图。

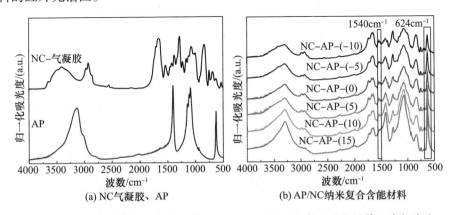

图 5.50　NC 气凝胶、AP 及不同 AP 含量的 AP/NC 纳米复合含能材料红外光谱图

由图可知，AP/NC 纳米复合含能材料的红外光谱图中 630cm^{-1} 处出现 O-Cl-O 的弯曲振动吸收峰以及缔合 -OH 的面内弯曲振动峰；1080cm^{-1} 为 Cl-O 的伸缩振动峰；1394cm^{-1} 以及 3125cm^{-1} 处为 NH_4^+ 特征吸收峰，说明 AP 与 NC 凝胶成功复合；同时，3417cm^{-1} 处为 -NH-COO- 中 -NH- 键伸缩振动峰、1223cm^{-1} 以及 1543cm^{-1} 处为酰胺Ⅲ带和酰胺Ⅱ带、1645cm^{-1} 以及 1283cm^{-1} 处为 -O-NO$_2$ 基团的不对称及对称伸缩振动峰仍然存在，说明 AP 的加入未能影响 NC 的凝胶反应过程。

2）AP/NC 纳米复合含能材料的 SEM 分析

图 5.51 为 AP、AP/NC 纳米复合含能材料及复合体系中 AP 颗粒局部放大的 SEM 照片。由图可知，复合体系中 AP 颗粒均匀分散在 NC 凝胶骨架中。与原料 AP 相比，AP/NC 纳米复合含能材料中 AP 颗粒由于溶剂丙酮对 AP 表面具有一定的溶解作用，使 AP 颗粒表面不再光滑，且粒径减小。由图 5.51

(c)可知,与 NC 气凝胶相比,AP/NC 纳米复合含能材料中 NC 凝胶骨架的形态略有差别:NC 气凝胶中存在一定大孔结构,但 AP/NC 纳米复合含能材料中 AP 颗粒的加入占据了 NC 凝胶体积,使 NC 凝胶骨架的大孔结构消失,孔隙更加均匀。

(a) AP

(b) AP/NC 纳米复合含能材料

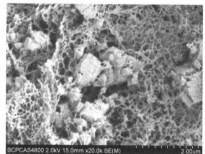

(c) 图(b)选中区域放大

图 5.51　原料 AP、AP/NC 纳米复合含能材料及其局部放大 SEM 照片

为考查 AP 在 NC 凝胶骨架中的分布情况,对 AP/NC 纳米复合含能材料选定区域进行能谱 Cl 元素面分布测试,如图 5.52 所示。由图可知,Cl 元素在 AP/NC 纳米复合含能材料中分布均匀。

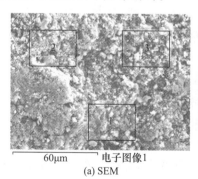

(a) SEM

(b) 1区的Cl元素分布图

(c) 2区的Cl元素分布图　　(d) 3区的Cl元素分布图

图 5.52　AP/NC 纳米复合含能材料中不同区域 AP 分布图

3) AP/NC 纳米复合含能材料的 X 射线衍射分析

图 5.53 为原料 NC 气凝胶、AP 及不同 AP 含量的 AP/NC 纳米复合含能材料的 XRD 曲线。

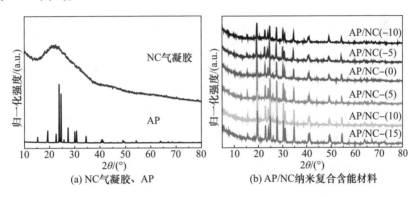

图 5.53　NC 气凝胶、AP 及不同 AP 含量的 AP/NC 纳米复合含能材料 XRD 图

由图可知,AP/NC 纳米复合含能材料的 XRD 图谱中 AP 的特征衍射峰与原料 AP 相比位置相同,说明溶胶-凝胶制备法没有改变 AP 的晶型;同时由于 AP 含量的增加,NC 凝胶骨架含量减少,NC 凝胶骨架的弥散峰随之减弱。

表 5.24 列出根据 Scherrer 公式 $d = k\lambda/(\beta\cos\theta)$ 计算得到的原料 AP 及 AP/NC 纳米复合含能材料中 AP 的晶粒尺寸。由表可知,AP/NC 纳米复合含能材料中 AP 的晶粒尺寸均小于 100nm,且与原料 AP 的晶粒尺寸 161.13nm 相比,有明显减小。由于颗粒包括单晶和多晶,而晶粒一般专指单晶。晶体的颗粒尺寸是指整个团聚体(多晶或者单晶)的尺寸,晶粒尺寸是指单晶的尺寸。因此,原料 AP 及复合体系中 AP 的晶粒尺寸均小于电镜观测下其平均颗粒尺寸($7\mu m$)。由于在制备过程中溶剂丙酮对 AP 的溶解作用使其晶粒尺寸进一步减小,因此复合体系中的 AP 晶粒尺寸小于原料 AP 的晶粒尺寸。

表 5.24　原料 AP 及 AP/NC 纳米复合含能材料中 AP 粒径

样品	半峰宽 β	$2\theta/(°)$	AP 粒径/nm
原料 AP	0.0499	24.6144	161.13
AP/NC-(-10)	0.1798	19.6061	44.33
AP/NC-(-5)	0.1473	19.4490	54.10
AP/NC-(0)	0.1473	19.4493	54.11
AP/NC-(5)	0.1148	24.5846	70.04
AP/NC-(10)	0.0848	19.5072	94.00
AP/NC-(15)	0.0824	24.7947	97.61

4）AP/NC 纳米复合含能材料的 N_2 吸附-脱附测试

图 5.54 为样品 AP/NC-(0) 的吸附-脱附曲线。由图可知,AP/NC 纳米复合含能材料的孔结构类型为Ⅳ类吸附-脱附等温曲线,属于典型的介孔结构,且迟滞回线类型为 H1 型,说明 AP 颗粒的物理混入后,NC 分子链在 AP 颗粒周围的空间内交联形成网络结构,干燥后并没有影响 NC 凝胶骨架结构的变化。

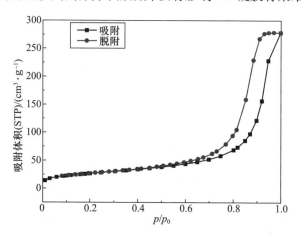

图 5.54　AP/NC-(0) 的 N_2 吸附-脱附等温曲线

表 5.25 列出不同氧平衡制得 AP/NC 纳米复合含能材料的孔结构测试结果。由表可知,AP/NC 纳米复合含能材料的比表面积及孔体积均小于 NC 气凝胶,说明 AP 的添加降低了 NC 气凝胶的比表面积及孔体积。随着 AP 质量分数增加,材料的比表面积及孔体积均随之下降。图 5.55 为低 AP 质量分数及高 AP 质量分数时 AP/NC 复合含能材料的微观结构示意图。由于不同 AP 质量分数时 AP/NC 复合体系中 NC 浓度不相同,AP 质量分数增大后,单位体积内 NC 形成的凝胶体积减小,使 NC 凝胶骨架间的结合更加紧密,使其比表面积和孔体积

下降,同时使小孔隙消失,平均孔径略有增大。

表 5.25　不同 AP 质量分数 AP/NC 纳米复合
含能材料比表面积、平均孔径及孔体积

样品	比表面积/(m²·g⁻¹)	平均孔径/nm	孔体积/(cm³·g⁻¹)
NC 气凝胶	203.39	14.57	0.74
AP/NC-(-10)	103.27	19.65	0.73
AP/NC-(-5)	96.81	19.17	0.64
AP/NC-(0)	88.90	18.68	0.58
AP/NC-(5)	72.14	17.78	0.43
AP/NC-(10)	65.62	19.79	0.32
AP/NC-(15)	39.07	21.03	0.21

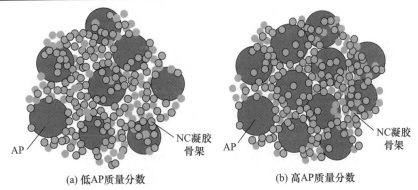

图 5.55　低 AP 质量分数及高 AP 质量分数的 AP/NC 复合含能材料微观结构示意图

3. AP/NC 纳米复合含能材料的热性能

1) 热失重分析

图 5.56 为 NC 气凝胶、7μmAP 以及 I 类 AP 的 TG 及对应 DTG 曲线。

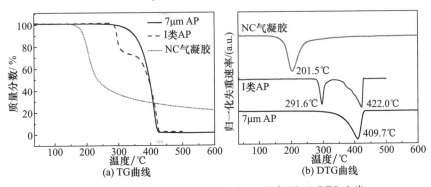

图 5.56　I 类 AP、7μmAP 及 NC 气凝胶的 TG 及 DTG 曲线

大粒径AP(如Ⅰ类AP)的热分解有低温分解和高温分解两个阶段。低温分解阶段起始于AP经质子转移离解成NH_3和$HClO_4$(式(5.5)),$HClO_4$随后发生降解,并生成ClO_3、O、ClO等氧化性中间产物(式(5.6)),由于NH_3并不能被这些氧化性气体完全氧化(式(5.7)),不能被氧化的NH_3继续吸附在AP晶粒表明,当NH_3覆盖中AP晶粒表面的反应中心时,低温分解阶段结束。高温分解阶段起始于高温下"质子转移过程",温度继续升高后,NH_3解吸附,反应中心重新活化,高温分解阶段开始。AP继续发生质子转移生成大量的NH_3和$HClO_4$,直至AP完全分解。

$$NH_4ClO_4 \leftrightarrow NH_4^+ + ClO_4^- \longleftrightarrow NH_3(s) + HClO_4(s) \leftrightarrow NH_3(g) + HClO_4(g) \tag{5.5}$$

$$HClO_4(g) \longleftrightarrow ClO_3 + ClO + 3O + H_2O \tag{5.6}$$

$$NH_3 + 2O \longleftrightarrow HNO + H_2O \tag{5.7}$$

$$2ClO \longleftrightarrow O_2 + Cl_2 \tag{5.8}$$

$$HClO_4 + HNO \longleftrightarrow ClO_3 + H_2O \tag{5.9}$$

粒径较小的AP颗粒(如$7\mu m$)自身具有比较大的比表面积,对其分解产生的NH_3和$HClO_4$气体吸附力较强,且不易解吸。因此在小粒径AP加热分解时,仅在高温下发生NH_3和$HClO_4$气体的解吸以及气相的快速氧化还原反应。其低温分解阶段消失。因此$7\mu m$ AP仅有高温分解阶段。

图5.57为AP/NC纳米复合含能材料的TG及对应DTG曲线。由图可知,AP/NC纳米复合含能材料的热分解在其氧平衡小于(等于)零时有两个分解阶段:第一阶段为NC凝胶骨架的分解阶段;第二阶段为AP的分解及AP气相产物与NC凝胶骨架分解残渣反应阶段。AP/NC纳米复合含能材料氧平衡大于零后,出现三个分解阶段:第一阶段为NC凝胶骨架分解阶段;第二、三个阶段为AP分解阶段。产生这种现象的可能原因:①AP质量分数增多后,出现团聚形成大粒径AP。但由AP/NC纳米复合含能材料电镜图可以看出,复合体系中并未出现AP颗粒团聚晶粒长大现象,因此由晶粒增大引起复合体系中AP出现两个分解阶段的可能性不大。②AP/NC复合材料氧平衡大于零后,体系中氧含量过剩,且NC凝胶骨架均匀地覆盖于AP颗粒表面,NC凝胶骨架分解残渣能够更充分的吸附AP分解产生的气体,因此AP初期分解生成的氧气与NC凝胶骨架残渣反应较充分,形成一个分解阶段,该阶段完成后,剩余凝聚相体系对气相产物的吸附力相对变弱,剩余AP分解形成第二个分解阶段。

为考查AP/NC纳米复合含能材料氧平衡大于0后,热分解出现三个阶段的原因,分别对原料AP、样品AP/NC-(-10)及AP/NC-(15)做热重-红外联

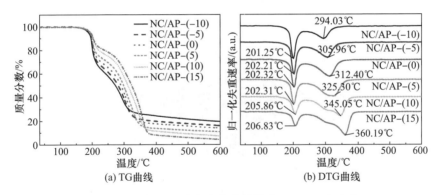

图 5.57 AP/NC 纳米复合含能材料的 TG 及 DTG 曲线

用测试。图 5.58 为 I 类 AP 及 7μm AP 的热分解气相产物三维红外图。图 5.59 为样品 AP/NC-(-10) 及 AP/NC-(15) 的热分解气相产物三维红外图。

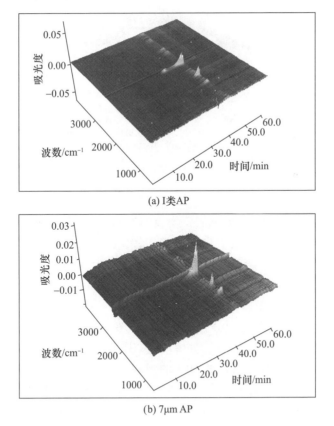

图 5.58 I 类 AP 及 7μm AP 的热分解气相产物三维红外图

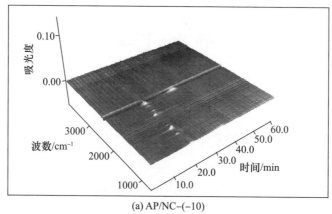

(a) AP/NC-(-10)

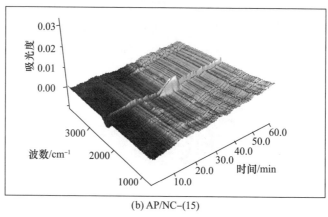

(b) AP/NC-(15)

图 5.59 不同 AP 质量分数 AP/NC 纳米复合含能材料的气相分解产物三维红外图

图 5.60 为根据图 5.59 得出的 I 类 AP、7 μm AP 不同 AP 质量分数的 AP/NC 纳米复合含能材料样品在其各个分解阶段对应的红外谱图。由图 5.60(a) 可知：I 类 AP 在第一个分解阶段的气相产物主要为 N_2O，且没有 HCl 生成；两种粒径 AP 的主要热分解产物为 N_2O。由图 5.60(b)、(c) 可知，AP/NC 纳米复合含能材料中 AP 的分解阶段中均出现 CO_2 及 CO，说明 AP 分解生成的 O_2 及氧化性气相产物与 NC 凝胶骨架分解剩余的残炭发生了氧化反应，并生成碳氧化物。样品 AP/NC-(15) 第二个热分解阶段（其中 AP 组分的第一个分解阶段，300 ℃）的气象产物中出现明显的 HCl 的吸收峰（2660~3550 cm^{-1}），而由原料 AP 的气相产物分析可知，大粒径 AP 的第一个热分解阶段并无 HCl 气体的产生，因此 AP/NC 纳米复合含能材料 AP 质量分数增加后，AP 组分分解出现两个阶段并非其晶粒长大导致。

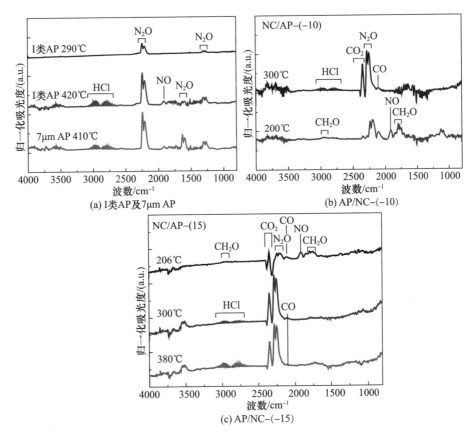

图 5.60　Ⅰ 类 AP、7μm AP 及不同 AP 质量分数 AP/NC 纳米复合含能材料在不同分解阶段的红外谱图

由 NC 气凝胶热分解机理分析可知,NC 凝胶骨架的主要热分解产物为 CO_2,由以上 AP 热分解产物的红外谱图分析(图 5.61)可知,AP 的主要热分解产物为 N_2O,因此对样品 AP/NC-(-10)及样品 AP/NC-(15)的气相产物 CO_2 及 N_2O 红外吸收强度随温度变化曲线作图,如图 5.60 所示。由图可知,样品 AP/NC-(-10)中,CO_2 与 N_2O 气体在第二个放热阶段时强度峰值出现时的温度均为 310℃,即 NC 组分残炭与 AP 分解产物 O_2 的反应以及 AP 的分解同时进行;样品 AP/NC-(15)中,CO_2 气体在第二个阶段的强度峰值出现时的温度为 322℃,而 N_2O 气体在第二个阶段的强度峰值出现时的温度为 362℃,说明 NC 分解残炭与 AP 分解产物 O_2 反应完成后,剩余 AP 继续分解,出现第三个放热峰温。

由以上分析,可推断出不同 AP 质量分数时 AP/NC 纳米复合含能材料的热分解机理模型,如图 5.62 所示。图 5.62(a)中,NC 凝胶骨架分解完成后剩余残

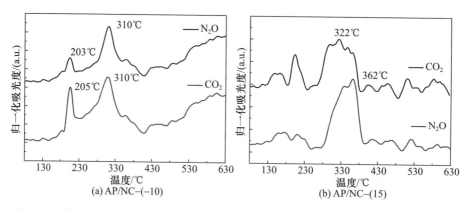

图 5.61　样品 AP/NC-(-10)及 AP/NC-(15)气相产物红外吸收强度随温度变化曲线

渣中的多孔结构可吸附 AP 分解气相产物,并与 AP 分解产物 O_2 反应生成碳氧化物,由于体系为负氧平衡或零氧平衡,AP 的氧化性产物不足以将 NC 凝胶骨架分解残渣完全氧化,AP 分解完成后,仍有部分未被完全氧化的 NC 凝胶骨架残渣存在,即 AP 自身的分解过程伴随着 AP 分解产物与 NC 凝胶骨架残渣的反应,两者为一个分解阶段;当 AP/NC 纳米复合体系氧平衡大于零后,AP 分解生成的氧化性产物可充分与 NC 凝胶骨架残渣反应,如图 5.62(b-Ⅰ)所示,形成了 AP 组分分解的第一个阶段;而由于体系中氧过剩,NC 凝胶骨架残渣氧化完成后,仍有部分 AP 未分解完成,这形成了 AP 组分分解的第二个阶段,如图 5.62(b-Ⅱ)所示。

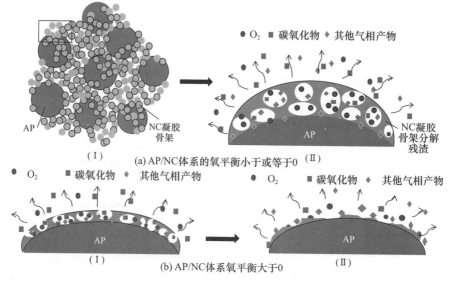

图 5.62　AP/NC 纳米复合含能材料热分解模型

2) DSC 分析

图 5.63 为 NC 气凝胶、Ⅰ 类 AP、7μm AP 以及不同 AP 质量分数 AP/NC 纳米复合含能材料的 DSC 曲线。由图可知,与 AP/NC 纳米复合含能材料的 DTG 曲线相对应,AP/NC 纳米复合含能材料在氧平衡小于或等于零时,有两个放热阶段:第一个阶段为 NC 凝胶骨架分解放热;第二个阶段为 NC 凝胶骨架分解剩余残炭与 AP 分解产物 O_2 反应放热和 AP 组分分解放热。而氧平衡大于零后,AP/NC 纳米复合含能材料出现三个放热阶段:第一个阶段为 NC 凝胶骨架分解放热;第二个阶段为 NC 分解剩余残炭与 AP 分解产物反应放热;第三个阶段为 NC 凝胶骨架残炭分解完成后,剩余 AP 分解放热。由于氧平衡小于零时,体系处于负氧状态,NC 凝胶骨架分解产生的残炭与 AP 组分的分解产生的氧化性气体反应及 AP 自身的分解反应同时进行,只有一个放热阶段。氧平衡大于零时,体系处于富氧状态,部分 AP 在与 NC 凝胶骨架分解产生的残炭骨架反应完成后,剩余的 AP 继续分解,出现第三个放热峰。

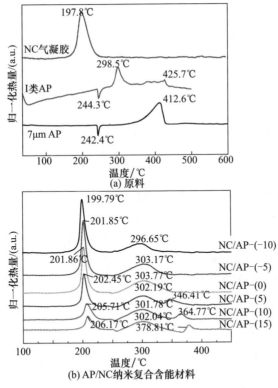

图 5.63 NC 气凝胶、AP 及 AP/NC 纳米复合含能材料的 DSC 曲线

为分析 AP/NC 纳米复合含能材料中 NC 凝胶骨架与 AP 之间的相互作用,

对 AP 质量分数相同的 NC 气凝胶 + AP 物理共混物的热分解过程进行了考查。NC 气凝胶 + AP 物理共混物的 TG 及 DTG 曲线如图 5.64 所示。

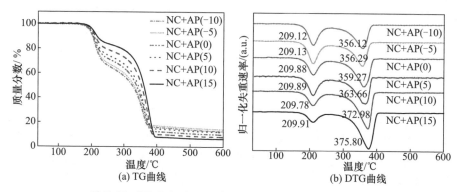

图 5.64　NC 气凝胶 + AP 物理共混物的 TG 及 DTG 曲线

由图可知，NC 气凝胶 + AP 物理共混物体系的热分解只有两个分解阶段，分别对应 NC 气凝胶的分解以及 AP 的分解。与 AP/NC 纳米复合含能材料不同，在物理共混物体系氧平衡大于零后，AP 的分解仍为一个分解阶段，这是由于物理共混物体系中 NC 气凝胶与 AP 颗粒不是紧密接触，NC 气凝胶分解剩余的多孔残渣对 AP 分解产生的气相产物吸附作用较弱，使 NC 气凝胶残渣与 AP 分解产生的 O_2 反应不再明显，因此物理共混物中 AP 仅有一个分解阶段。由图还可看出，AP/NC 纳米复合含能材料中 AP 组分的最大分解温度均低于相同 AP 含量的物理共混物，这是由于物理共混物中 NC 气凝胶组分与 AP 组分两相分离，NC 气凝胶分解产生的氮氧化物对 AP 分解的催化作用减弱，使物理共混物中 AP 组分的分解温度较复合体系高；同时由于 NC 气凝胶分解的预热及较弱的催化作用，物理共混物中 AP 组分的最大分解温度与 AP 原料相比降低，最大可提前 21℃。

图 5.65 为 NC 气凝胶 + AP 物理共混物的 DSC 曲线。由图可知，与其 DTG 曲线相对应，NC 气凝胶 + AP 物理共混物中 AP 组分的放热峰只有一个，原因与其 DTG 曲线上出现一个分解阶段类似。

分别对 AP/NC 纳米复合含能材料及 NC 气凝胶 + AP 物理共混物的 DSC 曲线放热峰进行积分，可得到样品的总分解热，如表 5.26 所列。

表 5.26　AP/NC 纳米复合含能材料及 NC 气凝胶 + AP 物理共混物的表观分解热

氧平衡 OB/%	AP/NC 纳米复合含能材料 分解热/(J·g^{-1})			NC 气凝胶 + AP 物理共混物 分解热/(J·g^{-1})		
	NC 组分贡献	AP 组分贡献	总热量	NC 组分贡献	AP 组分贡献	总热量
−10	1027.2	785.1	1812.6	957.2	256.3	1213.5

续表

氧平衡 OB/%	AP/NC 纳米复合含能材料 分解热/(J·g⁻¹)			NC 气凝胶 + AP 物理共混物 分解热/(J·g⁻¹)		
	NC 组分贡献	AP 组分贡献	总热量	NC 组分贡献	AP 组分贡献	总热量
-5	950.3	897.4	1847.7	842.4	298.4	1140.8
0	897.8	1278.5	2176.3	698.3	312.7	1011
5	660.6	1277.6	1938.2	602.4	350.4	952.8
10	523.5	1194.3	1717.8	452.7	396.5	849.2
15	430.3	1014.2	1444.5	357.4	430.4	787.8

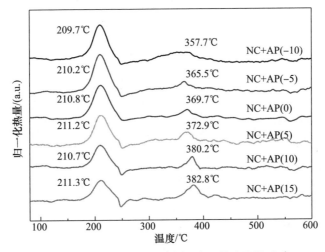

图 5.65　NC 气凝胶 + AP 物理共混物的 DSC 曲线

由表 5.26 可知，AP/NC 纳米复合含能材料的分解热随 AP 质量分数增加而增大，且体系氧平衡为零时，分解热最高达到 2176.3J/g，之后随 AP 含量增加分解热降低。AP/NC 复合体系中，NC 多孔凝胶骨架覆盖于 AP 表面，其分解后剩余的多孔骨架残渣对 AP 分解时生成的气体具有良好的吸附能力，同时由于体系处于缓慢升温状态(10℃/min)，NC 残渣可以充分与 AP 生成的 O_2 进一步反应放出热量，因此 AP/NC 复合体系在氧平衡为 0 时，分解热最高。NC 气凝胶 - AP 物理共混体系的总分解热甚至低于 NC 气凝胶的分解热(1689.2J/g)，这是由于物理共混体系中 NC 气凝胶与 AP 颗粒不能充分接触，且 AP 颗粒的加入阻碍了 NC 气凝胶在分解过程中的热传导过程，使 NC 气凝胶的分解不充分；且共混体系中 NC 气凝胶分解残渣对 AP 分解生成气体的吸附有限，不能充分与 O_2 反应，体系分解热降低。

3) AP/NC 纳米复合含能材料的热分解动力学分析

根据 AP/NC 纳米复合含能材料中 NC 组分最大分解温度及 AP 最大分解温度，分别得到复合体系中 NC 组分活化能和 AP 组分的活化能拟合曲线，如图 5.66 所示。

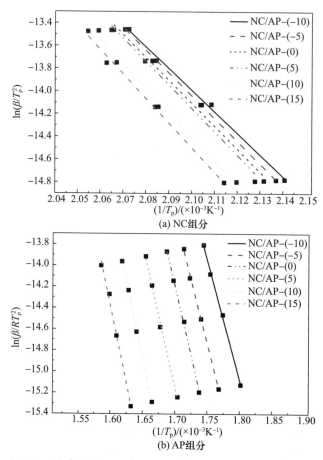

图 5.66　AP/NC 纳米复合含能材料中 NC 组分(a)和 AP 组分(b)活化能拟合曲线

根据 Kissinger 方程计算得出 AP/NC 纳米复合含能材料中 NC 组分的分解活化能，根据 Arrhenius 公式计算得出 NC 组分在 200℃ 时的反应速率常数，如表 5.27 所列，同样可得到 AP 组分的活化能及其在最大分解温度处的反应速率常数，如表 5.28 所列。AP/NC 纳米复合含能材料中 NC 凝胶骨架在 AP 质量分数较低时与 NC 气凝胶(166.89kJ/mol)相差不大；AP 含量大于 60% 后，NC 凝胶骨架的活化能略有增大，其最大分解温度处的分解速率常数与 NC 气凝胶(0.014s^{-1})相比，也没有明显变化，说明 AP 复合对 NC 凝胶骨架的分解难易程度及反应速率没有明显影响。由表 5.27 可知，与原料 AP 相比，复合体系中 AP

组分的活化能明显升高,即 AP 组分更加不易分解,说明复合体系中 AP 的稳定性明显提高;而复合体系中 AP 组分最大分解温度对应的反应速率常数与原料 AP 相比,有明显提高,说明达到 AP 分解温度后,复合体系中 AP 组分具有更快的反应速率。这是由于 NC 凝胶骨架可吸附气体分解产物,其中的氮氧化物可对其自身分解产生催化作用导致的。

表 5.27 AP/NC 纳米复合含能材料中 NC 组分的分解活化能及其分解速率常数

样品	$\ln(\beta/T_p^2)-(1/T_p)$ 斜率	$E_a/(kJ \cdot mol^{-1})$	γ	A/s^{-1}	K/s^{-1}
AP/NC-(-10)	-18.973	157.75	0.9985	3.21×10^{15}	0.014
AP/NC-(-5)	-19.94	165.82	0.9999	2.46×10^{16}	0.015
AP/NC-(0)	-20.11	167.17	0.9907	3.27×10^{16}	0.014
AP/NC-(5)	-20.52	170.69	0.9862	7.76×10^{16}	0.014
AP/NC-(10)	-21.27	176.87	0.9911	2.97×10^{17}	0.016
AP/NC-(15)	-21.55	179.15	0.9990	4.88×10^{17}	0.015

表 5.28 AP/NC 纳米复合含能材料中 AP 组分的分解活化能及其分解速率常数

样品	$\ln(\beta/T_p^2)-(1/T_p)$ 斜率	$E_a/(kJ \cdot mol^{-1})$	γ	A/s^{-1}	K/s^{-1}
AP	-12.17	106.43	0.9993	6.91×10^{5}	0.0024
AP/NC-(-10)	-21.88	181.92	0.999	7.44×10^{14}	0.0059
AP/NC-(-5)	-23.11	192.18	0.9992	3.10×10^{15}	0.0060
AP/NC-(0)	-25.92	215.49	0.999	2.40×10^{17}	0.0066
AP/NC-(5)	-26.14	217.32	0.9987	1.19×10^{17}	0.0062
AP/NC-(10)	-27.48	228.47	0.9997	3.87×10^{17}	0.0061
AP/NC-(15)	-28.52	237.13	0.997	8.58×10^{17}	0.0063

4. AP/NC 纳米复合含能材料的其他性能

1) 机械感度

受到撞击作用后,机械能转换为热能使 AP 发生热分解。大粒径 AP 受到撞击后其表面的缺陷处首先进入低温分解阶段,发生解离生成 NH_3 及 $HClO_4$,形成热点。其中部分未与 $HClO_4$ 反应的 NH_3 覆盖在 AP 晶体表面,在没有外界提供热量的情况下,NH_3 不易发生解吸,因此 NH_3 可快速覆盖 AP 晶体表面使低温分解阶段结束,并阻碍了其高温分解。由于低温分解所释放的热量不足以达到 AP 起爆的临界温度,大粒径 AP 受撞击时形成的热点仅能引起炸药部分分解。而小粒径 AP 由于不存在低温分解阶段,在受到外力撞击时机械能转化的热能可完全加热晶体至其热点温度引发爆炸,所以小粒径 AP 与大粒径 AP 相比具有更高的撞击感度。

图5.67及表5.29为AP、AP/NC纳米复合含能材料及NC气凝胶+AP物理共混物的特性落高(落锤质量分别为2kg和5kg)。由图可知,AP/NC纳米复合含能材料及NC气凝胶+AP物理共混物的特性落高均随着AP质量分数的增加,体系的敏感性由NC凝胶骨架(气凝胶)控制转为受AP控制,因此其特性落高随AP含量增加而减小,但在AP质量分数为74%(OB=15%)时,AP/NC纳米复合含能材料的特性落高为59cm(2kg落锤),撞击感度明显低于7μm AP($H_{50}=43cm,2kg$)。相同AP质量分数时,AP/NC纳米复合含能材料的撞击感度明显低于NC气凝胶+AP物理共混物,AP/NC纳米复合含能材料中,AP颗粒周围被具有纳米孔隙NC凝胶骨架覆盖,在受到外力冲击时,NC纳米多孔结构可迅速分散外力,使机械能转化的热量不能集中形成热点,其撞击感度降低;而NC气凝胶+AP物理共混物在受到外力冲击后,虽然其中的NC气凝胶可分散部分外力,但是由于NC气凝胶与AP颗粒的分散不均匀,不能充分接触,使AP颗粒表面仍可形成热点,引起爆炸,因此物理共混物的机械感度较高。

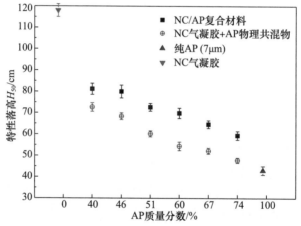

图5.67 AP、AP/NC纳米复合含能材料及NC气凝胶+AP物理共混物的特性落高(落锤质量2kg)

表5.29 AP、AP/NC纳米复合含能材料及NC气凝胶+AP物理共混物的特性落高

样品氧平衡系数/%	特性落高H_{50}(落锤质量2kg)/cm		特性落高H_{50}(落锤质量5kg)/cm	
	纳米复合	物理共混	纳米复合	物理共混
−10	81	73	52	43
−5	80	68	48	37
0	72	60	43	34

续表

样品氧平衡系数/%	特性落高 H_{50}（落锤质量2kg）/cm		特性落高 H_{50}（落锤质量5kg）/cm	
	纳米复合	物理共混	纳米复合	物理共混
5	70	55	37	31
10	64	52	32	29
15	59	47	31	25
NC 气凝胶	118		70	
原料 AP	43		23	

2）爆热

图 5.68 及表 5.30 为 NC 气凝胶、AP、不同 AP 质量分数的 AP/NC 纳米复合含能材料及 NC 气凝胶 + AP 物理共混物的爆热。由于 NC 为负氧材料，分解时体系中的氧不足，使其热量释放较低；而 AP 虽然含有大量氧，但由于体系中缺乏可燃基团，爆炸时产物能量比较低。AP/NC 纳米复合含能材料中 NC 凝胶骨架在爆炸时生成的不完全碳氧化物可与 AP 爆炸时产生的氧气进一步氧化反应生成更加稳定的氧化产物，使 AP/NC 纳米复合含能材料的爆热与 NC 气凝胶、原料 AP 相比均有大幅提高。与体系 DSC 放热不同，实际爆炸反应为瞬间反应，NC 组分与 AP 组分不能按照理论计算充分反应实现理想化爆炸，因此复合体系在氧平衡为 5%（并不是 0）时，体系爆热值达到最大，为 5636.9kJ/kg^{-1}；而 DSC 放热则是体系在缓慢升温过程中，各组分可充分反应释放热量，因此 DSC 放热量在体系氧平衡为 0 时最高。NC 气凝胶 + AP 物理共混物随 AP 质量分数增加，其爆热值随之增大，并在 AP 质量分数为 67%（OB = 10%）时，体系爆热值达到最高，为 5146.5kJ/kg^{-1}。NC 气凝胶 + AP 物理共混体系中，两组分并不能达

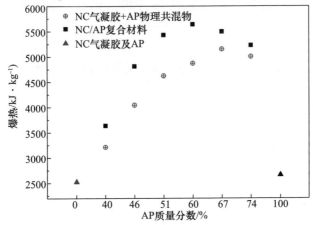

图 5.68　NC 气凝胶、AP 及不同 AP 质量分数的 AP/NC 纳米复合含能材料的爆热

到充分接触的状态,在爆炸过程中两者生成的气相产物不能充分反应,使共混体系的爆热值低于同配比的 AP/NC 纳米复合含能材料,且物理共混体系中需要氧平衡过量至 10% 时体系爆热值最高。

表 5.30 NC 气凝胶、AP 及不同 AP 质量分数的 AP/NC 纳米复合含能材料的爆热

氧平衡系数/%	纳米复合爆热/(kJ·kg^{-1})	物理共混物爆热/(kJ·kg^{-1})
NC 气凝胶	2525.8	
原料 AP	2659.9	
−10	3638.4	3212.4
−5	4812.4	4043.8
0	5427.6	4623.1
5	5636.9	4867.8
10	5493.5	5146.5
15	5223.4	5000.4

3) 密度

表 5.31 列出 AP/NC 纳米复合含能材料的密度。由于原料 AP 粒径较小,堆积结构较为松散,颗粒之间存在少量孔隙,使其实测密度值略低于其理论值(1.96g/cm^3)。AP/NC 纳米复合含能材料的密度随 AP 质量分数增加而增大。由于 AP 颗粒尺寸相对于 NC 凝胶骨架颗粒尺寸较大,在 AP/NC 复合体系中 AP 并未参与 NC 凝胶骨架构成,但 AP 颗粒的存在占据了 NC 的凝胶体积,使单位体积内 NC 形成的凝胶体积减小,NC 凝胶骨架的孔体积减小,因此 AP/NC 复合体系随 AP 质量分数增加,其密度增大并逐渐接近纯 AP 密度。但由于 AP/NC 纳米复合含能材料中 NC 凝胶骨架的存在使体系仍具有多孔结构且 NC 自身密度(1.66g/cm^3)低于 AP 密度,故在 AP 质量分数为 74% 时,密度为 1.74g/cm^3。

表 5.31 AP 及 AP/NC 纳米复合含能材料的密度

AP 质量分数/%	密度/(g·cm^{-3})
100	1.94
40	1.23
46	1.32
51	1.46
60	1.53
67	1.64
74	1.74

5.3.4 三种二组元纳米复合含能材料的结构及性能对比

NC 气凝胶及三种二组元纳米复合含能材料的基本性能数据列于表 5.32 中。

表 5.32 NC 气凝胶及二组元纳米复合含能材料的结构与性能数据

	NC 气凝胶	Al/NC	RDX/NC	AP/NC
纳米复合含能材料比表面积/($m^2 \cdot g^{-1}$)	203.75	165.03	83.11	88.90
纳米复合含能材料分解热/($J \cdot g^{-1}$)	1689.21	1605.50	1569.71	2176.3
物理共混物分解热	—	1136.78	1303.50	1011.0
复合含能材料爆热/($kJ \cdot kg^{-1}$)	2525.8	3672.4	3588.2	5427.6
物理共混物爆热/($kJ \cdot kg^{-1}$)	—	3151.6	3412.5	4623.1
纳米复合含能材料撞击感度(落锤质量5kg)/cm	70	95	31	43
纳米复合含能材料撞击感度(落锤质量2kg)/cm	>120	109	48	72

注:① $w(Al)/w(NC) = 5:10$;
② $w(RDX)/(w(RDX)+w(NC)) = 50\%$;
③ 氧平衡系数为 0。

由表可知,三种二组元纳米复合含能材料均使 NC 气凝胶的比表面积明显下降:Al/NC 纳米复合含能材料中纳米铝粉颗粒部分成为凝胶骨架,部分进入凝胶骨架孔隙中;RDX/NC 纳米复合含能材料中 RDX 晶粒在 NC 凝胶骨架的孔隙中结晶,且由于 NC 凝胶孔隙的尺寸限制使 RDX 晶粒为纳米级;AP/NC 复合含能材料由于 AP 颗粒相对 NC 凝胶骨架颗粒较大,既不参与 NC 凝胶骨架的构成也不受凝胶骨架限制。由于 Al/NC、RDX/NC 纳米复合含能材料体系的负氧特性,及 Al 粉并未参与 NC 凝胶骨架分解反应,两种复合材料的分解热略低于 NC 气凝胶,但均明显高于其同配比下物理共混物。由于纳米复合体系中各组分间可充分接触、在爆炸反应中各气相产物间可充分反应,二组元纳米复合含能材料体系爆热值均有大幅度提高。

5.4 NC 基三组元纳米复合含能材料

在 5.3 节中,采用溶胶 - 凝胶法可成功制备出 Al/NC、RDX/NC 以及 AP/NC 纳米复合含能材料,结果表明:RDX/NC 以及 AP/NC 纳米复合体系中 RDX、AP 的平均晶粒尺寸均为纳米级;纳米铝粉、RDX 及 AP 与 NC 凝胶骨架复合后,可降低体系比表面积、使体系孔隙率下降;同时体系中两种组分间的接触更为紧密,在热分解过程中可相互作用,使体系的热分解过程更为完全,与同配比物理共混物相比热释放效率更高。

本节在二组元纳米复合含能材料的制备基础上,采用溶胶–凝胶法,分别制备了 RDX/Al/NC、RDX/AP/NC、AP/NC/Al 三组元纳米复合含能材料,并对其结构和性能进行了介绍。

5.4.1 RDX/Al/NC 纳米复合含能材料

1. RDX/Al/NC 三组元纳米复合含能材料的制备

RDX/Al/NC 纳米复合含能材料的制备过程如图 5.69 所示。RDX/Al/NC 纳米复合含能材料的模拟图如图 5.70 所示。

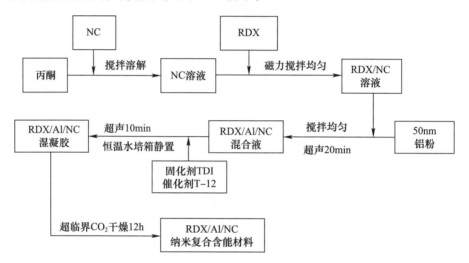

图 5.69　RDX/Al/NC 纳米复合含能材料的制备过程

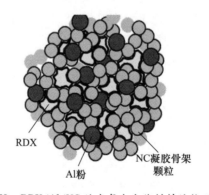

图 5.70　RDX/Al/NC 纳米复合含能材料结构示意图

取 RDX/NC 纳米复合含能材料中 RDX 质量分数最高的 RDX/NC–50%,添加不同比例 50nm 铝粉,考查纳米铝粉的添加对 RDX/NC 纳米复合含能材料性能的影响。主要研究由 $w(\text{RDX})/w(\text{Al})/w(\text{NC})$ 分别为 10∶10∶1、10∶10∶3、10∶10∶5、10∶10∶7、10∶10∶9 时制备的 RDX/Al/NC-10∶10∶1、RDX/Al/NC-10∶10∶3、RDX/Al/NC-10∶10∶5、RDX/Al/NC-10∶10∶7 和 RDX/Al/NC-10∶10∶9。

2. RDX/Al/NC 纳米复合含能材料的结构

1）RDX/Al/NC 纳米复合含能材料的 XRD 测试

图 5.71 为 NC 气凝胶、RDX、Al 及 RDX/Al/NC 纳米复合含能材料的 XRD 衍射谱图。RDX/Al/NC 纳米复合含能材料中同时出现了 RDX 及 Al 的特征衍射峰，且衍射峰位置没有发生变化，说明溶胶-凝胶法制备过程没有影响 RDX 及 Al 的晶型。随着复合体系中 Al 粉比例的增加，NC 凝胶骨架的弥散峰高逐渐下降。与原料 RDX 衍射峰相比，复合体系中 RDX 衍射峰有宽化现象，这是由于 RDX 在 NC 与纳米铝粉共同形成的凝胶骨架的孔隙中结晶，孔隙大小限制了 RDX 晶粒增长，导致 RDX 晶粒变小，衍射增强。根据 Scherrer 公式 $d=k\lambda/(\beta\cos\theta)$，计算得出不同 Al 配比的 RDX/Al/NC 纳米含能材料中 RDX 的平均粒径及纳米铝粉的平均粒径列于表 5.33 中。

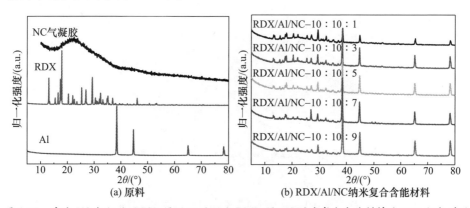

图 5.71 空白 NC 气凝胶、RDX、Al 及不同配比 RDX/Al/NC 纳米复合含能材料的 XRD 衍射谱图

表 5.33 不同配比 RDX/Al/NC 纳米复合含能材料中 RDX 的粒径

样品	RDX 粒径/nm	Al 粉粒径/nm
NC/RDX-10∶10∶0	96.16	—
RDX/Al/NC-10∶10∶1	55.14	43.5
RDX/Al/NC-10∶10∶3	55.12	44.2
RDX/Al/NC-10∶10∶5	45.16	43.7
RDX/Al/NC-10∶10∶7	45.16	43.1
RDX/Al/NC-10∶10∶9	33.19	42.7

由表5.33可知,与未添加 Al 的 RDX/NC 纳米复合含能材料相比,RDX/Al/NC 纳米复合含能材料中 RDX 的平均粒径更小,这是纳米铝粉与 NC 凝胶骨架复合后,部分存在于凝胶骨架上的 Al 粉对 NC 凝胶骨架起到增强作用,以 NC – Al 共同形成的多孔结构对 RDX 结晶的束缚能力增强,使其晶粒不易长大导致的。在 NC 凝胶骨架与 RDX 质量比相同的情况下,随着 Al 粉比例的增加,RDX 的粒径随之下降,这是由于随着纳米铝粉含量增加,RDX 的相对含量减少,在骨架孔隙中结晶的 RDX 量减少;同时随着纳米铝粉含量增加,进入到凝胶骨架孔隙中的 Al 颗粒相对增加,使 RDX 结晶的孔隙体积减小,两方面因素共同导致 RDX 粒径降低。表5.33同时给出了 RDX/Al/NC 纳米复合含能材料中由 Scherrer 公式计算得出的纳米铝粉颗粒平均粒径,可知复合体系中纳米铝粉颗粒的平均粒径为43nm 左右,与 Al/NC 二组元纳米复合体系中 Al 粉粒径相近。

2)RDX/Al/NC 纳米复合含能材料的 SEM 表征

图5.72 为 RDX/Al/NC 纳米复合含能材料的 SEM 图。由图可知,纳米铝粉在凝胶骨架上的分布较为均匀,没有明显团聚。与 RDX/NC 纳米复合含能材料的微观结构类似,RDX/Al/NC 纳米复合含能材料中 RDX 颗粒与 NC 凝胶骨架基体没有明显界限。

图5.72　RDX/Al/NC 纳米复合含能材料的 SEM 图

对 RDX/Al/NC 纳米复合含能材料选定区域进行能谱测试,得到 Al 元素的面分布图,如图5.73所示。由图可知,纳米铝粉颗粒在复合材料中的分布均匀。

3)RDX/Al/NC 纳米复合含能材料的 N_2 吸附测试

图5.74 为 RDX/Al/NC 的 N_2 吸附 – 脱附等温曲线。由图可知,RDX/Al/NC 纳米复合含能材料的吸附 – 脱附等温曲线与 NC 气凝胶的吸附 – 脱附等温曲线类型相同,均为Ⅳ类,迟滞回线类型为 H1 型,属于典型的介孔(2～50nm)材料,孔结构为两端开放的管状毛细孔。RDX/Al/NC 纳米复合含能材料的孔隙

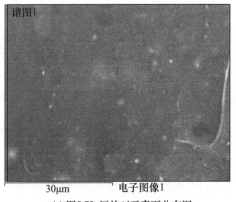

(a) 图5.72a区的Al元素面分布图　　(b) 图5.72b区的Al元素面分布图

图 5.73　RDX/Al/NC 纳米复合含能材料选定区域的 Al 元素面分布图

类型与 NC 气凝胶、Al/NC 及 RDX/NC 纳米复合含能材料的孔结构相比,并未发生改变。这是由于 NC 凝胶网络为化学交联结构,纳米铝粉在凝胶形成前添加,部分 Al 颗粒成为凝胶骨架的一部分,RDX 在此凝胶网络中结晶并不影响 NC 凝胶骨架交联网络的形成,干燥后仍为管状开孔结构。

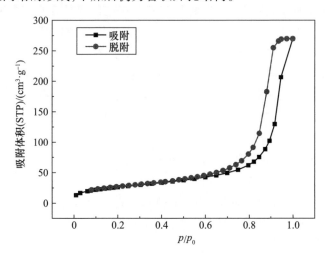

图 5.74　RDX/Al/NC 的 N_2 吸附-脱附等温曲线

不同质量比例下的 RDX/Al/NC 纳米复合含能材料的比表面积、平均孔径及孔体积如表 5.34 所列。与未添加 Al 的 RDX/NC 纳米复合含能材料相比,RDX/Al/NC 纳米复合含能材料在 Al 含量较低时,比表面积更大,说明纳米铝粉颗粒主要参与凝胶骨架形成,增加了凝胶骨架强度,使体系在干燥时不易塌陷,比表面积较大,孔体积也较大;随着 Al 质量分数增加,凝胶骨架孔隙中的 Al 质量分数增加,使其比表面积及孔体积逐渐下降。由5.3.1节可知,随着纳米铝粉质量分数的增加,Al/NC纳米复合含能材料的比表面积下降趋势并不明显(Al/NC-10:1为170.71m^2/g,Al/NC-10:9为121.66m^2/g),而RDX/Al/NC纳米复合含能材料的比表面积随Al粉质量分数的增加,明显下降,说明RDX在凝胶孔隙中的结晶析出,占据了部分孔体积,使体系比表面积下降。

表5.34　RDX/Al/NC纳米复合含能材料的比表面积、平均孔径及孔体积

样品	比表面积/($m^2 \cdot g^{-1}$)	平均孔径/nm	孔体积/($cm^3 \cdot g^{-1}$)
RDX/NC-10:10	83.11	15.40	0.32
RDX/Al/NC-10:10:1	101.41	20.46	0.51
RDX/Al/NC-10:10:3	91.76	17.47	0.42
RDX/Al/NC-10:10:5	89.45	16.14	0.39
RDX/Al/NC-10:10:7	78.22	19.26	0.36
RDX/Al/NC-10:10:9	25.01	21.42	0.13

RDX/NC、Al/NC及RDX/Al/NC纳米复合含能材料的微观结构示意图如图5.75所示。由5.3节Al/NC及RDX/NC纳米复合含能材料的N_2吸附测试结果可知,纳米铝粉颗粒对NC凝胶骨架起到了一定的支撑作用,使NC凝胶骨架强度增加,Al粉质量分数增加后,Al颗粒进入骨架孔隙使其比表面积下降;而RDX/NC纳米复合含能材料中纳米RDX晶粒可对凝胶骨架的孔隙起到填充作用,使其比表面积下降。因此RDX/Al/NC纳米复合含能材料在纳米铝粉含量较低时,由于纳米铝粉对NC凝胶骨架形成了增强作用,体系的孔隙不易塌陷,体系中反而出现更多的孔隙;当Al质量分数增大后,较多的Al颗粒进入到凝胶骨架孔隙中,使体系孔隙体积下降。

3. RDX/Al/NC纳米复合含能材料的热性能

1) RDX/Al/NC纳米复合含能材料的TG分析

图5.76为不同配比RDX/Al/NC纳米复合含能材料的TG及DTG曲线。对样品的DTG曲线利用高斯方程进行分峰可分别得到体系中NC组分及RDX组分的最大分解温度。

由图可知,RDX/Al/NC纳米复合含能材料中NC组分最大分解温度较未添加纳米铝粉的RDX/NC-50%体系(206.8℃)有所提前,这是由于纳米铝粉的加入对体系的热分解具有一定的催化作用导致的。同时随着Al粉质量分数的增加,RDX/Al/NC纳米复合含能材料中NC组分的最大分解温度随之延后,这与Al/NC纳米复合含能材料中NC组分的最大分解温度随Al粉含量变化的趋势一致。其原因是部分纳米铝粉颗粒参与了凝胶骨架的形成,一定程度上阻碍

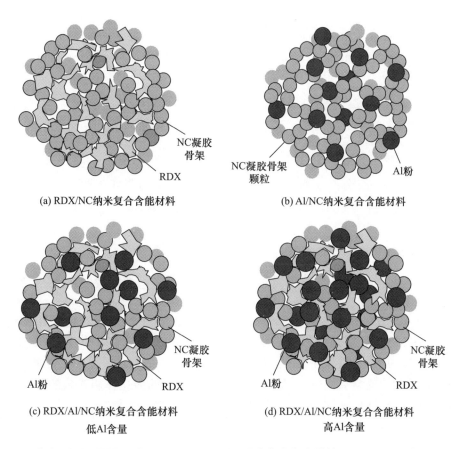

图 5.75　RDX/NC、Al/NC 及 RDX/Al/NC 纳米复合含能材料的微观结构示意图

了 NC 凝胶骨架分解时的传质效率,Al 粉质量分数越多,其阻碍作用越明显,使 NC 组分的最大分解温度随 Al 粉质量分数增加朝高温方向移动。

在 Al 质量分数较低时,RDX/Al/NC 纳米复合含能材料中 RDX 组分的最大分解温度与 RDX/NC-50% 中 RDX 组分的最大分解温度(246.4℃)相比,提前了 9~11℃;且随着 Al 质量分数的增加,RDX/Al/NC 纳米复合含能材料中 RDX 组分的最大分解温度随之朝高温方向移动。有两个方面原因:一是纳米铝粉对 RDX 的热分解有一定催化作用;二是体系中纳米铝粉颗粒的存在,使凝胶骨架强度增大,对 RDX 晶粒生长的限制作用增强,RDX 晶粒尺寸与 RDX/NC 纳米复合含能材料中 RDX 晶粒相比有明显降低,RDX 晶粒尺寸减小。当纳米铝粉质量分数增大后,虽然体系中 RDX 晶粒尺寸随 Al 质量分数增加而减小,但同时单位体积内 RDX 质量分数减少且被 NC 凝胶骨架及 Al 颗粒分散,在分解过程中受传热及传质过程限制,使其分解温度朝高温方向移动。

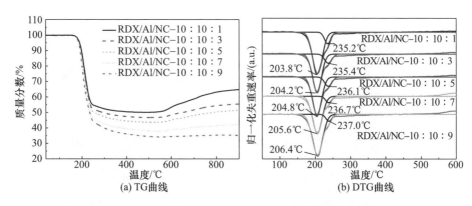

图 5.76　不同配比 RDX/Al/NC 纳米复合含能材料的 TG-DTG 曲线

2) RDX/Al/NC 纳米复合含能材料的 DSC 分析

图 5.77 为不同配比 RDX/Al/NC 纳米复合含能材料的 DSC 曲线。由图可知,RDX/Al/NC 纳米复合含能材料中 NC-RDX 组分的放热峰分为 NC 凝胶骨架放热和 RDX 放热两个放热阶段,且由于测试过程为缓慢升温过程,Al 粉并不参与 NC-RDX 组分的热分解过程。由图可知,由于纳米铝粉的催化作用,RDX/Al/NC 纳米复合含能材料中 NC 组分及 RDX 组分的 DSC 放热峰温与 RDX/NC-50%(NC 组分 DSC 放热峰温 205.2℃,RDX 组分 DSC 放热峰温 236.5℃)相比均略有提前,这是纳米铝粉对其分解的催化作用导致的;同时随着 Al 粉含量增加,NC 组分及 RDX 组分的 DSC 放热峰温随之升高,这是纳米铝粉含量增多限制了体系分解时传质过程造成的。

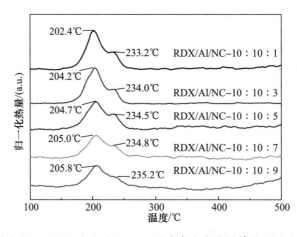

图 5.77　不同配比 RDX/Al/NC 纳米复合含能材料的 DSC 曲线

对 RDX/Al/NC 纳米复合含能材料的放热峰进行积分得到其分解热,如

表5.35所列。由于体系中 Al 粉在500℃以下并不参与分解反应,因此样品的分解热除以体系中 NC + RDX 组分的百分比含量后,得到了纯 RDX/NC 组分的分解热。由表可知,RDX/Al/NC 纳米复合含能材料中 NC 与 RDX 的分解热均高于 RDX/NC – 50% 纳米复合含能材料的分解热,说明纳米铝粉对体系中 NC 与 RDX 的分解催化作用使两组分的分解反应更为充分,放热量增加。

表 5.35 不同配比 RDX/Al/NC 纳米复合含能材料的分解热

样品	分解热/(J·g^{-1})	RDX/NC 组分分解热/(J·g^{-1})
RDX/Al/NC – 10∶10∶0	1569	1569
RDX/Al/NC – 10∶10∶1	1541.6	1618.7
RDX/Al/NC – 10∶10∶3	1484.2	1706.8
RDX/Al/NC – 10∶10∶5	1376.5	1720.6
RDX/Al/NC – 10∶10∶7	1190.5	1607.2
RDX/Al/NC – 10∶10∶9	1098.7	1593.1

3) RDX/Al/NC 纳米复合含能材料的热分解动力学

采用非等温法,在不同升温速率(5℃/min、10℃/min、15℃/min、20℃/min)下分别对 RDX/Al/NC 纳米复合含能材料进行了热失重测试,得到样品在不同升温速率下的 DTG 曲线,利用高斯方程对其进行分峰处理,分别得到了 NC 组分及 RDX 组分的最大分解温度,代入 Kissinger 方程,以 $1/T_p$ 对 $\ln(\beta/T_p^2)$ 作图,得到对应活化能拟合曲线,如图 5.78 所示。计算得出 NC 组分活化能、RDX 组分活化能以及通过 Arrhenius 公式计算得出两种组分在其最大分解温度所对应的分解速率常数,如表 5.36 和表 5.37 所列。

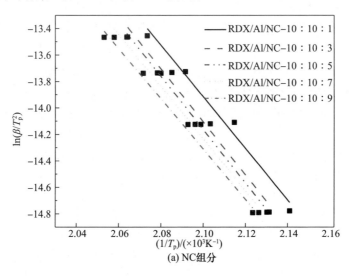

(a) NC组分

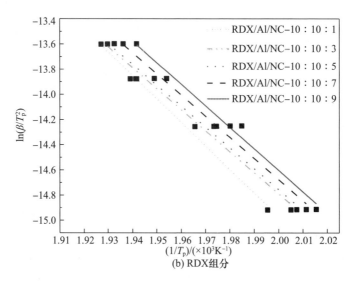

图 5.78 RDX/Al/NC 纳米复合含能材料中 NC 组分和 RDX 组分活化能拟合曲线

表 5.36 RDX/Al/NC 纳米复合含能材料中 NC 组分的分解
活化能及最大分解速率出对应的反应速率常数

样品	$\ln(\beta/T_p^2)-(1/T_p)$ 曲线的斜率	$E_a/(\text{kJ}\cdot\text{mol}^{-1})$	γ	A/s^{-1}	k/s^{-1}
RDX/Al/NC-10∶10∶0	-22.42	186.43	0.999	3.82×10^{18}	0.010
RDX/Al/NC-10∶10∶1	-18.39	152.90	0.995	2.73×10^{13}	0.012
RDX/Al/NC-10∶10∶3	-18.53	154.05	0.993	2.75×10^{13}	0.012
RDX/Al/NC-10∶10∶5	-18.66	155.16	0.993	4.12×10^{13}	0.012
RDX/Al/NC-10∶10∶7	-19.25	160.01	0.992	5.06×10^{13}	0.012
RDX/Al/NC-10∶10∶9	-20.34	169.15	0.994	1.00×10^{14}	0.014

由表 5.36 可知，与 RDX/NC 纳米复合含能材料（RDX/NC-50%）相比，RDX/Al/NC 纳米复合含能材料中 NC 组分的活化能明显降低，且随着纳米铝粉质量分数的增加，体系中 NC 组分的活化能随之增大。这是由于纳米铝粉对 NC 组分的热分解具有一定催化作用，使其活化能降低；当体系中 Al 粉质量分数增加后，单位体积内 NC 的质量分数降低，其活化能升高。与 Al/NC 纳米复合含能材料中 NC 组分的活化能（149.7~155kJ/mol）相比，RDX/Al/NC 纳米复合含能材料中 NC 组分的活化能增大。这是由于与 Al/NC 二组元纳米复合体系相比，RDX/Al/NC 三组元纳米复合体系的孔隙中存在 RDX 晶粒，RDX 的存在限制了 NC 凝胶骨架在热分解时的传质过程，导致其活化能与 Al/NC 纳米复合体系相比活化能增大，稳定性升高。NC 凝胶骨架在最大分解温度处的反应速率常数

与 RDX/NC-50% 中 NC 组分相比明显提高,说明纳米铝粉的催化作用使体系中 NC 凝胶骨架的分解速率加快。

表 5.37 RDX/Al/NC 纳米复合含能材料中 RDX 组分的分解活化能及最大分解速率处对应的反应速率常数

样品	$\ln(\beta/T_p^2)-(1/T_p)$ 曲线的斜率	$E_a/(\text{kJ}\cdot\text{mol}^{-1})$	γ	A/s^{-1}	k/s^{-1}
RDX/Al/NC-10:10:0	-16.92	140.70	0.9897	2.794×10^{12}	0.0069
RDX/Al/NC-10:10:1	-19.483	161.99	0.993	1.38×10^{16}	0.013
RDX/Al/NC-10:10:3	-20.0383	166.55	0.994	2.78×10^{16}	0.014
RDX/Al/NC-10:10:5	-20.151	167.54	0.994	3.40×10^{16}	0.013
RDX/Al/NC-10:10:7	-20.52	170.63	0.992	7.28×10^{16}	0.014
RDX/Al/NC-10:10:9	-21.847	171.24	0.995	8.30×10^{16}	0.014

由表 5.37 可知,RDX/Al/NC 纳米复合含能材料中 RDX 组分的活化能与 RDX/NC-50% 中 RDX 组分相比明显增大,说明 RDX/Al/NC 纳米复合体系中 RDX 组分的稳定性提高。RDX/Al/NC 纳米复合含能材料中 RDX 的活化能受纳米铝粉催化作用及 RDX 浓度两方面因素控制。纳米铝粉的催化作用使 RDX 活化能降低,而 Al 粉含量增加后单位体积内 RDX 分子数降低使其活化能升高,在 RDX/Al/NC 纳米复合体系中后者对 RDX 活化能的控制作用更为明显,使 RDX 的活化能与 RDX/NC 纳米复合体系中相比增大。RDX 组分最大分解温度处的反应速率常数与 RDX/NC-50% 中的 RDX 组分相比有明显提升,说明 RDX/Al/NC 纳米复合含能材料中 RDX 一旦开始分解,其反应速率更快。

4. RDX/Al/NC 纳米复合含能材料的其他性能

1) 密度

表 5.38 列出 RDX/Al/NC 纳米复合含能材料的密度。RDX/Al/NC 纳米复合含能材料中 NC 与纳米铝粉颗粒共同形成凝胶骨架,RDX 晶粒在其凝胶骨架孔隙内结晶析出,且随着纳米铝粉含量的增加,进入到骨架孔隙内 Al 质量分数增加,因此随着体系中 Al 质量分数的增加,RDX/Al/NC 纳米复合含能材料的密度随之增大。在 Al 质量分数最大时(RDX:Al:NC=10:10:9),体系的密度可与纯 RDX(1.816g/cm^3)的密度相当。

表 5.38 RDX/Al/NC 纳米复合含能材料的密度

样品	密度/$(\text{g}\cdot\text{cm}^3)$
RDX/Al/NC-10:10:1	1.55
RDX/Al/NC-10:10:3	1.60

续表

样品	密度/(g·cm^{-3})
RDX/Al/NC-10:10:5	1.68
RDX/Al/NC-10:10:7	1.75
RDX/Al/NC-10:10:9	1.82

2）机械感度

表5.39 列出 RDX/Al/NC 纳米复合含能材料的特性落高（落锤质量 2kg、5kg，装药量(35±1)mg）。

表5.39 RDX/Al/NC 纳米复合含能材料的特性落高

样品	特性落高 H_{50}/(落锤质量 2kg)/cm		特性落高 H_{50}/(落锤质量 5kg)/cm	
	纳米复合	物理共混	纳米复合	物理共混
RDX/Al/NC-10:10:1	54	46	35	29
RDX/Al/NC-10:10:3	59	49	39	32
RDX/Al/NC-10:10:5	63	55	42	35
RDX/Al/NC-10:10:7	68	59	48	39
RDX/Al/NC-10:10:9	72	63	52	44
RDX/NC-50%	48	38	31	22
纳米铝粉	>120		>120	
NC 气凝胶	118		70	
RDX	43		23	

由表可知，与相同 NC-RDX 比例的 RDX/NC 纳米复合含能材料相比，RDX/Al/NC 纳米复合含能材料的感度明显降低；同时纳米复合含能材料与同配比的物理共混物相比，感度有所降低。与 Al/NC 纳米复合含能材料类似，RDX/Al/NC 纳米复合含能材料中部分纳米铝粉可参与形成凝胶骨架，使材料的骨架强度提高，因此在受到外力撞击作用时，能够有效地缓冲外力作用消耗能量。同时，由于纳米铝粉具有良好导热作用，可有效减小温度较高热点形成的概率，因此 RDX/Al/NC 纳米复合含能材料的撞击感度与 RDX/NC 纳米复合含能材料相比明显降低。此外，随着体系中纳米铝粉含量增加，体系中纳米铝粉对撞击感度的影响占主导作用，感度逐渐降低。

3）爆热

表 5.40 列出 RDX/Al/NC 纳米复合含能材料及同配比物理共混物的爆热。由表可知,RDX/Al/NC 纳米复合含能材料的爆热高于 RDX/NC-50%(3600kJ/kg)的爆热,说明在发生爆炸反应时,纳米铝粉可与体系中 NC 组分及 RDX 组分分解产生的氧化性气体反应释放出热量。同时,RDX/Al/NC 纳米复合含能材料的爆热高于同配比的物理共混物爆热,说明 RDX/Al/NC 纳米复合含能材料中组分间充分接触,使纳米铝粉能够更加充分地与 NC 组分及 RDX 组分的气相产物反应。在 RDX/Al/NC 纳米复合体系中,随着 Al 含量增加,体系的爆热值先增大后减小。由于 RDX/Al/NC 复合体系为负氧平衡体系,体系的贫氧性使参与反应的 Al 含量有限,在 Al 含量较低时,体系中 NC-RDX 含量相对较多,使 Al 粉能与相对较多的氧化性气体反应,爆热值升高；当 Al 含量较高时,体系中 NC-RDX 含量相对降低,产生的氧化性气体量减少,与 Al 粉的反应有限,体系爆热值降低。

表 5.40 RDX/Al/NC 纳米复合含能材料及同配比物理共混物的爆热

样品	复合材料爆热/(kJ·kg^{-1})	物理共混物爆热/(kJ·kg^{-1})
RDX/Al/NC-10:10:1	3950.6	3650.9
RDX/Al/NC-10:10:3	4231.2	3783.2
RDX/Al/NC-10:10:5	4992.8	3831.4
RDX/Al/NC-10:10:7	4798.2	3546.7
RDX/Al/NC-10:10:9	4316.8	3614.6

5.4.2 RDX/AP/NC 纳米复合含能材料

1. RDX/AP/NC 纳米复合含能材料的制备

RDX 为贫氧含能材料,氧平衡为 -21.6%,AP 为富氧含能材料,氧平衡指数为 34%,所以 RDX 与 AP 需要按一定比例复合在一起才能发挥最大的热释放效率。RDX、AP 混合后分解可能生成的气体有 CO_2、CO、CH_2O、H_2O、HCl、N_2、N_2O、NO、NO_2。由这些气体在标准状态下的生成热可知,CO_2 的标准生成热最小,为 -393.51kJ/mol,说明 CO_2 的生成过程为放热反应,且与其他产物相比其放热量最大；而氮氧化物的标准生成热都为正值,说明它们的生成反应为吸热反应。因此,要使得 RDX/AP 的混合体系热释放达到最佳,就需要在分解产物中提高 CO_2 的量,而 CO_2 主要来源于混合体系中 RDX,故相应的 RDX 的量要偏多。根据 5.3.2 节中 RDX/NC 纳米复合含能材料的制备,RDX 与 NC 复合时其最大添加量为 50%,因此 RDX/AP/NC 三复合体系中首先确定 NC 与 RDX 质量比为1∶1,在此基础上调节AP含量进而调节三元复合体系的氧平衡,组成计算结果如表5.41所列。RDX/AP/NC纳米复合含能材料制备过程如图5.79所示,凝胶形成示意图如图5.80所示。将NC、RDX、AP的质量比分别10∶10∶20、10∶10∶25、10∶10∶36.2、10∶10∶45和10∶10∶55时制备的纳米复合含能材料,其代号分别为RDX/AP/NC-10∶10∶20、RDX/AP/NC-10∶10∶25、RDX/AP/NC-10∶10∶36.2、RDX/AP/NC-10∶10∶45和RDX/AP/NC-10∶10∶55。

表5.41 RDX/AP/NC三元复合材料的氧平衡

$w(NC)/w(RDX)/w(AP)$	氧平衡 OB/%
10∶10∶20	-13.79
10∶10∶25	-8.48
10∶10∶36.2	0
10∶10∶45	4.6
10∶10∶55	8.53

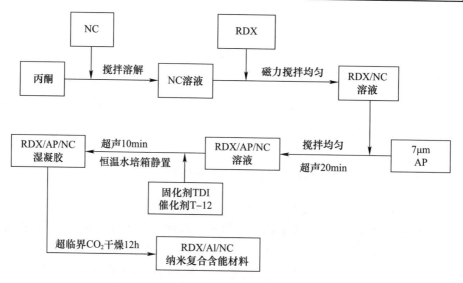

图5.79 RDX/AP/NC纳米复合含能材料的制备过程

2. RDX/AP/NC纳米复合含能材料的结构

1) RDX/AP/NC纳米复合含能材料的红外测试

图5.81为不同配比RDX/AP/NC纳米复合含能材料的红外光谱图。由图可知:630 cm^{-1}出现了O—Cl—O的弯曲振动吸收峰以及缔合—OH的面内弯曲振动峰;1080 cm^{-1}为Cl—O的伸缩振动峰;1394 cm^{-1}以及3125 cm^{-1}处为NH_4^+特征吸收峰,说明AP成功添加到NC凝胶中;复合体系中RDX的特征吸收峰位置

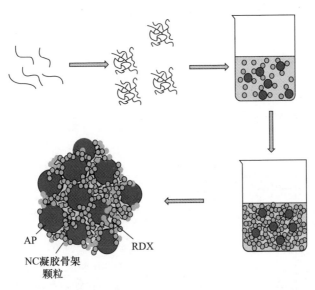

图 5.80 RDX/AP/NC 纳米复合含能材料的反应过程示意图

与原料 RDX 的特征吸收峰相对应,在 1533cm^{-1} 和 1040cm^{-1} 处也出现了 α-RDX 晶型的特征吸收峰。

同时,3417cm^{-1} 处 -NH-COO- 中 -NH- 键伸缩振动峰、1223cm^{-1} 以及 1543cm^{-1} 处的酰胺Ⅲ带和酰胺Ⅱ带、1645cm^{-1} 处以及 1283cm^{-1} 处的 O-NO$_2$ 基团的不对称及对称伸缩振动峰仍然存在,说明 AP 及 RDX 的加入未能破坏 NC 凝胶的原有结构。

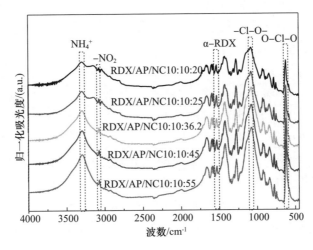

图 5.81 RDX/AP/NC 纳米复合含能材料的红外吸收曲线

2) RDX/AP/NC 纳米复合含能材料的 XRD 测试

图 5.82 为不同配比 RDX/AP/NC 纳米复合含能材料的 XRD 图。由图可知，RDX/AP/NC 纳米复合含能材料中同时出现了 AP 及 RDX 的特征衍射峰，且衍射峰位置没有变化，说明制备过程未改变其晶型。由于 RDX/AP/NC 纳米复合含能材料中 NC 凝胶骨架含量较少，且弥散峰强度与晶体衍射峰相比较低，因此在其 XRD 衍射谱图中未出现明显的 NC 凝胶非晶弥散峰。

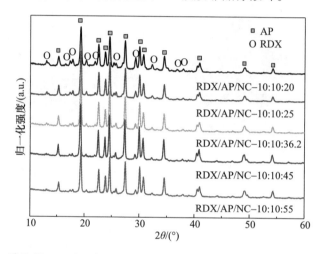

图 5.82 不同配比 RDX/AP/NC 纳米复合含能材料的 XRD 图

根据 Scherrer 公式 $d=k\lambda/(\beta\cos\theta)$，计算得出不同配比 RDX/AP/NC 纳米复合含能材料中 AP 以及 RDX 的粒径，如表 5.42 所列。

表 5.42 RDX/AP/NC 纳米复合含能材料中 RDX 及 AP 的平均粒径

样品	RDX 粒径/nm	AP 粒径/nm
RDX/AP/NC－10∶10∶20	46.12	42.41
RDX/AP/NC－10∶10∶25	73.50	56.42
RDX/AP/NC－10∶10∶36.2	82.53	59.67
RDX/AP/NC－10∶10∶45	83.61	64.85
RDX/AP/NC－10∶10∶55	73.51	64.86

由表可知，受凝胶骨架限制，不同配比 RDX/AP/NC 纳米复合含能材料中 RDX 平均粒径均为 100nm 以下；通过 Scherrer 公式计算 AP 平均晶粒尺寸，可知复合体系中 AP 粒径也为纳米级，这与 AP/NC 纳米复合含能材料中 AP 平均晶粒尺寸相似，均是溶剂丙酮对 AP 颗粒的溶解作用导致其晶粒尺寸与原料 AP 相比明显降低。

3) RDX/AP/NC 纳米复合含能材料的 SEM 表征

图 5.83 为原料 AP 及 RDX/AP/NC 纳米复合含能材料(样品 RDX/AP/NC-10∶10∶36.2)SEM 图。由图可知,与原料 AP 相比,RDX/AP/NC 纳米复合含能材料中 AP 颗粒尺寸明显减小,且分散均匀,未出现团聚现象。对复合体系中 AP 颗粒进一步放大,可见 AP 颗粒表面被纳米级 NC 凝胶骨架覆盖。与 RDX/NC 纳米复合含能材料类似,材料 SEM 图中 RDX 组分界线不明显,因此在图中无法明确 RDX 成分,且未观察到析出现象,通过 XRD 测试结果可知,其晶粒尺寸为纳米级。

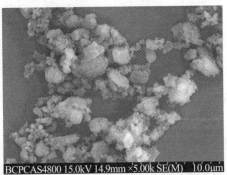

(a) 原料AP

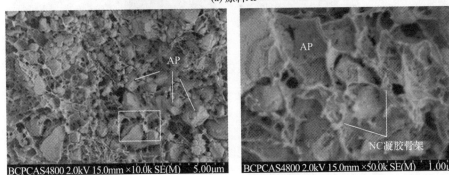

(b) RDX/AP/NC纳米复合含能材料

图 5.83　原料 AP 及 RDX/AP/NC 纳米复合含能材料 SEM 图

对 RDX/AP/NC 纳米复合含能材料进行能谱测试,其 N 元素、Cl 元素能谱面分布如图 5.84 所示。选定区域内各元素的质量分数及原子分数如表 5.43 所列。由图 5.84 可知,RDX/AP/NC 纳米复合含能材料中各元素分布均匀,由 Cl 元素面分布图可知 AP 在体系中分布均匀。由于体系中三种组分均含有 N 元素,且 NC 组分及 RDX 组分均含有 C 元素,因此 C、N 元素的面分布不能反映 RDX 的分布情况。由于 RDX/AP/NC 纳米复合含能材料中只有 AP 含有 Cl 元素,因此根据样品 RDX/AP/NC-10∶10∶36.2 各组分含量计算,可知样品中 Cl

元素的质量分数为 19.45%,与能谱测试结果 21.72% 接近,说明由能谱测试元素质量分数结果具有一定参考意义。经计算,体系中 NC 组分与 AP 组分的 N 质量分数之和为 9.73%,测试 N 质量分数为 18.24% 远高于该值,说明由能谱测试 N 元素面分布图中包含了 RDX 的分布,且分布均匀。

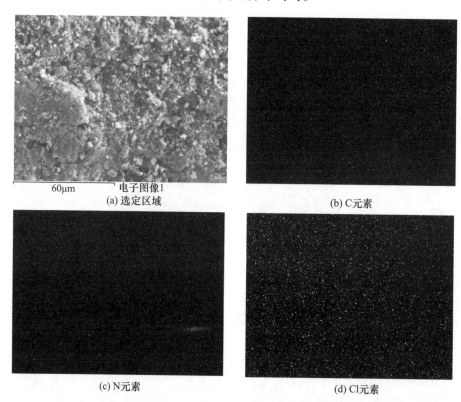

图 5.84 RDX/AP/NC-10∶10∶36.2 中各元素面分布能谱图

表 5.43 RDX/AP/NC-10∶10∶36.2 中各元素的质量分数及原子分数

元素	元素质量分数/%	原子质量分数/%
C	24.19	32.73
N	18.24	21.07
O	35.85	36.30
Cl	21.72	9.87
总计	100	100

4) RDX/AP/NC 纳米复合含能材料的 N_2 吸附测试

图 5.85 为 RDX/AP/NC 纳米复合含能材料的 N_2 吸附-脱附等温曲线。由

图可知,RDX/AP/NC 纳米复合含能材料的吸附-脱附等温曲线与 NC 气凝胶的吸附-脱附等温曲线类型相同,均为Ⅳ类,属于典型的介孔(2~50nm)材料;但其迟滞回线类型由 H1 型变为 H3 型,说明材料的孔结构两端开放的管状毛细孔转变为四周开放的尖劈形孔。

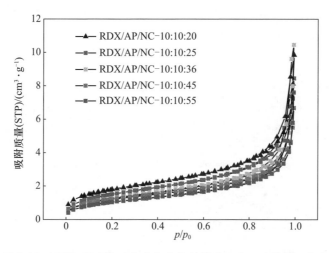

图 5.85 RDX/AP/NC 纳米复合含能材料的吸附-脱附等温曲线

表 5.44 列出 RDX/AP/NC 纳米复合含能材料的比表面积、平均孔径和孔体积。由表可知,RDX/AP/NC 纳米复合含能材料的比表面积和孔体积与 NC 气凝胶相比($203m^2/g$,$0.74cm^3/g$)有了大幅降低,说明 RDX/AP/NC 纳米复合含能材料中由于 AP 颗粒的添加,占据了部分凝胶体积,使单位体积内 NC 凝胶骨架质量分数降低,复合体系的比表面积下降;同时,RDX 在剩余孔隙中结晶析出,进一步填充了剩余孔隙,使材料的比表面积和孔体积进一步降低。随着体系中 AP 质量分数的增加,AP 占据体积增大,使 NC 凝胶骨架网络体积减小,且同时由于 RDX 纳米晶粒对孔隙的填充作用,使体系的比表面积、平均孔径及孔体积均出现下降趋势。

表 5.44 RDX/AP/NC 纳米复合含能材料的比表面积、平均孔径和孔体积

样品	比表面积/($m^2 \cdot g^{-1}$)	平均孔径/nm	孔体积/($cm^3 \cdot g^{-1}$)
RDX/AP/NC-10:10:20	6.11	13.78	0.017
RDX/AP/NC-10:10:25	6.28	12.13	0.015
RDX/AP/NC-10:10:36.2	4.36	9.32	0.013
RDX/AP/NC-10:10:45	4.19	8.46	0.010
RDX/AP/NC-10:10:55	3.62	9.35	0.011

由以上分析得出 RDX/AP/NC 纳米复合含能材料的微观结构示意图，AP/NC复合含能材料及 RDX/AP/NC 纳米复合含能材料的微观结构示意图如图 5.86 所示。由于 AP 颗粒较大，占据部分体积，使 NC 凝胶骨架占据体积降低，同时凝胶骨架孔隙体积降低，因此 AP/NC 纳米复合含能材料的孔体积较低，但 NC 凝胶骨架形成的孔仍为相互贯穿的管状开孔结构。RDX/AP/NC 复合体系中 RDX 在孔隙中结晶析出后进一步使骨架孔隙体积降低，从而使 RDX/AP/NC 复合体系的孔结构类型由二组元纳米复合含能材料的管状孔变为尖劈型孔。

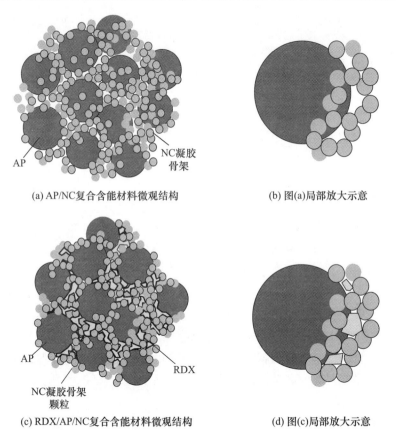

(a) AP/NC复合含能材料微观结构　　　　(b) 图(a)局部放大示意

(c) RDX/AP/NC复合含能材料微观结构　　(d) 图(c)局部放大示意

图 5.86　AP/NC 纳米复合含能材料及 RDX/AP/NC 纳米复合含能材料的微观结构示意图

3. RDX/AP/NC 纳米复合含能材料的热性能

1）RDX/AP/NC 纳米复合含能材料的 TG 分析

图 5.87 为 RDX/AP/NC 纳米复合含能材料的 TG 曲线及对应 DTG 曲线。

由图可知，RDX/AP/NC 纳米复合含能材料有两个分解阶段：第一个阶段为 NC-RDX 组分的分解阶段，第二个阶段为 AP 分解。与 RDX/NC 纳米复合含能

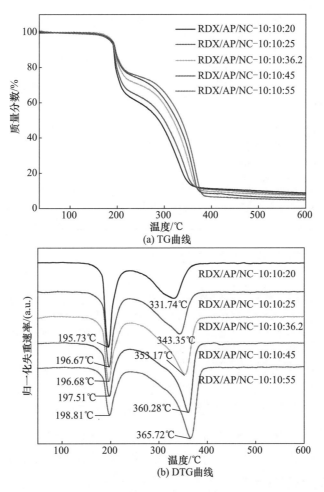

图 5.87 RDX/AP/NC 纳米复合含能材料的 TG 曲线及对应 DTG 曲线

材料的热分解可分为两个热分解阶段不同,RDX/AP/NC 纳米复合含能材料中 NC-RDX 组分合为一个阶段。其原因有两个方面:一是 NC-RDX 组分在体系中含量较少,且体系中 RDX 晶粒平均尺寸最大为 83.6nm,与 RDX/NC 二组元复合体系中 NC-RDX 比例相同时 RDX 平均晶粒尺寸(96nm)相比降低,导致 RDX 分解温度提前;二是由 N_2 吸附测试实验可知,RDX/AP/NC 纳米复合含能材料的比表面积及平均孔径大大降低,纳米尺度的 RDX 晶粒与 NC 凝胶骨架间结合更为紧密,在热分解反应过程中两者传质效率提高。两个因素共同作用使体系中 NC-RDX 组分的热分解合为一个阶段,最大分解温度为 195~198℃。受 RDX/NC 组分分解预热作用、复合体系中存在的多孔结构可吸附 AP 初期分解产生的 NO_2,对 AP 进一步分解产生自催化作用,以及 AP 自身粒径减小活性增大作用等三方面因素共同作用,AP 组分的最大分解温度与纯 AP 相比提前 50~80℃。

2) RDX/AP/NC 纳米复合含能材料的 DSC 分析

图 5.88 为 RDX/AP/NC 纳米复合含能材料的 DSC 曲线。由图可知,RDX/AP/NC 纳米复合含能材料的放热主要分为 NC-RDX 组分分解放热及 AP 组分分解放热两个阶段。

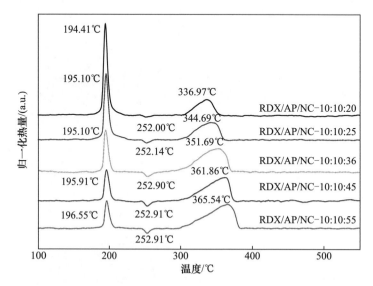

图 5.88　RDX/AP/NC 纳米复合含能材料的 DSC 曲线

与 RDX/NC 纳米复合含能材料相比,RDX/AP/NC 三组元纳米复合含能材料中,NC-RDX 组分分解放热合并为一个集中的阶段,且 AP 的添加对 RDX/NC 组分的放热峰温影响不大。

AP 组分的放热峰温与其最大分解温度变化趋势一致,与纯 AP 相比提前 50~80℃,且随着 AP 含量增加,AP 组分放热峰温逐渐朝高温方向移动。与 AP/NC 纳米复合含能材料相比,RDX/AP/NC 三组元纳米复合含能材料的 DSC 曲线在体系氧平衡大于 0 时,AP 的分解放热阶段并未分成两个放热阶段。通过 N_2 吸附测试可知,AP/NC 纳米复合含能具有明显多孔结构,在 NC 组分分解完成后,其残留凝胶骨架产物能够吸附 AP 分解产生的气体,并与其反应;体系氧平衡大于 0 时,AP/NC 复合含能材料中 AP 分解产生的氧气与 NC 凝胶骨架分解残炭反应为一个放热阶段,剩余 AP 的继续分解反应为一个放热阶段。而在 RDX/AP/NC 复合体系中,NC 凝胶骨架的含量与 AP/NC 二组元复合体系相比明显降低(如氧平衡为 0 时,AP/NC 复合体系 NC 凝胶骨架的质量分数为 39%,而 RDX/AP/NC 复合体系 NC 凝胶骨架的质量分数为 17.8%);同时由于 RDX

的分解产物均为气相,因此 RDX/NC 组分在分解完成后,分解后的凝胶骨架残炭与吸附的 AP 气相产物反应的失重过程及放热过程并不明显,与 AP 自身的分解放热过程无明显界限。

为分析 RDX/AP/NC 纳米复合含能材料的分解放热过程,对相同配比的 NC 气凝胶+RDX+AP 物理共混物进行了 DSC 分析,DSC 曲线如图 5.89 所示。

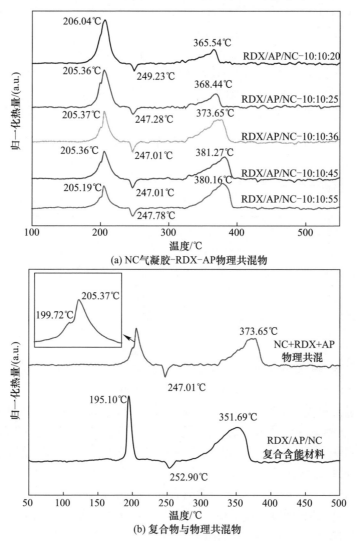

图 5.89 RDX/AP/NC 物理共混物的 DSC 曲线

与 RDX/AP/NC 纳米复合含能材料相比,物理共混物的 NC 气凝胶及 RDX 组分并不能充分接触,其热分解作用相互影响较弱,分为两个阶段;由于 RDX/

NC 组分分解的预热作用,物理共混物中 AP 的放热峰温也有一定提前,但物理共混物中 NC 气凝胶与 AP 组分两相分离,其孔结构的对 NO_2 气体的吸附作用有限,同时 AP 的晶粒尺寸没有变化,使物理共混物中的 AP 放热峰温与纳米复合含能材料相比较高。

分别对 RDX/AP/NC 纳米复合含能材料和其同配比的 NC 气凝胶 + RDX + AP 物理共混物的 DSC 放热峰进行积分,得到体系的分解热,如表 5.45 所列。由图 5.88 及图 5.89 可知,体系的分解热由 NC‒RDX 组分分解放热及 AP 组分分解放热组成,因此体系的分解热为各组分分解放热峰的积分之和。

表 5.45　RDX/AP/NC 纳米复合含能材料和其同配比的
NC 气凝胶 + RDX + AP 物理共混物的分解热

样品	RDX/AP/NC 纳米复合含能材料的分解热/($J \cdot g^{-1}$)			NC 气凝胶 + RDX + AP 物理共混物的分解热/($J \cdot g^{-1}$)		
	RDX/NC 组分的贡献	AP 组分的贡献	总计	NC 气凝胶 + RDX 组分的贡献	AP 组分的贡献	总计
NC/RDX/AP‒10∶10∶20	761.1	714.5	1475.6	659.1	300.4	959.5
NC/RDX/AP‒10∶10∶25	607.4	987.4	1594.8	579.8	382.5	962.3
NC/RDX/AP‒10∶10∶36.2	559.6	1288.7	1848.3	455.2	587.2	1042.4
NC/RDX/AP‒10∶10∶45	487.2	1105.3	1592.5	391.6	649.7	1041.3
NC/RDX/AP‒10∶10∶55	401.3	940.8	1342.1	320.4	598.4	918.8

由表可知,RDX/AP/NC 纳米复合含能材料的分解热随着 AP 质量分数增加而增大,在体系氧平衡为 0 时,分解热最高为 1848.3J/g^{-1}。这是由于分解热为体系在缓慢升温过程(10℃/min)中分解测试得到,各组分在缓慢升温过程中可充分反应,使体系放热量达到最高;当体系氧平衡大于 0 后,随着 AP 含量增加,体系中氧过剩,分解热随 AP 质量分数的增加而降低。与 NC 气凝胶 + RDX + AP 物理共混物分解热相比,RDX/AP/NC 纳米复合含能材料的分解热均明显较高。这是由于 RDX/AP/NC 纳米复合含能材料各个组分间能充分接触,在分解过程中可充分反应;而 NC 气凝胶 + RDX + AP 物理共混物中各组分不能充分接触,且 RDX 粒径、AP 粒径均较大,分解产生的气体不能充分接触反应,因此物理共混物体系的分解热与纳米复合体系相比较低。

3) RDX/AP/NC 纳米复合含能材料的热分解动力学

首先获得不同升温速率(5℃/min、10℃/min、15℃/min、20℃/min)下的

RDX/AP/NC 纳米复合含能材料的热失重曲线,然后获得该纳米复合含能材料在不同升温速率下的最大分解温度 T_p,从而可分析纳米复合含能材料的热分解动力学。由于在 RDX/AP/NC 复合体系中,RDX/NC 组分的热分解形成一个分解阶段,因此 RDX/AP/NC 复合体系将 RDX/NC 组分作为一个整体计算其动力学数据。将 RDX/NC 组分及 AP 组分在不同升温速率下的最大分解温度代入 Kissinger 方程,以 $1/T_p$ 对 $\ln(\beta/T_p^2)$ 作图,得到对应活化能的拟合曲线,如图 5.90 所示。计算得出 NC 组分活化能、RDX 组分活化能以及通过 Arrhenius 公式计算得出两种组分在其最大分解温度所对应的分解速率常数,如表 5.46 和表 5.47 所列。

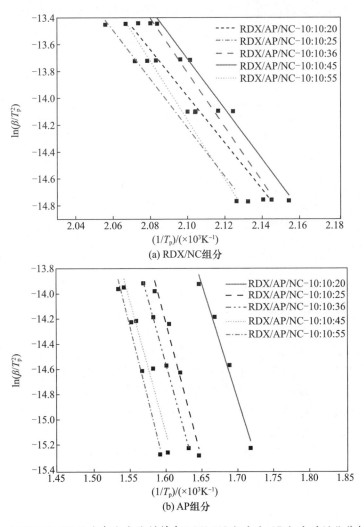

图 5.90 RDX/AP/NC 纳米复合含能材料中 RDX/NC 组分和 AP 组分的活化能拟合曲线

由表 5.46 可知,RDX/AP/NC 复合体系中 RDX/NC 组分的活化能介于 NC 气凝胶与原料 RDX 的活化能之间,说明复合体系中 RDX/NC 组分的化学稳定性高于 NC 气凝胶,但略低于原料 RDX 的稳定性。同时,与样品 RDX/NC – 50% 中 RDX 组分的活化能(140.70kJ/mol)相比,复合体系中 RDX/NC 组分的稳定性更高。由前面的分析可知,复合体系中 RDX 组分的活化能受 NC 骨架分解后生成的氮氧化物催化的影响降低,RDX/AP/NC 复合体系中随着 AP 含量的增加,RDX/NC 组分的活化能随之升高,这是由于 AP 含量增多后,NC 凝胶骨架含量相对减少,对 RDX 组分催化作用减弱导致的。与原料 RDX 及 RDX/NC – 50% 中 RDX 组分的反应速率常数(0.0069)相比,复合体系中 RDX/NC 组分在最大分解速率处的反应速率常数明显增大,说明一旦分解反应开始,RDX/AP/NC 复合体系中 RDX/NC 组分具有更快的反应速率。

表 5.46 RDX/AP/NC 纳米复合含能材料中 RDX/NC 组分的表观活化能及最大分解温度对应的反应速率常数

样品	$\ln(\beta/T_p^2) - (1/T_p)$	$E_a/(kJ \cdot mol^{-1})$	γ	$\ln(AR/E_a)$	A/s^{-1}	k/s^{-1}
RDX/AP/NC –10:10:20	–20.24	168.28	0.9981	28.66	5.70×10^{16}	0.012
RDX/AP/NC –10:10:25	–20.57	171.00	0.9893	29.28	1.07×10^{17}	0.012
RDX/AP/NC –10:10:36	–20.98	174.46	0.9974	30.31	3.04×10^{17}	0.012
RDX/AP/NC –10:10:45	–21.49	178.71	0.996	31.24	7.96×10^{17}	0.012
RDX/AP/NC –10:10:55	–21.85	181.65	0.9981	31.86	1.51×10^{18}	0.011
NC 气凝胶	—	166.85	—	—	—	0.014
RDX	—	207.30	—	—	—	0.0061

由表 5.47 可知,RDX/AP/NC 复合体系中 AP 组分的活化能与原料 AP 相比更高,说明复合体系中 AP 组分的稳定性提高;同时 AP 组分最大分解速率温度对应的反应速率常数与原料 AP 相比明显提高,说明复合体系中 AP 组分一旦开始分解,其反应速率更快。

表 5.47 RDX/AP/NC 纳米复合含能材料中 AP 组分的表观活化能及最大分解温度对应的反应速率常数

样品	$\ln(\beta/T_p^2) - (1/T_p)$	$E_a/(kJ \cdot mol^{-1})$	γ	$\ln(AR/E_a)$	A/s^{-1}	k/s^{-1}
RDX/AP/NC –10:10:20	–19.338	160.79	0.9907	17.88	1.13×10^{12}	0.0085

续表

样品	$\ln(\beta/T_p^2)-(1/T_p)$	$E_a/(\text{kJ}\cdot\text{mol}^{-1})$	γ	$\ln(AR/E_a)$	A/s^{-1}	k/s^{-1}
RDX/AP/NC-10:10:25	-20.563	170.98	0.9998	18.91	3.37×10^{12}	0.0087
RDX/AP/NC-10:10:36	-21.870	181.84	0.9812	20.25	1.36×10^{13}	0.0092
RDX/AP/NC-10:10:45	-22.071	183.51	0.9918	20.02	1.09×10^{13}	0.0095
RDX/AP/NC-10:10:55	-24.308	202.11	0.9895	23.31	3.23×10^{14}	0.0095
AP	-12.17	106.43	0.9993	3.99	6.91×10^{5}	0.0024

4. RDX/AP/NC 纳米复合含能材料的其他性能

1）密度

表5.48列出不同配比的 RDX/AP/NC 纳米复合含能材料的密度。RDX/AP/NC 纳米复合含能材料的密度小于纯 AP 的密度,且随 AP 含量增加,纳米复合材料密度增加。由前面分析可知,RDX/AP/NC 纳米复合含能材料中 RDX 在凝胶骨架孔隙中结晶析出后,进一步填充了 AP/NC 间的孔隙,且 RDX/AP/NC 复合体系中 AP 含量超过50%,因此随着 AP 含量增加,RDX/AP/NC 纳米复合含能材料的密度增大,且逐渐接近纯 AP 密度。

表5.48　不同配比的 RDX/AP/NC 纳米复合含能材料的密度

样品	密度/$(\text{g}\cdot\text{cm}^{-3})$
RDX/AP/NC-10:10:20	1.51
RDX/AP/NC-10:10:25	1.59
RDX/AP/NC-10:10:36.2	1.65
RDX/AP/NC-10:10:45	1.72
RDX/AP/NC-10:10:55	1.80
RDX	1.79
AP	1.92

2）机械感度

图5.91及表5.49为 NC 气凝胶、RDX、AP 及不同配比 RDX/AP/NC 纳米复合含能材料的特性落高(落锤质量2kg、5kg,装药量(35±1)mg)。由图可知,RDX/AP/NC 纳米复合含能材料的撞击感度低于原料 RDX 感度,但略高于 AP 撞击感度。由于 RDX/AP/NC 纳米复合含能材料体系中 NC 凝胶骨架的减少,使其对外界撞击作用力的缓冲作用减弱,因此未能起到明显降感作用。由于 AP

颗粒受溶剂溶解作用,表面缺陷增多,晶粒尺寸降低,使其活性增加,因此 RDX/AP/NC 纳米复合含能材料的撞击感度略高于原料 AP 撞击感度。

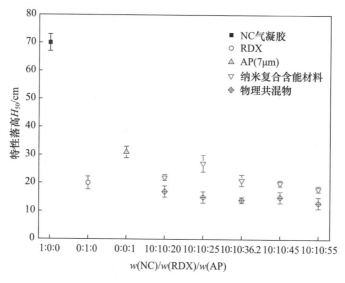

图 5.91　NC 气凝胶、RDX、AP 及不同配比 RDX/AP/NC 纳米复合含能材料的特性落高(5kg)

表 5.49　NC 气凝胶、RDX、AP 及不同配比 RDX/AP/NC 纳米复合含能材料的特性落高

$w(NC)/w(RDX)/w(AP)$	特性落高(落锤质量2kg)/cm		特性落高(落锤质量5kg)/cm	
	纳米复合含能材料	物理共混物	纳米复合含能材料	物理共混物
10∶10∶20	45	36	22	17
10∶10∶25	41	32	26	15
10∶10∶36.2	39	28	21	14
10∶10∶45	37	27	20	15
10∶10∶55	36	25	17	13
1∶0∶0(NC 气凝胶)	118		70	
0∶1∶0(纯 RDX)	35		20	
0∶0∶1(纯 AP)	43		31	

3）爆热

图 5.92 及表 5.50 为 NC 气凝胶、RDX、AP 及不同配比 RDX/AP/NC 纳米复合含能材料的爆热。

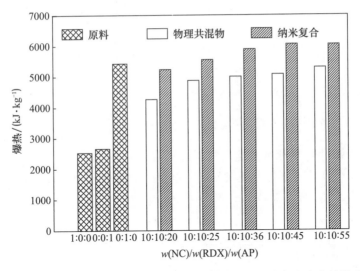

图 5.92 NC 气凝胶、RDX、AP 及不同配比 RDX/AP/NC 纳米复合含能材料的爆热

表 5.50 NC 气凝胶、RDX、AP 及不同配比 RDX/AP/NC 纳米复合含能材料的爆热

$w(NC)/w(RDX)/w(AP)$	爆热/(kJ·kg^{-1})	
	纳米复合含能材料	物理共混物
10:10:20	5232.9	4264.3
10:10:25	5549.4	4873.4
10:10:36.2	5895.8	4997.6
10:10:45	6052.2	5074.8
10:10:55	6043.2	5296.4
1:0:0(NC 气凝胶)	2525.8	
0:1:0(纯 RDX)	5422.6	
0:0:1(纯 AP)	2659.9	

由图可知,RDX/AP/NC 纳米复合含能材料的爆热随着体系中 AP 含量增加而增大,而当 AP 含量增大至体系氧平衡大于 4.6% 时,爆热值开始降低。而 RDX/AP/NC 为 10:10:45(氧平衡为 4.6%)时,爆热值高达 6052.2kJ/kg。理想状态下,当炸药配方为零氧平衡时,体系的爆炸反应产物为 H_2O、N_2、CO_2 等稳定气体产物,此时体系放出的热量最大,燃烧或爆炸做功效果最佳。RDX/AP/NC 纳米复合含能材料中各组分的纳米化可大大增加各组分间的相互接触面积,在爆炸反应中可充分反应,但由于实际爆炸反应为瞬间反应,仍有部分不完

全氧化气体不能完全被氧化,因此 RDX/AP/NC 纳米复合体系的爆热在氧平衡略大于零(4.6%)时达到最高。

与同配比物理共混物相比,RDX/AP/NC 纳米复合含能材料的爆热更高。这是由于物理共混物中各组分不能充分接触,相互作用较弱,在爆炸反应时不能充分反应,热量释放较低。

5.4.3 AP/Al/NC 纳米复合含能材料

1. AP/Al/NC 纳米复合含能材料的制备

AP/Al/NC 纳米复合含能材料制备过程图如图 5.93 所示,凝胶结构示意图如图 5.94 所示。样品组成如表 5.51 所列。

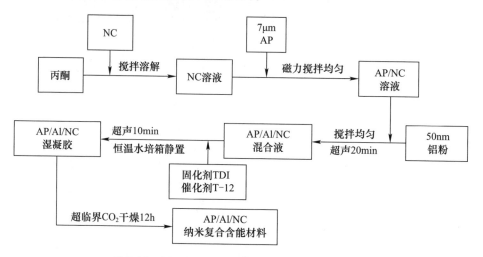

图 5.93 AP/Al/NC 纳米复合含能材料的制备过程

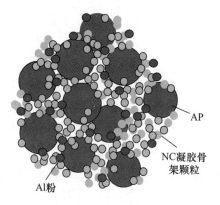

图 5.94 AP/Al/NC 纳米复合含能材料结构示意图

表 5.51 AP/Al/NC 纳米复合含能材料的组成

$w(AP)/w(Al)$	NC 质量分数/%	氧平衡/%
7.5∶1	20	7.92
	25	5.02
	30	2.08
	35	−0.79
	40	−3.70
5∶1	15	5.77
	20	3.15
	25	0.55
	30	−2.05
	35	−4.66
4∶1	10	4.52
	15	2.18
	20	−0.23
	25	−2.63
	30	−5.00
3∶1	10	−0.76
	15	−3.72
	20	−5.05
	25	−7.24
2∶1	10	−4.00
	15	−5.92
	20	−7.84

2. AP/Al/NC 纳米复合含能材料的结构

1) AP/Al/NC 纳米复合含能材料的 XRD 测试

图 5.95 为 NC 气凝胶、AP、Al 及 AP/Al/NC 纳米复合含能材料（NC 质量分数 25%，不同 $w(AP)/w(Al)$）的 XRD 衍射谱图。AP/Al/NC 纳米复合含能材料中同时出现了 AP 及 Al 的特征衍射峰，且衍射峰位置没有发生变化，说明溶胶 - 凝胶法制备该三组元纳米复合含能材料对 AP 及 Al 的晶型没有改变。

表 5.52 及表 5.53 为根据 Scherrer 公式 $d = k\lambda/(\beta\cos\theta)$，计算得出的不同配比制备的 AP/Al/NC 纳米复合含能材料中 AP 以及 Al 粉的平均粒径。由表可知，AP/Al/NC 纳米复合含能材料中 AP 粒径均小于 100nm，说明与其他含 AP 复

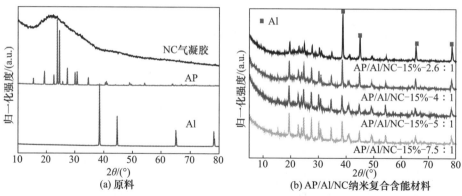

图 5.95 NC 气凝胶、AP、Al 及 AP/NC/Al 纳米复合含能材料的 XRD 衍射谱图

合体系相同,AP/Al/NC 纳米复合体系中 AP 颗粒受溶剂丙酮的溶解作用,有效降低了 AP 颗粒的粒径。同时,体系中纳米 Al 粉的平均粒径为 41~44nm,说明 AP/Al/NC 纳米复合体系有效保持了原料纳米铝粉的活性。

表 5.52 不同 NC 含量的 AP/Al/NC 纳米复合含能材料中 AP 及 Al 平均粒径(其中 $w(AP)/w(Al) = 4:1$)

NC 的质量分数/%	AP 粒径/nm	Al 粒径/nm
15	52.35	43.24
20	54.12	42.12
25	64.84	42.87
30	64.65	43.51
35	72.42	42.76

表 5.53 不同 $w(AP)/w(Al)$ 的 AP/NC/Al 纳米复合含能材料中 AP 及 Al 平均粒径(其中 NC 的质量分数为 25%)

$w(AP)/w(Al)$	AP 粒径/nm	Al 粒径/nm
2:1	46.72	43.07
3:1	58.69	41.29
4:1	64.84	42.87
5:1	78.28	43.21
7.5:1	96.54	41.89

2) AP/Al/NC 纳米复合含能材料的 SEM 测试

图 5.96 为 AP/Al/NC 纳米复合含能材料的 SEM 图。由图可知,AP/Al/NC 纳米复合含能材料中 AP 颗粒均匀分散于凝胶骨架中。对图 5.96(a) 的不同区域进一步放大可以看出:NC 凝胶骨架由 NC 凝胶网络结构与纳米铝粉共同形

成,且部分纳米铝粉颗粒占据了 NC 凝胶网络的孔隙;AP 颗粒表面被由 NC 凝胶网络结构与纳米铝粉共同形成的凝胶骨架覆盖。

(a) AP/Al/NC 纳米复合含能材料

(b) 图(a)局部放大(右)

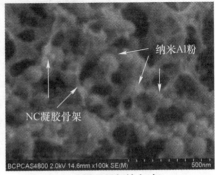

(c) 图(a)局部放大(左)

图 5.96 AP/Al/NC 纳米复合含能材料的 SEM 图

图 5.97 为 AP/Al/NC 纳米复合含能材料选定区域内不同元素的面分布能谱图。碳元素、铝元素及氯元素分别代表了 NC 凝胶骨架、纳米铝粉颗粒及 AP。由图可知,NC 凝胶骨架、纳米铝粉颗粒及 AP 在体系中分布均匀。

3) AP/Al/NC 纳米复合含能材料的 N_2 吸附测试

图 5.98 为 $w(AP):w(Al)=4:1$、不同 NC 骨架含量时 AP/NC/Al 纳米复合含能材料的吸附-脱附等温曲线,图 5.99 为相同 NC 骨架含量(25%)、不同 AP-Al 质量比的 AP/NC/Al 纳米复合含能材料的吸附-脱附等温曲线。根据该等温曲线可知,AP/Al/NC 纳米复合含能材料的吸附-脱附等温曲线类型均为Ⅳ类,属于典型的介孔(2~50nm)材料;但其迟滞回线类型与 RDX/AP/NC 纳米复合含能材料相同,为 H3 型,说明材料的孔结构两端开放的管状毛细孔转变为四周开放的尖劈形孔,形成原理与 RDX/AP/NC 纳米复合含能材料的孔隙变化原理类似,是纳米铝粉进入到 NC 凝胶骨架孔隙中,进一步减小孔隙体积导致的。

图 5.97 AP/Al/NC 纳米复合含能材料选定区域内不同元素的面分布能谱图

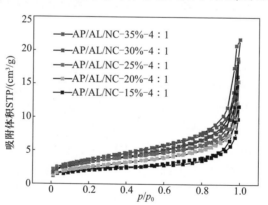

图 5.98 相同 AP-Al 质量比(4∶1)、不同 NC 骨架含量的 AP/NC/Al
纳米复合含能材料的吸附-脱附等温曲线

注:相同 AP-Al 质量比(4∶1)、不同 NC 骨架含量的 AP/NC/Al 纳米复合含能材料的吸附-脱附等温曲线,其中图中的编号方法是一致的,如 NC/AP/Al-35%-4∶1 是指 NC 的质量分数为 35%,且 $w(AP)/w(Al)=4∶1$ 时制备的纳米复合含能材料,即百分数代表 NC 的质量分数,分数代表 AP 与 Al 的质量比。

第 5 章 硝化棉基纳米复合含能材料

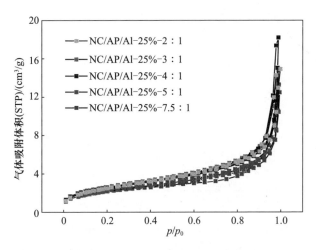

图 5.99 相同 NC 骨架含量(25%)、不同 AP－Al 质量比的 AP/Al/NC 纳米复合含能材料的吸附－脱附等温曲线(样品编号与图 5.98 类似)

相同 AP－Al 质量比、不同 NC 骨架含量 AP/Al/NC 纳米复合含能材料的微观结构示意图如图 5.100 所示；相同 AP－Al 质量比(4∶1)、不同 NC 骨架质量分数的 AP/Al/NC 纳米复合含能材料的比表面积、平均孔径及孔体积如表 5.54 所列。相同 AP－Al 比例下，NC 含量增加，则相应 AP 占据的 NC 凝胶网络体积降低，NC 与纳米铝粉颗粒形成的凝胶网络体积增大，其进入凝胶骨架孔隙中的纳米铝粉含量相对降低，体系的比表面积随着 NC 含量增大而增加，同时平均孔径、孔体积相应增大。

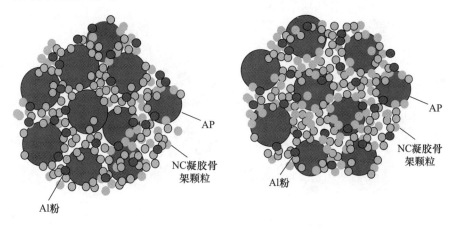

图 5.100 相同 AP－Al 质量比、高 NC 骨架质量分数与低 NC 骨架质量分数的 AP/Al/NC 纳米复合含能材料的微观结构示意图

表 5.54 相同 AP-Al 质量比(4∶1)、不同 NC 骨架质量分数的 AP/Al/NC 纳米复合含能材料的比表面积、平均孔径及孔体积

NC 的质量分数	比表面积/($m^2 \cdot g^{-1}$)	平均孔径/nm	孔体积/($cm^3 \cdot g^{-1}$)
15%	7.75	7.63	0.021
20%	8.69	9.10	0.026
25%	9.39	10.47	0.028
30%	11.28	10.17	0.029
35%	12.07	12.46	0.032

相同 NC 骨架含量、不同 AP-Al 质量比的 AP/Al/NC 纳米复合含能材料的微观结构示意图如图 5.101 所示;相同 NC 骨架质量分数(25%)、不同 AP 与 Al 质量比的 AP/Al/NC 纳米复合含能材料的比表面积、平均孔径及孔体积如表 5.55 所列。由表可知,在 NC 骨架质量分数一定的情况下,随着 AP-Al 质量比增大,体系的比表面积呈现先增大后减小的趋势。在 AP-Al 质量比较低时,体系中 AP 质量分数相对较低,AP 颗粒占据的 NC 凝胶网络体积较小,因此 NC 凝胶骨架形成的孔隙较多,但 Al 质量分数相对较高,进入 NC 凝胶骨架孔隙中的 Al 粉使体系的比表面积、平均孔径及孔体积降低。随着 AP 与 Al 质量比增大,体系中 Al 质量分数相对降低,占据的孔隙体积降低,使体系比表面积略有升高;当 AP 与 Al 质量比进一步增大时,AP 质量分数增加,占据的凝胶网络体积增大,使 NC 凝胶网络体积降低,同时由于纳米铝粉颗粒对骨架孔隙的占据,使体系的比表面积、平均孔径及孔体积下降。

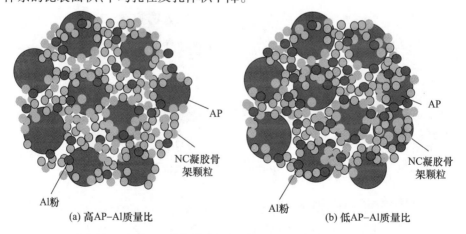

(a) 高 AP-Al 质量比   (b) 低 AP-Al 质量比

图 5.101 相同 NC 骨架质量分数、高 AP-Al 质量比与低 AP-Al 质量比的 AP/Al/NC 纳米复合含能材料的微观结构示意图

表 5.55　相同 NC 骨架质量分数(25%)、不同 AP – Al 质量比的 AP/Al/NC 纳米复合含能材料的比表面积、平均孔径及孔体积

样品 $w(AP)/w(Al)$	比表面积/$(m^2 \cdot g^{-1})$	平均孔径/nm	孔体积/$(cm^3 \cdot g^{-1})$
2∶1	7.78	7.89	0.017
3∶1	8.45	8.32	0.021
4∶1	9.39	10.47	0.028
5∶1	8.89	8.74	0.018
7.5∶1	5.43	8.11	0.007

3. AP/Al/NC 纳米复合含能材料的点火温度与燃速

图 5.102 为 NC 气凝胶、AP/NC – (5)纳米复合含能材料(AP 质量分数 60%)、Al/NC – (1∶10)纳米复合含能材料(纳米铝粉质量分数 9.09%)以及 AP/Al/NC – 25% – 4∶1 纳米复合含能材料(AP 质量分数 60%,纳米铝粉质量分数 15%)在不同时间下的燃烧火焰高速摄影照片。由图可知,AP/Al/NC 纳米复合含能材料与 NC 气凝胶及二组元纳米复合含能材料相比,其燃烧火焰更加明亮。

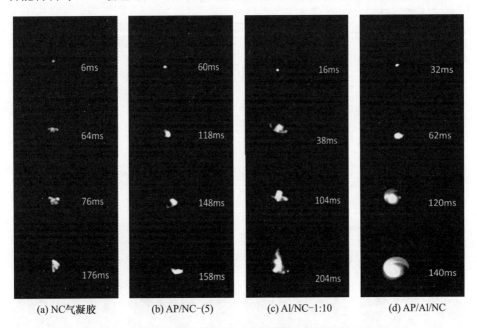

图 5.102　不同样品在不同时间下燃烧高速摄影照片

表 5.57 列出图 5.35 中样品的点火温度及质量燃烧速度。由表可知,由于 AP 分解温度与 NC 相比较高,AP/NC 复合含能材料与 NC 气凝胶相比,点火温度升高,同时质量燃速略有提高。纳米铝粉表面由于存在一层致密氧化膜,对活

性 Al 有一定保护作用,使其点火温度较高,因此 Al/NC 纳米复合含能材料的点火温度明显增大;由于纳米铝粉在燃烧过程中与 NC 凝胶骨架间的反应有限,纳米铝粉的加入一定程度上限制了 NC 凝胶骨架在燃烧过程中的传质过程,因此 Al/NC 纳米复合含能材料的质量燃速与 NC 气凝胶相比略有降低。AP/Al/NC 纳米复合含能材料与 NC 气凝胶相比,由于 AP 及纳米铝粉的加入,使其点火温度升高,但 AP 点燃后体系释放热量增多温度急剧升高,进一步点燃纳米铝粉,使体系的点火温度与 Al/NC 纳米复合含能材料相比,明显降低;且由于 AP/Al/NC 纳米复合体系中,AP 与纳米铝粉在燃烧时的氧化反应使体系的质量燃烧速度有明显提高。

表 5.56　不同样品的点火温度及质量燃烧速度

样品	点火温度/℃	燃速/(mg·s^{-1})
NC 气凝胶	112.2	42.8
AP/NC-(5)	126.5	57.1
Al/NC-1∶10	161.2	42
AP/Al/NC-25%-4∶1	131.6	96.7

图 5.103 为 AP-Al 质量比一定(4∶1),不同 NC 质量分数的 AP/Al/NC 纳

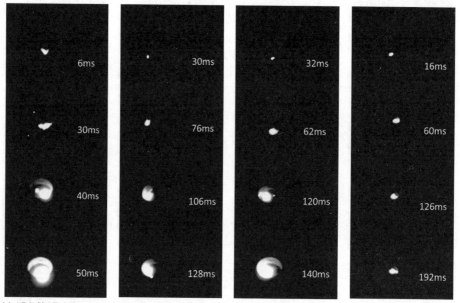

(a) AP/Al/NC-15%-4∶1　(b) AP/Al/NC-20%-4∶1　(c) AP/Al/NC-25%-4∶1　(d) AP/Al/NC-30%-4∶1

图 5.103　AP-Al 质量比一定(4∶1),不同 NC 质量分数的 AP/Al/NC 纳米复合含能材料在不同时间下的燃烧高速摄影照片

米复合含能材料在不同时间下的燃烧火焰照片（其中样品 AP/Al/NC－10％－4∶1在测试中出现爆炸声，无实验结果）。由图可知，在 NC 质量分数为15％时，体系燃烧时的火焰最为明亮，随着 NC 质量分数增大，体系燃烧火焰亮度略有降低；NC 质量分数达30％时，体系火焰亮度明显降低。

表5.57列出图5.104中样品的点火温度及质量燃烧速度。由表可知，AP/Al/NC 复合体系随 NC 质量分数降低，点火温度随之升高；同时体系中 AP 及纳米铝粉含量相对增加，纳米铝粉与 AP 分解产物的剧烈反应使体系的燃速有了大幅度提高，在 NC 质量分数为15％时，体系质量燃烧速度可达177.1mg/s。说明体系的燃速主要由 AP 分解产物与纳米铝粉的反应贡献。

表5.57　图5.35中样品的点火温度及质量燃烧速度

样品	点火温度/℃	燃速/(mg·s^{-1})
AP/Al/NC－15％－4∶1	168.6	177.1
AP/Al/NC－20％－4∶1	156.3	128.6
AP/Al/NC－25％－4∶1	131.6	96.7
AP/Al/NC－30％－4∶1	134	47.3

图5.104为 NC 质量分数一定(25％)，不同 AP－Al 质量比的 AP/Al/NC 纳米复合含能材料在不同时间下的燃烧照片。由图可知，AP－Al 质量比较高时，AP/Al/NC 纳米复合含能材料的燃烧火焰较暗，且不剧烈；当 AP－Al 质量比低于4∶1后，体系燃烧火焰亮度明显增加。

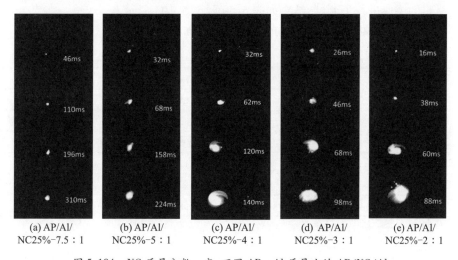

(a) AP/Al/NC25%-7.5∶1　(b) AP/Al/NC25%-5∶1　(c) AP/Al/NC25%-4∶1　(d) AP/Al/NC25%-3∶1　(e) AP/Al/NC25%-2∶1

图5.104　NC 质量分数一定，不同 AP－Al 质量比的 AP/NC/Al 纳米复合含能材料在不同时间下的燃烧高速摄影照片

表 5.58 列出 NC 质量分数一定(25%),不同 AP-Al 质量比时 AP/Al/NC 纳米复合含能材料的点火温度及质量燃烧速度。由表可知,随着 AP-Al 质量比降低,即体系中纳米铝粉的质量分数增加,纳米复合含能材料的点火温度明显上升,同时燃速逐渐增大,在 AP-Al 质量比低于 4∶1 后,燃速趋于稳定。这是 AP-Al 质量比低于 4∶1 后,虽然体系中纳米铝粉的质量分数增大,但同时 AP 的质量分数减少,纳米铝粉未充分参与反应导致的。

表 5.58 图 5.36 中样品的点火温度及质量燃烧速度

样品	点火温度/℃	燃速/(mg·s^{-1})
AP/Al/NC-25%-7.5∶1	130	60.2
AP/Al/NC-25%-5∶1	129.4	63.5
AP/Al/NC-25%-4∶1	131.6	96.7
AP/Al/NC-25%-3∶1	181.8	104.2
AP/Al/NC-25%-2∶1	193.9	108.1

4. AP/Al/NC 纳米复合含能材料的其他性能

1) AP/Al/NC 纳米复合含能材料的爆热

在混合炸药和反应性材料中添加纳米化金属粉,可增加各组分之间接触面积以及提高比表面积,从而可以增加爆轰反应的释放速率和金属粉反应的完全性,最大限度释放出体系的能量。纳米铝粉不仅可以提高推进剂的能量和燃烧稳定性,而且可以提高混合炸药的爆热和爆炸威力。对 AP/Al/NC 纳米复合含能材料的爆热进行了测试,结果如表 5.59 及图 5.105 所示。

表 5.59 不同配比 AP/NC/Al 纳米复合含能材料的爆热值

单位:kJ·kg^{-1}

NC 质量分数/%	AP∶Al(质量比)				
	7.5∶1	5∶1	4∶1	3∶1	2∶1
10	—	—	7182	7593	7504
15	—	6823	7208	7517	7459
20	6580	6929	7217	7402	7287
25	6729	6973	7149	7244	7204
30	6802	6879	6968	—	—
35	6493	6577	—	—	—
40	6230	—	—	—	—

由图可知,在 NC 质量分数一定的情况下,随着 AP-Al 质量比降低,体系的爆热值明显增大,当 AP-Al 质量比为 2∶1 时,与 AP-Al 质量比 3∶1 体系相

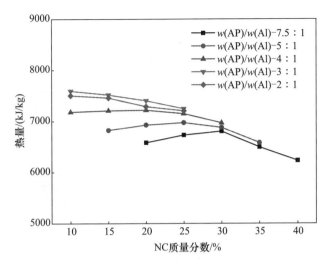

图 5.105　AP/Al/NC 纳米复合含能材料的爆热随 NC 质量分数变化曲线

比,爆热值略有下降。由文献可知,Al 粉应用于炸药中时,Al 粉为爆热的主要贡献组分,且体系爆热值受 Al 粉分布均匀程度影响严重。

经计算,不考虑 NC 质量分数时,AP－Al 质量比为 2.6∶1 时,AP－Al 达零氧平衡,由此可知 AP/Al/NC 纳米复合含能材料的爆热主要来源于体系在爆炸过程中纳米铝粉与 AP 分解产生的氧气发生氧化反应放热:在 AP－Al 质量比大于 2.6∶1 时,纳米铝粉可充分与 AP 分解产生的氧气反应,过剩氧进一步与 NC 凝胶骨架分解产生的不完全氧化产物反应放热;AP－Al 质量比小于 2.6∶1 后,纳米铝粉不能被完全氧化,且体系无多余氧与 NC 凝胶骨架分解产物反应,爆热值降低。

相同 AP－Al 质量比,AP/Al/NC 纳米复合含能材料的爆热值在体系的氧平衡为零时达到最大值,其中样品 AP/Al/NC－10%－3∶1 爆热值可达 7593kJ/kg。

2) 密度

表 5.60 列出不同配比时 AP/Al/NC 纳米复合含能材料的密度。由表可知,相同 AP∶Al 质量比的情况下,AP/Al/NC 纳米复合含能材料的密度随着 NC 质量分数的降低而增大。有两个方面原因:一是 NC 自身密度较低;二是 NC 质量分数减小后体系中凝胶骨架含量降低,体系孔隙率降低,导致体系密度增大。相同 NC 质量分数下,AP/Al/NC 纳米复合含能材料的密度随着 AP－Al 质量比的降低而增大,AP－Al 质量比降低后,体系中密度较大的纳米 Al 相对质量分数增大;同时更多的纳米铝粉可进入到 NC 凝胶骨架的孔隙中,使体系孔隙率降低,密度增大。

表 5.60　不同配比的 AP/Al/NC 纳米复合含能材料的密度

单位：$g \cdot cm^{-3}$

NC 质量分数/%	AP:Al(质量比)				
	7.5:1	5:1	4:1	3:1	2:1
10	—	—	1.99	2.03	2.05
15	—	1.93	1.96	1.99	2.02
20	1.85	1.89	1.92	1.94	2.00
25	1.79	1.85	1.89	1.92	1.98
30	1.72	1.78	1.82	1.85	—
35	1.65	1.69	—	—	—
40	1.60	—	—	—	—

3) 机械感度

表 5.61 及表 5.62 列出不同配比 AP/Al/NC 纳米复合含能材料的特性落高（落锤质量 2kg、5kg，装药量 (35±1)mg）。

由表可见，AP/Al/NC 纳米复合含能材料的撞击感度均低于纯 AP 的撞击感度。由表 5.29 可知，在相同 AP-Al 配比的情况下，随着体系中 NC 凝胶骨架含量的增大，体系的撞击感度逐渐降低。这是体系中 NC 含量增大后，AP 颗粒表面可缓冲外界冲击作用的凝胶骨架增多，多外界冲力的缓冲作用增强导致的。由表 5.30 可知，相同 NC 质量分数情况下，随着体系中 AP 配比的降低，体系的撞击感度逐渐降低。这是由于体系中 AP 质量分数降低后，相应纳米铝粉含量增大，纳米铝粉颗粒与凝胶骨架协同缓冲外力作用以及其良好的导热作用使体系的感度得到降低。此外，由表可知，AP/Al/NC 纳米复合含能材料的撞击感度均低与其相应物理共混物的撞击感度，这是由于物理共混物中各组分相互分离，感度较高的 AP 颗粒表明失去了 NC 凝胶骨架对外力的缓冲作用，使物理共混体系的感度较高。

表 5.61　相同 AP-Al 配比、不同 NC 含量的 AP/Al/NC 纳米复合含能材料的特性落高

组分(NC 的质量分数-w(AP)/w(Al))	特性落高 H_{50}(落锤质量 2kg)/cm		特性落高 H_{50}(落锤质量 5kg)/cm	
	纳米复合含能材料	物理共混物	纳米复合含能材料	物理共混物
15%-4:1	58	52	35	31
20%-4:1	62	56	41	34
25%-4:1	67	59	46	39
30%-4:1	71	62	53	42

续表

组分(NC的质量分数 $-w(AP)/w(Al)$)	特性落高 H_{50}(落锤质量2kg)/cm		特性落高 H_{50}(落锤质量5kg)/cm	
	纳米复合含能材料	物理共混物	纳米复合含能材料	物理共混物
NC气凝胶	118		70	
纳米铝粉	>120		>120	
AP(7μm)	43		31	

表 5.62 相同 NC 含量、不同 AP－Al 配比的 AP/Al/NC 纳米复合含能材料的特性落高

组分(NC的质量分数 $-w(AP)/w(Al)$)	特性落高 H_{50}(落锤质量2kg)/cm		特性落高 H_{50}(落锤质量5kg)/cm	
	纳米复合含能材料	物理共混物	纳米复合含能材料	物理共混物
25%－7.5:1	57	49	39	33
25%－5:1	62	54	44	35
25%－4:1	67	59	46	39
25%－3:1	69	62	49	43
25%－2:1	72	66	53	45

5.4.4 三组元纳米复合含能材料与二组元纳米复合含能材料结构及性能对比

为考查三组元纳米复合含能材料中各组分与其结构与性能的关系,将二组元纳米复合含能材料与三组元纳米复合含能材料的结构与性能进行了对比分析。

Al/NC、RDX/NC、RDX/Al/NC 纳米复合含能材料的结构与性能数据对比如表 5.63 所列。由表可知,与二组元纳米复合含能材料相比,RDX/Al/NC 纳米复合含能材料的比表面积由于纳米铝粉颗粒对凝胶骨架的增强作用,并未下降,且孔结构类型未发生改变;由于纯 RDX 自身分解热较低,且纳米铝粉在缓慢升温过程中 500℃以下不参与分解反应,因此 RDX/Al/NC 纳米复合含能材料的分解热与二组元纳米复合含能材料相比降低;但其爆热值与二组元纳米复合含能材料相比明显增大。

表 5.63 Al/NC、RDX/NC、RDX/Al/NC 纳米复合含能材料的结构及性能对比

结构及性能	Al/NC 纳米复合含能材料①	RDX/NC 纳米复合含能材料②	RDX/Al/NC 纳米复合含能材料③
比表面积/($m^2 \cdot g^{-1}$)	165.03	83.11	89.45
孔结构类型	两端开放的管状孔	两端开放的管状孔	两端开放的管状孔
分解热/($J \cdot g^{-1}$)	1605.50	1569.71	1376.5

续表

结构及性能		Al/NC 纳米复合含能材料①	RDX/NC 纳米复合含能材料②	RDX/Al/NC 纳米复合含能材料③
爆热/(kJ·kg^{-1})		3672.4	3588.2	5427.6
撞击感度/cm	落锤质量5kg	95	31	42
	落锤质量2kg	109	48	63

注：① Al/NC 纳米复合含能材料样品 Al/NC-5∶10；
② RDX/NC 纳米复合含能材料样品 RDX/NC-50%；
③ RDX/Al/NC 纳米复合含能材料样品 RDX/Al/NC-10∶10∶5。

RDX/NC、AP/NC、RDX/AP/NC 纳米复合含能材料的结构与性能数据对比如表5.64所列。由表可知，与 RDX/NC、AP/NC 纳米复合含能材料相比，RDX/AP/NC 纳米复合含能材料由于 AP 颗粒占据大量凝胶骨架体积，同时纳米 RDX 在孔隙中的结晶进一步填充孔隙体积，使其比表面积显著下降，且孔结构类型发生转变；由于 RDX 自身分解热降低，三组元纳米复合含能材料的分解热与 AP/NC 纳米复合体系相比略有降低，但 RDX/AP/NC 纳米复合含能材料的爆热明显提高。

表5.64 RDX/NC、AP/NC、RDX/AP/NC 纳米复合含能材料的结构及性能对比

结构及性能		RDX/NC 纳米复合含能材料①	AP/NC 纳米复合含能材料②	RDX/AP/NC 纳米复合含能材料③
比表面积/(m^2·g^{-1})		83.11	88.90	4.36
孔结构类型		两端开放的管状孔	两端开放的管状孔	四周开放尖劈形孔
分解热/(J·g^{-1})		1569.71	2176.3	1848.3
爆热/(kJ·kg^{-1})		3588.2	5427.6	5895.8
撞击感度/cm	落锤质量5kg	31	43	21
	落锤质量2kg	48	72	39

注：① RDX/NC 纳米复合含能材料样品 RDX/NC-50%；
② AP/NC 纳米复合含能材料样品 AP/NC-(0)；
③ RDX/AP/NC 纳米复合含能材料样品 RDX/AP/NC-10∶10∶36.2(氧平衡为0)。

AP/NC、Al/NC、AP/Al/NC 纳米复合含能材料的结构与性能数据对比如表5.65所列。与二组元纳米复合含能材料相比，AP/Al/NC 纳米复合含能材料的比表面积显著下降且孔结构类型发生改变，与 AP/RDX/NC 体系类似。这是 AP 颗粒占据了大量凝胶骨架体积，剩余孔隙体积受纳米铝粉的填充作用而减小导致。体系中纳米铝粉与富氧 AP 的存在，使 AP/Al/NC 纳米复合含能材料的爆热值与二组元纳米复合体系相比有显著提高；与二组元复合体系相比，AP/

Al/NC 纳米复合体系中 AP 的存在降低了体系的点火温度,而纳米铝粉的存在则显著提高了体系的质量燃速速度。

表 5.65　Al/NC、AP/NC、AP/Al/NC 纳米复合含能材料的结构及性能对比

结构及性能		Al/NC 纳米复合含能材料①	AP/NC 纳米复合含能材料②	AP/Al/NC 纳米复合含能材料③
比表面积/(m^2·g^{-1})		121.66	88.90	9.39
孔结构类型		两端开放的管状孔	两端开放的管状孔	四周开放尖劈形孔
爆热/(kJ·kg^{-1})		3672.4	5427.6	7149
点火温度/℃		161.2	126.5	131.6
质量燃速/(mg·s^{-1})		42	57.1	96.7
撞击感度/cm	落锤质量 5kg	95	43	46
	落锤质量 2kg	109	72	67

注:① Al/NC 纳米复合含能材料样品 Al-NC-5∶10;
② Al/NC 纳米复合含能材料样品 AP/NC-CO;
③ AP/Al/NC 纳米复合含能材料样品 AP/Al/NC-25-4∶1。

5.5　NC 基四组元纳米复合含能材料

固体推进剂主要由高分子黏合剂、固化剂、氧化剂、燃料添加剂和增塑剂组成。RDX/AP/Al/NC 纳米复合体系自身可作为一种复合固体推进剂,具有潜在应用价值。若体系中各组分可达纳米级复合,在反应时,能量释放速率可由组分间的扩散速率控制转化为化学反应速率控制,解决扩散速率限制而导致的能量释放效率较低的问题。

因此,在前面制备二组元、三组元纳米复合含能材料的基础上,以 NC 为凝胶骨架,采用溶胶-凝胶法制备了 RDX/AP/Al/NC 纳米复合含能材料,并对其结构和性能进行了介绍。

5.5.1　RDX/AP/Al/NC 纳米复合含能材料的制备

RDX/AP/Al/NC 纳米复合含能材料可作为推进剂结构单元,其配方设计依据为体系的能量特性。同时,由前面 RDX/NC 纳米复合含能材料的研究结果可知,RDX/NC 纳米复合含能材料中 RDX 的负载量最高为 50%,RDX 负载量继续增加后,复合材料在干燥后出现 RDX 析出现象,导致其实际负载量降低,因此四组元复合含能材料中首先确定 NC 与 RDX 的质量比为 1∶1。由 AP/Al/NC 纳米复合含能材料的研究结果可知,在 NC 质量分数一定时,体系的爆热与其氧平

衡有关；而 AP-Al 质量比一定时，NC 质量分数越低，即纳米铝粉含量相对增大时，体系的爆热提高显著，且体系的燃速也随着纳米 Al 质量分数的增加而提高。RDX/AP/Al/NC 纳米复合含能材料在配方设计时，提高 RDX 质量分数的同时，纳米铝粉的质量分数不能降低。

综上所述，采用怀特（White）最小自由能法，运用 NASA SP-273 热力计算数据库计算了不同 AP-Al 质量比、不同 RDX/NC 质量分数的 RDX/AP/Al/NC 纳米复合含能材料的能量特性，如表 5.66 所列。

表 5.66 不同配比 RDX/AP/Al/NC 纳米复合含能材料的理论比冲

$w(AP)/w(Al)$	NC 质量分数/%	RDX 质量分数/%	AP 质量分数/%	Al 质量分数/%	理论比冲 I_s/s	氧系数 OC	密度 $\rho/(g \cdot cm^{-3})$
7.5:1	15	15	61.76	8.24	252.47	1.106	1.923
	20	20	52.94	7.06	257.38	0.994	1.89
	25	25	44.12	5.88	260.23	0.904	1.866
	30	30	35.29	4.71	260.47	0.829	1.838
5:1	15	15	58.33	11.67	255.58	1.010	1.941
	20	20	50	10	259.40	0.924	1.909
	25	25	41.67	8.33	261.51	0.853	1.878
	30	30	33.33	6.67	261.67	0.793	1.848
4:1	15	15	56	14	256.72	0.950	1.954
	20	20	48	12	260.41	0.879	1.920
	25	25	40	10	262.32	0.820	1.886
	30	30	32	8	262.53	0.770	1.854
3:1	15	15	52.5	17.5	257.85	0.867	1.973
	20	20	45	15	261.16	0.817	1.936
	25	25	37.5	12.5	263.22	0.773	1.899
	30	30	30	10	263.62	0.736	1.864
2.6:1	15	15	50.61	19.39	257.70	0.825	1.984
	20	20	43.38	16.62	261.28	0.784	1.944
	25	25	36.15	13.85	263.53	0.749	1.906
	30	30	28.92	11.08	264.17	0.718	1.870
2:1	20	20	40	20	261.14	0.722	1.963
	25	25	33.33	16.67	263.95	0.701	1.921
	30	30	26.67	13.33	265.04	0.683	1.881

第5章 硝化棉基纳米复合含能材料

由表可知,相同 AP–Al 质量比的情况下,RDX/AP/Al/NC 纳米复合含能材料的比冲随着 RDX/NC 质量分数的增加而增大,但质量分数超过 25% 之后,比冲增加幅度降低;相同 NC 含量的情况下,随着 AP–Al 质量比的降低,体系的比冲增大。因此,确定体系 NC 及 RDX 的质量分数均为 25%,AP–Al 质量比分别为 7.5∶1、5∶1、4∶1、3∶1、2.6∶1、2∶1,以 RDX/AP/Al/NC–25%–X∶1(X 为 7.5、5、4、3、2.6、2)表示。

RDX/AP/Al/NC 纳米复合含能材料的制备过程如图 5.106 所示,RDX/AP/Al/NC 纳米复合含能材料的微观结构示意图如图 5.107 所示。

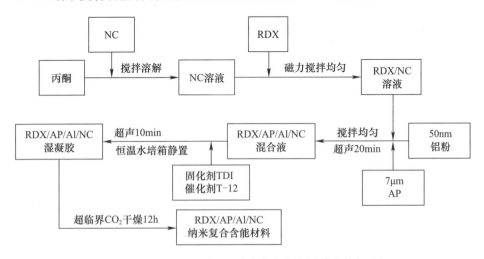

图 5.106 RDX/AP/Al/NC 纳米复合含能材料的制备过程

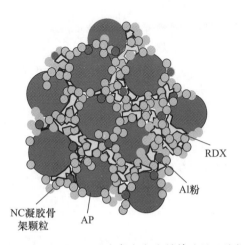

图 5.107 RDX/AP/Al/NC 纳米复合含能材料的微观结构示意图

5.5.2　RDX/AP/Al/NC 纳米复合含能材料的结构

1. RDX/AP/Al/NC 纳米复合含能材料的 X 射线衍射分析

图 5.108 为原料以及 RDX/AP/Al/NC 纳米复合含能材料的 XRD 衍射曲线。由图可知，RDX/AP/Al/NC 纳米复合含能材料的 XRD 衍射曲线中同时出现 RDX、AP 及 Al 的特征衍射峰，说明复合体系中三种组分的晶型没有发生改变。

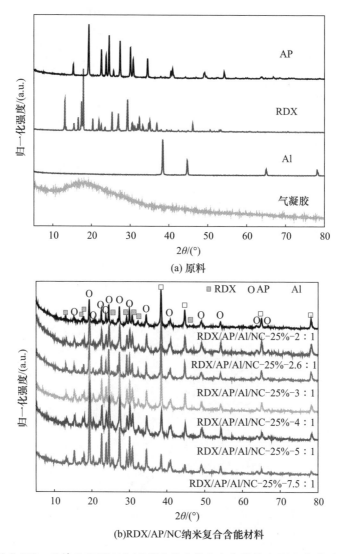

图 5.108　原料及 RDX/AP/Al/NC 纳米复合含能材料的 XRD 衍射曲线

根据 Scherrer 公式计算不同配比 RDX/AP/Al/NC 纳米复合含能材料中 RDX、AP 以及 Al 粉的平均晶粒尺寸,如表 5.67 所列。由表可知,体系中 RDX 质量分数不变,随着体系中 AP-Al 质量比增大即体系中纳米铝粉质量分数降低,RDX 的晶粒尺寸随之增大。由前面研究结果可知,复合体系中凝胶骨架由 NC 凝胶与纳米铝粉颗粒共同形成,纳米铝粉质量分数增加后,凝胶骨架强度增大,同时进入到凝胶骨架孔隙中纳米铝粉相对质量分数增加,体系骨架孔隙尺寸随之降低,对 RDX 晶粒增长的限制作用增强,因此其晶粒尺寸降低。同时体系中 AP 的晶粒尺寸均小于 100nm,且纳米铝粉的有效直径为 42~44nm。

表 5.67　RDX/AP/Al/NC 纳米复合含能材料中 RDX、AP 及 Al 粉粒径

样品	RDX 粒径/nm	AP 粒径/nm	Al 粒径/nm
RDX/AP/Al/NC-25%-2:1	69.27	52.73	42.12
RDX/AP/Al/NC-25%-2.6:1	70.15	54.56	42.97
RDX/AP/Al/NC-25%-3:1	69.28	64.82	43.11
RDX/AP/Al/NC-25%-4:1	96.51	72.18	42.32
RDX/AP/Al/NC25%-5:1	96.49	84.69	42.86
RDX/AP/Al/NC-25%-7.5:1	98.53	98.23	41.98

2. RDX/AP/Al/NC 纳米复合含能材料的 SEM 分析

RDX/AP/Al/NC 纳米复合含能材料的 SEM 图如图 5.109 所示。由图可见,AP 颗粒均匀分散于体系中;与 RDX/AP/NC 纳米复合含能材料微观结构类似,SEM 图中 RDX 晶粒与 NC 凝胶骨架界限并不明显;AP 颗粒表面被 NC 凝胶骨架、纳米铝粉颗粒及在其孔隙中析出的 RDX 晶粒组成的凝胶网络覆盖。

(a) RDX/AP/Al/NC 纳米复合含能材料SEM图　　(b) 图(a)选定区域放大

(c) 图(b)选定区域放大

图 5.109　RDX/AP/Al/NC 纳米复合含能材料的 SEM 图

图 5.110 为图 5.109(a)中各种元素的面分布能谱图,其中,C 元素及 N 元素代表了复合材料中 NC 凝胶骨架及 RDX,Cl 元素代表 AP、Al 元素代表纳米铝粉。由图可知,各种组分在体系中分布均匀。

(a) 图5.109中选区的C元素面分布能谱图　　(b) Cl元素面分布能谱图

(c) N元素面分布能谱图　　(d) Al元素面分布能谱图

图 5.110　RDX/AP/Al/NC 纳米复合材料中 C、Cl、N、Al 元素的面分布能谱图

3. RDX/AP/Al/NC 纳米复合含能材料的 N_2 吸附测试

图 5.111 为不同配比 RDX/AP/Al/NC 纳米复合含能材料的 N_2 吸附 – 脱附

等温曲线,由此得到相关性能数据于表 5.68 所示。由图可知,RDX/AP/Al/NC 纳米复合含能材料的吸附-脱附等温曲线类型为Ⅳ类,迟滞回线类型为 H3 型,说明材料的孔结构为两端开放的管状毛细孔转变为四周开放的尖劈形孔。

由前面研究可知,NC 气凝胶、二组元纳米复合含能材料以及三组元 RDX/Al/NC 纳米复合含能材料的吸附-脱附等温曲线的迟滞回线类型均为 H1 型,而三组元 AP/NC/Al 纳米复合含能材料、AP/RDX/NC 纳米复合含能材料以及四组元 RDX/AP/Al/NC 纳米复合含能材料的吸附-脱附等温曲线的迟滞回线类型为 H3 型。即体系中 NC 凝胶骨架与 AP 颗粒复合之后孔结构类型为 H1 型,继续与纳米 RDX 晶粒或纳米铝粉复合,体系的孔结构类型发生转变,为 H3 型,说明 AP 颗粒在体系中起到明显降低孔隙体积的作用,纳米 RDX 或 Al 进一步对剩余孔隙进行填充,导致含 AP 的三组元复合体系及四组元复合体系孔结构的转变。

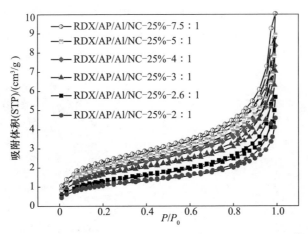

图 5.111 RDX/AP/Al/NC 纳米复合含能材料的 N_2 吸附-脱附等温曲线

表 5.68 列出 RDX/AP/Al/NC 纳米复合含能材料的比表面积、平均孔径及孔体积。

表 5.68 RDX/AP/Al/NC 纳米复合含能材料的比表面积、平均孔径及孔体积

样品	比表面积/($m^2 \cdot g^{-1}$)	平均孔径/nm	孔体积/($cm^3 \cdot g^{-1}$)
25% -2∶1	0.99	5.43	0.0009
25% -2.6∶1	2.10	5.87	0.002
25% -3∶1	3.67	6.01	0.004
25% -4∶1	4.53	7.25	0.006
25% -5∶1	5.26	7.56	0.008
25% -7.5∶1	6.15	7.63	0.010

由表5.68可知,体系中随着AP-Al质量比降低,即纳米铝粉质量分数增高,体系的比表面积随之降低。由AP/NC纳米复合含能材料的比表面积分析可知,AP颗粒在体系中占据了大部分网络体积,在体系中添加纳米铝粉之后,凝胶骨架由NC凝胶及纳米铝粉颗粒共同形成,且部分纳米铝粉进入其孔隙,造成体系比表面积进一步降低;体系中复合RDX之后,纳米RDX晶粒在剩余孔隙中结晶析出,造成了体系的比表面积、平均孔径及孔体积的进一步降低,最低比表面积可降至 $0.99 m^2/g$。

图5.112为RDX/AP/Al/NC纳米复合含能材料的微观结构形成过程示意图。NC气凝胶为两端开孔的管状微观结构;与纳米铝粉复合后,纳米铝粉部分成为凝胶骨架,部分进入凝胶骨架孔隙,使体系平均孔径及比表面积略有下降;体系中进一步加入微米级AP颗粒后,相对较大的AP颗粒占据大部分体积,使凝胶网络体积减小,体系平均孔径及比表面积急剧减小,孔结构变为尖劈形;而RDX/AP/Al/NC纳米复合含能材料中,由于RDX在剩余孔隙中的结晶析出,进一步占据了剩余孔隙,使RDX/AP/Al/NC纳米复合含能材料与二组元、三组元纳米复合含能材料相比,具有最低的比表面积、平均孔径及孔体积。

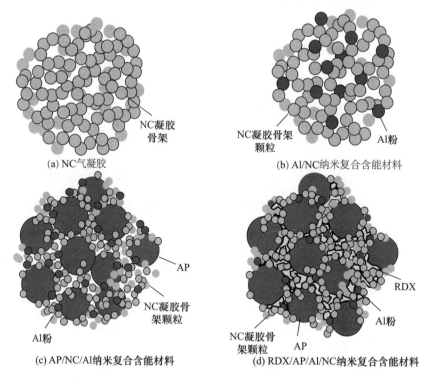

图5.112 NC气凝胶、Al/NC、AP/NC/Al及RDX/AP/Al/NC纳米复合含能材料的微观结构示意图

5.5.3 RDX/AP/Al/NC 纳米复合含能材料的点火温度及燃速

图 5.113 为 RDX/AP/Al/NC 纳米复合含能材料的燃烧的高速摄影照片。由

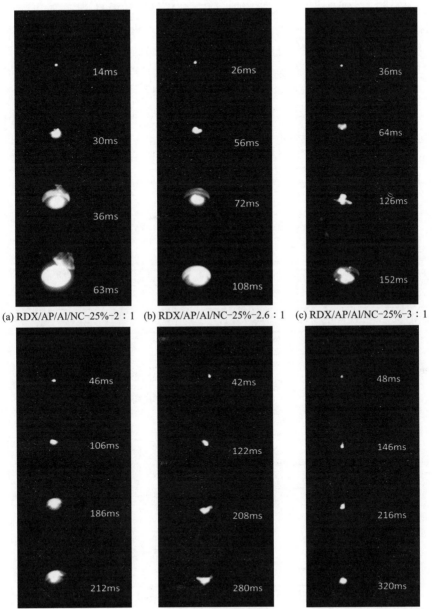

图 5.113 不同配比 RDX/AP/Al/NC 纳米复合含能材料的燃烧图片

图可知,体系的燃烧火焰亮度及火焰大小与体系中纳米铝粉含量有关,随着纳米铝粉含量的增加,体系燃烧火焰亮度及火焰大小均随之减弱。

表 5.69 为不同配比 RDX/AP/Al/NC 纳米复合含能材料的点火温度及质量燃速,图 5.114 为 RDX/AP/Al/NC 纳米复合含能材料的质量燃速、点火温度与 AP 含量及 Al 含量的关系曲线。由表可知,体系的点火温度随着体系中纳米铝粉质量分数的降低明显降低,同时质量燃速随之降低,AP – Al 质量比大于 4∶1 后(AP 质量分数大于 40%),质量燃速变化趋于平缓。四组元 RDX/AP/Al/NC – 25% – 2∶1(纳米铝粉质量分数 16.7%)的质量燃速与三组元 AP/NC/Al – 25% – 2∶1(纳米铝粉质量分数 25%)的质量燃速(108.1mg/s)接近,说明体系中 RDX 的加入并没有显著降低体系燃速。

表 5.69　不同配比 RDX/AP/Al/NC 纳米复合含能材料的点火温度及质量燃速

样品	点火温度/℃	燃速/(mg·s^{-1})
RDX/AP/Al/NC – 25% – 2∶1	180	106.0
RDX/AP/Al/NC – 25% – 2.6∶1	157	95.3
RDX/AP/Al/NC – 25% – 3∶1	142	71.6
RDX/AP/Al/NC – 25% – 4∶1	128	52.8
RDX/AP/Al/NC – 25% – 5∶1	123	45.2
RDX/AP/Al/NC – 25% – 7.5∶1	117	39.7

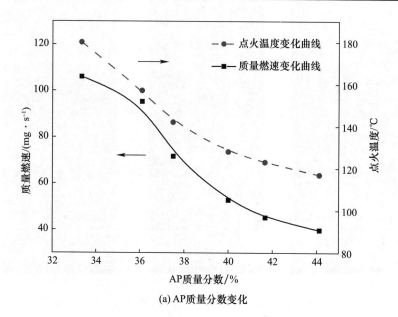

(a) AP质量分数变化

第5章 硝化棉基纳米复合含能材料

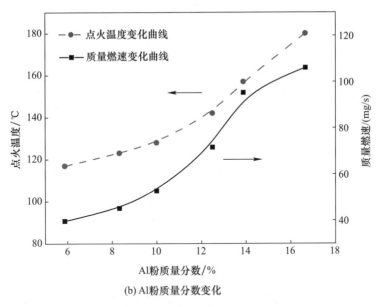

(b) Al粉质量分数变化

图5.114 RDX/AP/Al/NC 纳米复合含能材料的质量燃速、
点火温度与 AP 质量分数及 Al 粉质量分数的关系曲线

5.5.4 RDX/AP/Al/NC 纳米复合含能材料的其他性能

1. 爆热

表5.70 及图5.115 为 RDX/AP/Al/NC 纳米复合含能材料及同配比物理共混物的爆热。

表5.70 RDX/AP/Al/NC 纳米复合含能材料的爆热

样品	氧平衡(OB)/%	爆热/(kJ·kg^{-1})	
		纳米复合含能材料	物理共混物
RDX/AP/Al/NC-25%-2∶1	-18.62	6607.8	4822.5
RDX/AP/Al/NC-25%-2.6∶1	-15.09	6807.8	5002.8
RDX/AP/Al/NC-25%-3∶1	-13.38	6872.4	5321.9
RDX/AP/Al/NC-25%-4∶1	-10.37	6781	5468.4
RDX/AP/Al/NC-25%-5∶1	-8.30	6498.6	5213.4
RDX/AP/Al/NC-25%-7.5∶1	-5.27	6205.8	4963.5

由图可知,随着 AP-Al 质量比增加,体系的爆热先增大后减小,样品 RDX/AP/Al/NC-25%-3∶1 的爆热值最高为 6872.4kJ/kg。由5.5.1节配方计算可知,体系中所有配方的氧平衡 OB 均为负值;由 AP/NC/Al 纳米复合含能材料爆

289

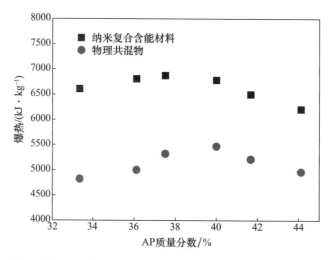

图 5.115 RDX/AP/Al/NC 纳米复合含能材料及同配比物理共混物的爆热

热分析结论可知,复合体系的爆热主要由 AP 分解产物与纳米铝粉的氧化反应贡献,因此四组元体系的爆热随着纳米铝粉质量分数增加而增大,当 AP – Al 质量比小于 3∶1 时,体系中 AP 与 Al 的氧平衡降至 0,同时由于在实际爆炸反应中,NC 凝胶骨架及 RDX 的不完全分解产物与 AP 的反应产物反应,使实际与纳米铝粉反应的 AP 产物量进一步减小,体系爆热值降低。此外,还可发现四组元物理共混物的爆热呈现相同规律,且由于物理共混物中各组分间并不能充分接触,使在爆炸反应中产物间不能充分反应,导致物理共混物的爆热明显低于同配比 RDX/AP/Al/NC 纳米复合含能材料。

2. 机械感度

表 5.71 列出 RDX/AP/Al/NC 纳米复合含能材料及其同配比物理共混物的撞击感度(落锤质量 2kg、5kg,装药量(35 ± 1)mg)。由表可知,随着体系中纳米铝粉质量分数的增加及 AP 质量分数的降低,RDX/AP/Al/NC 纳米复合含能材料的撞击感度降低。这与 AP/NC/Al 纳米复合含能材料的撞击感度变化规律一致,是由于纳米铝粉颗粒与凝胶骨架协同缓冲外力作用以及其良好的导热作用使体系的感度得到降低。此外,由表可知,RDX/AP/Al/NC 纳米复合含能材料的撞击感度均低于其相应物理共混物的撞击感度,这是由于物理共混物中各组分相互分离,感度较高的 AP 颗粒及 RDX 颗粒表面失去了 NC 凝胶骨架对外力的缓冲作用,同时导热性能较好的 Al 颗粒与 AP 及 RDX 颗粒不能充分接触,对 AP 及 RDX 颗粒表明的导热效果变差,使物理共混体系的感度较高。

表5.71 RDX/AP/Al/NC 纳米复合含能材料及同配比物理共混物的特性落高

样品	特性落高 H_{50}(落锤质量2kg)/cm		特性落高 H_{50}(落锤质量5kg)/cm	
	纳米复合含能材料	物理共混物	纳米复合含能材料	物理共混物
RDX/AP/Al/NC－25%－2∶1	55	49	34	29
RDX/AP/Al/NC－25%－2.6∶1	53	47	32	28
RDX/AP/Al/NC－25%－3∶1	49	44	29	26
RDX/AP/Al/NC－25%－4∶1	47	42	27	22
RDX/AP/Al/NC－25%－5∶1	45	38	25	21
RDX/AP/Al/NC－25%－7.5∶1	44	32	25	18
NC气凝胶	118		70	
AP(7μm)	43		23	
RDX	35		20	
纳米铝粉	>120		>120	

3. 密度

表5.72列出 RDX/AP/Al/NC 纳米复合含能材料的密度。

表5.72 RDX/AP/Al/NC 纳米复合含能材料的密度

样品	密度/(g·cm^{-3})
RDX/AP/Al/NC－25%－2∶1	1.91
RDX/AP/Al/NC－25%－2.6∶1	1.89
RDX/AP/Al/NC－25%－3∶1	1.85
RDX/AP/Al/NC－25%－4∶1	1.84
RDX/AP/Al/NC－25%－5∶1	1.82
RDX/AP/Al/NC－25%－7.5∶1	1.79

由表可知,RDX/AP/Al/NC 纳米复合含能材料的密度随体系中纳米铝粉含量的增加而增大。有两个方面原因:一是纳米铝粉的密度较大;二是由 5.5.2 节四组元纳米复合含能材料的 N_2 吸附测试结果可知,四组元体系中纳米铝粉及纳米 RDX 晶粒可充分填充凝胶骨架孔隙,使体系的孔隙率显著降低,因此四组元纳米复合含能材料的密度与三组元及二组元复合体系相比,更接近于其理论计算密度。

5.5.5 四组元纳米复合含能材料与三组元纳米复合含能材料的对比

四组元纳米复合含能材料是在前面章节制备三组元纳米复合含能材料的

基础上制备得到,且其组成与推进剂结构单元类似,在结构与性能上与 AP/NC/Al 纳米复合含能材料有共通之处。因此,对 AP/NC/Al 纳米复合含能材料与 RDX/AP/Al/NC 纳米复合含能材料的结构与性能进行了对比,结果如表 5.73 所列。

表 5.73 AP/NC/Al 纳米复合含能材料与 RDX/AP/Al/NC 纳米复合含能材料的结构与性能对比

结构与性能		AP/NC/Al 纳米复合含能材料①	RDX/AP/Al/NC 纳米复合含能材料②
比表面积/$(m^2 \cdot g^{-1})$		7.78	0.99
孔结构类型		四周开放尖劈形孔	四周开放尖劈形孔
爆热/$(kJ \cdot kg^{-1})$		7204	6607.8
点火温度/℃		193.9	180
质量燃速/$(mg \cdot s^{-1})$		108.1	106.0
撞击感度/cm	落锤质量 5kg	53	34
	落锤质量 2kg	77	55

① AP/NC/Al 纳米复合含能材料样品:NC 质量分数 25%,AP-Al 质量比 2:1。
② RDX/AP/Al/NC 纳米复合含能材料样品:NC 质量分数 25%,RDX 质量分数 25%,AP-Al 质量比 2:1。

由表可知,在相同 NC 凝胶骨架含量、相同 AP-Al 质量比的情况下,四组元纳米复合含能材料与三组元纳米复合含能材料相比,虽然其孔结构类型未发生改变,但其比表面积显著下降,这是纳米 RDX 在孔隙中结晶进一步填充孔隙体积导致的。由于四组元纳米复合体系中 AP、Al 粉的质量分数降低,其爆热与三组元纳米复合含能材料相比略有降低;四组元体系中 RDX 的加入,使其点火温度与三组元体系相比降低 13.9℃,但其质量燃速仅降低 2.1mg/s,说明 RDX 的加入未明显降低四组元复合含能材料的质量燃速。

5.6 其他硝化棉(NC)基纳米复合含能材料

Bryce 等用溶胶-凝胶法制备、冷冻干燥法干燥得到了 HDI 交联硝化棉包覆的 CL-20 复合体系。制备的 CL-20/NC 复合材料中 CL-20 的负载率可高达 90%。经透射电镜、原子力显微镜、X 射线衍射等测试计算证明复合材料中 CL-20 的粒径分布在 20~200nm 之间,如图 5.116 所示。经 DSC 及 T-Jump/FTIR 联用测试复合材料热分解性能可知,与同配比 NC 及 CL-20 物理混合物 DSC 放热峰不同,CL-20/NC 复合材料只有一个放热峰,且放热峰峰温随着

CL-20负载量增加而升高;复合含能材料中CL-20负载率低于50%时,硝化棉分解控制分解历程,CL-20负载率高于50%时,CL-20分解控制分解历程,如图5.117所示。落锤感度测试结果(图5.118)表明,CL-20/NC复合材料的感度与CL-20的负载量的关系不大。

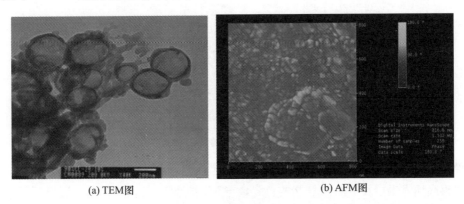

图5.116 CL-20/NC复合材料的TEM图及AFM图

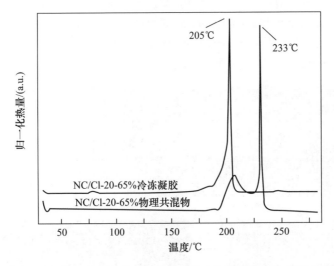

图5.117 CL-20/NC复合材料及同配比物理混合物的DSC曲线

采用静电纺丝法制备含金属的纳米复合含能材料,可避免纳米金属推进剂在熔融铸造过程中引起的诸多问题。Yan采用静电纺丝法备了NC基Al/NC纳米复合含能材料以及Al/CuO/NC纳米复合含能材料。将定量纳米铝粉及纳米CuO粉分散于NC乙酸乙酯-乙醇溶液中,纺丝针管内径为0.8mm,纺丝电压为18kV,注射泵速率为4.5mL/h,最终得到Al/CuO/NC纳米复合含能材料,同样条

▶ 新型纳米复合含能材料

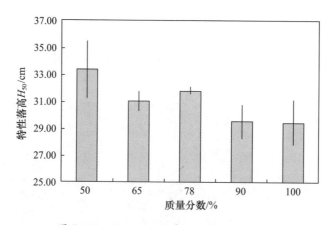

图5.118　CL-20/NC复合材料的落锤感度

件下纺丝得到纯NC纺丝材料和Al/NC纳米复合材料。通过选择合适的溶剂,可以提高纳米铝粉及纳米CuO粉的负载量与NC质量比达到1∶1∶1。通过透射电镜及样品断面扫描电镜测试发现,所制备的Al/CuO/NC纳米复合含能材料中纳米铝粉及纳米CuO粉均匀分布,如图5.119所示。通过高速摄像机测试得到Al/NC/CuO纳米复合含能材料的燃速高达106cm/s,而纯NC的燃速及Al/NC纳米复合含能材料的燃速分别为12.4cm/s、4.8cm/s,三种材料的燃烧火焰图如图5.120所示,Al/CuO/NC纳米复合含能材料的燃烧过程更加激烈、火焰更加明亮。

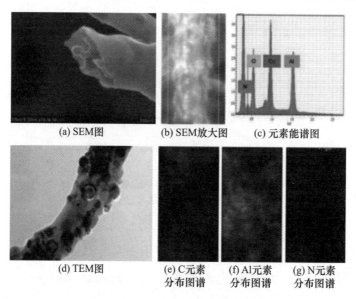

图5.119　Al/CuO/NC纳米复合含能材料的SEM照片、TEM照片及能谱

294

第5章 硝化棉基纳米复合含能材料

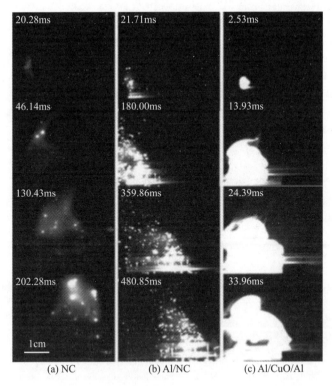

图 5.120　NC、Al/NC、纳米复合含能材料的燃烧火焰

参 考 文 献

[1] 王泽山. 含能材料概论[M]. 哈尔滨:哈尔滨工业大学出版社,2006.

[2] LI J,THOMAS B B. Nanostructured Energetic composites of CL – 20 and binders Synthesized by sol – gel methods[J]. Propellants,Explosives,Pyrotechnics,2006,31(1):61 – 69.

[3] BRYCE C T,THOMAS B B. Thermal Decomposition of Energetic Materials 86. Cryogel synthesis of nanocrystalline CL – 20 coated with cured nitrocellulose[J]. Propellants, Explosives, Pyrotechnics, 2003(28): 223 – 230.

[4] SOVIZI M R,HAJIMIRSADEGHI S S,Naderizadeh B. Effect of particle size on thermal decomposition of nitrocellulose[J]. Journal of Hazardous Materials 2009(168):1134 – 1139.

[5] BERGER B,CHARSLEY E L,Warrington S B,Characterization of the zirco – nium/potassium perchlorate/nitrocellulose pyrotechnic system by simulta – neous thermogravimetry – differential thermal analysis – mass

spectrometry[J]. Propellants Explosives Pyrotechnics. 1995(20):266 – 272.

[6] ARKHIPOV V A,KOROTKIKH A G. The Influence of Aluminum Powder Dispersity on Composite Solid Propellants Ignitability by Laser Radiation,Combust. Flame2012,159,409 – 415.

[7] YETTER R A,RISHA G A,SON S F. Metal particle combustion and nanotechnology[J]. Proceedings of the Combustion Institute,2009,32(2):1819 – 1838.

[8] SIMPSOM R. Nanoscale chemistry yields better explosive[R]. Science & Technology Review,2000.

[9] 宋小兰,李凤生,张景林,等. 粒度和形貌及粒度分布对 RDX 安全和热分解性能的影响[J]. 固体火箭技术,2008,31(2):168 – 172.

[10] JACOBS P W M,PEARSON G S. Mechanism of the decomposition of ammonium perchlorate [J]. Combustion and Flame,1969,13(4):419 – 430.

[11] 樊学忠,李吉祯,付小龙,等. 不同粒度高氯酸铵的热分解研究[J]. 化学学报,2009,67(1):39 – 44.

[12] 赵凤起,陈沛. 纳米金属粉对 RDX 热分解特性的影响[J]. 南京理工大学学报:自然科学版,2001,25(4):420 – 423.

[13] JIN M M,WANG G,DENG J K,et al. Preparation and Properties of NC/RDX/AP Nano – composite Energetic Materials by the Sol – Gel Method[J]. Journal of Sol – Gel Science and Technology,2015,76:58 – 65.

[14] 胡栋,叶松,吴蒝贺,等. 铝粉点火微观机理的光谱研究[J]. 高压物理学报,2006,20(3):237 – 242.

[15] YAN S,JIAN G,ZACHARIAH M R. Electrospun Nanofiber – Based Thermite Textiles and their Reactive Properties[J]. ACS applied materials & interfaces,2012,4(12):6432 – 6435.

[16] 全浩. 标准物质及其应用技术[M]. 北京:中国标准出版社,1990.

[17] 晋苗苗. 硝化棉基纳米复合含能材料的制备与表征[D]. 北京:北京理工大学,2014.

[18] TILLOTSON T M,HRUBESH L W. Metal – oxide – based energetic materials synthesis using sol – gel chemistry. WO patent W00 1/94276A2[P],2001.

[19] 王伯羲. 火药燃烧理论[M]. 北京:北京理工大学出版社,1997.

[20] BRYCE C T,THOMAS B B. Thermal decomposition of energetic materials 86:Cryogels synthesis of nanocrystalline CL – 20 coated with cured nitrocellose[J]. Propellants,Explosives,Pyrotechnics 28,2003(5):223 – 230.

[21] YAN S,JIAN G,ZACHARIAH M R. Electrospun Nanofiber – Based Thermite Textiles and their Reactive Properties[J]. ACS applied materials & interfaces,2012,4(12):6432 – 6435.

第6章 GAP 基纳米复合含能材料

6.1 概述

固体推进剂是一种以黏合剂为基体,与含能固体颗粒(氧化剂、金属燃料等)混合而成的含能复合材料,其中黏合剂为关键组分,对推进剂的加工工艺、力学性能以及能量特性都有重要影响。黏合剂属于高分子聚合物,它将推进剂各组分黏结在一起,赋予了其一定的几何形状和良好的力学性能,同时又作为燃料为其提供可燃元素用以维持正常燃烧。不含爆炸性基团的高分子聚合物黏合剂,称之为惰性黏合剂,如聚丁二烯、聚醚、聚氨酯等。另一种聚合物分子侧链上含有叠氮基($-N_3$)、硝基($-NO_2$)、硝酸酯基($-ONO_2$)、氟二确基甲基($-CF(-NO_2)_2$)等含能基团,称之为含能黏合剂。其中,带有$-N_3$的叠氮黏合剂具有能量高、密度大和敏感度低等特点,在各方面应用研究中取得明显进展。例如叠氮黏合剂与贫氧的黑索今(RDX)、奥克托今(HMX)组合时可以得到良好的性能,与硝酸酯增塑剂也有良好的相容性,非常适合在无烟、少烟的高能推进剂中作黏合剂。由于具备高能、高燃速、低特征信号等优点,以叠氮黏合剂为基体的叠氮聚醚推进剂是目前固体火箭推进剂重要发展方向。

聚叠氮缩水甘油醚(GAP)是研究最早,也最为成熟的一种含能黏合剂,室温下为可流动的黄色黏稠液体,分子主链为聚醚结构,两端带有羟基、侧链上含有叠氮亚甲基,典型的 GAP 分子结构为:

$$HO\left[\begin{array}{c} CH_2N_3 \\ | \\ C-C-O \\ | \\ H \end{array} \right]_n H$$

其理化性质如表6.1所列。GAP 可提高推进剂的比冲和燃速,与其他含能材料相容性良好并可降低推进剂体系的撞击感度;同时,GAP 可减少推进剂燃烧时产生的烟焰,降低火箭/导弹的目标特征信号并减弱烟焰对制导系统的干扰,使其成为高能低特征信号推进剂的理想黏合剂,具有氮含量高、生成热大、热稳定性好、机械感度和玻璃化温度 T_g 低等优点。此外,GAP 的生成焓为正值,能量水平较高,在不用外界提供氧化剂的条件下,在升高温度和压力(>0.3MPa)时,GAP 自身能够维持稳态燃烧。在有氧化剂存在时,GAP 中相对较高含量的碳原子又使其具有较好的燃烧潜力，且 GAP 合成工艺成熟，原材料相对较为常见且廉价，已逐渐成为各国含能材料工作者争相研究的热点。

表 6.1 典型 GAP 的理化性质

参数名称	参数值
数均相对分子质量/($g \cdot mol^{-1}$)	500~5000
密度/($g \cdot cm^{-3}$)	1.3
黏度/($Pa \cdot s$)	0.5~5.0(25℃)
玻璃化转变温度/℃	-45
比生成焓/($kJ \cdot kg^{-1}$)	1442.0
绝热燃烧温度/℃	1200(5MPa)
冲击感度/($kg \cdot cm$)	300

6.2　GAP 凝胶的合成原理

GAP 与异氰酸酯的反应是一个逐步加成聚合的反应，由 GAP 上的亲核中心——羟基上的氢进攻异氰酸酯基的亲电中心——正碳离子而引起的。反应在比较活泼的 –N═C═ 双键上进行，GAP 羟基上的氢原子转移到 –NCO 基中的 N 原子上，剩下的基团和 –NCO 基团中羰基上的 C 原子结合生成氨基甲酸酯类化合物。

由于 GAP 上的羟基包括伯 –OH 和仲 –OH 两类，伯 –OH 的活性高于仲 –OH 的活性，异氰酸酯会优先与 GAP 中的伯 –OH 反应，而 HDI 中的两个异氰酸酯基团的反应活性相差近 2 倍，在反应初期活性较高的一个异氰酸酯基团会优先反应，所以先生成端异氰酸酯基聚醚型聚氨酯（二聚物小颗粒），在反应溶液中形成稳定的溶胶体系。随着反应时间的延长，溶胶经胶粒间的缓慢聚合，GAP 中的伯 –OH 与另一个反应活性相对较低的异氰酸酯基团反应形成小的聚合物簇，这些聚合物簇再进一步聚合形成交联网络结构。随着进一步老化，共聚物中每个氨酯键中的 H 都可以与另一个氨酯键中的 O 生成氢键形成物理交联，即得到含能的聚氨酯凝胶网络结构。网络结构中充满失去流动性的溶剂，形成干凝胶。GAP 凝胶的三维网络结构形成的具体过程如图 6.1 所示。

$$HO-GAP-OH + OCN-R-NCO \longrightarrow \begin{matrix} OH \\ | \\ GAP-O-\overset{O}{\underset{\|}{C}}-NH-R-NCO \\ | \\ O-\underset{\|}{C}-NH-R-NCO \\ O \end{matrix}$$

二聚物小颗粒

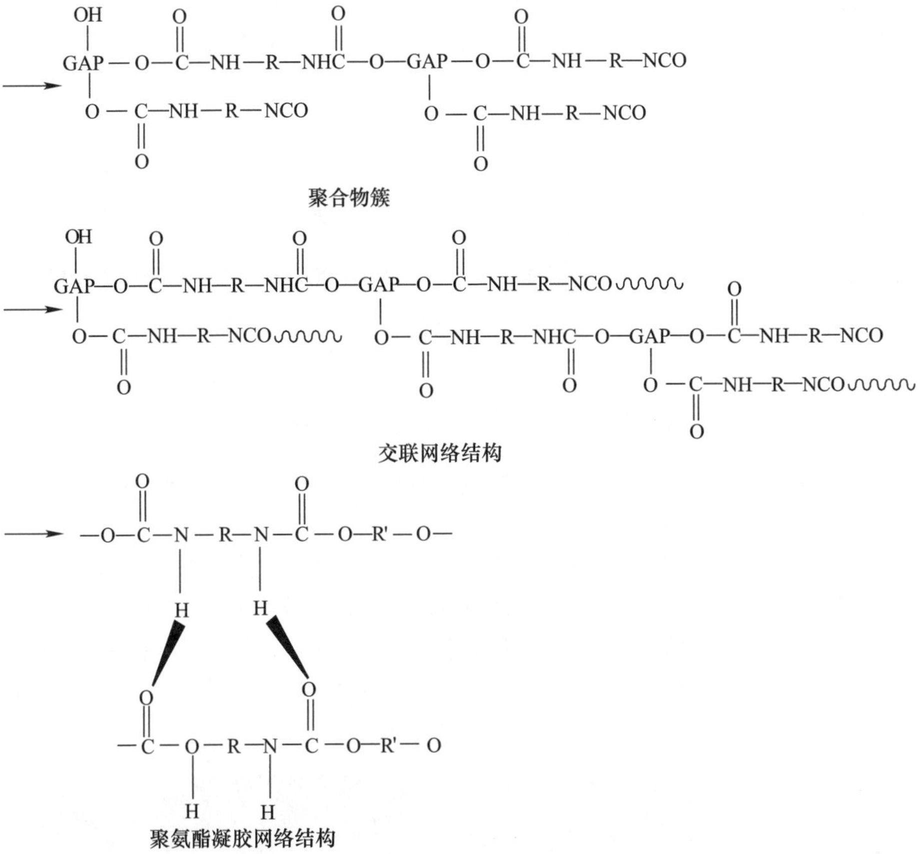

聚合物簇

交联网络结构

聚氨酯凝胶网络结构

图 6.1 GAP 凝胶的三维网络形成示意图

6.3 RDX/GAP 纳米复合含能材料

炸药黑索今(RDX)是无色晶体,不溶于水,微溶于乙醚和乙醇。化学性质比较稳定,遇明火、高温、振动、撞击、摩擦能引起燃烧爆炸。它是一种爆炸力极强的烈性炸药,比 TNT 猛烈 1.5 倍。GAP 凝胶的纳米网格结构能够将 RDX 均匀复合到网格内,网格限制了晶体的生长,可使 RDX 以纳米级尺寸均匀复合,有效地增大它们的接触面积,加快传质和传热速率,大幅提高各组分的反应速率,使能量释放更加接近理想状态,加之凝胶骨架是含能的,这样能达到更高能量密度,最大限度地发挥含能材料的威力。

RDX/GAP 纳米复合含能材料的制备:将反应前驱物 GAP、六亚甲基二异氰酸酯（HDI）、催化剂DBTDL在丙酮中溶解得到淡黄色的GAP溶胶。加入RDX溶解后经老化得到深黄色块状RDX/GAP湿凝胶，冷冻干燥得到颗粒状的RDX/GAP纳米复合含能材料，如图6.2所示。

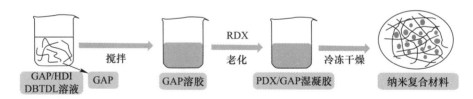

图6.2　RDX/GAP纳米复合材料制备过程

6.3.1　RDX/GAP纳米复合含能材料的结构

采用溶胶-凝胶法将炸药RDX复合到GAP与HDI缩二脲多异氰酸酯交联的柔软的聚氨酯含能凝胶孔洞中，并冷冻干燥制备出RDX/GAP纳米复合含能材料。

用扫描电镜观察RDX/GAP纳米复合含能材料的形貌，结果如图6.3所示，由图6.3(a)可以看出，干燥后的RDX/GAP纳米复合含能材料表面有很多凹凸和少量的孔洞，其中光滑黑暗的区域主要是聚合物凝胶骨架，而明亮粗糙的区域主要是RDX。由图6.3(b)可进一步看出，这些表面的凹凸并不光滑，比较粗糙，表明RDX颗粒进入到了GAP凝胶的孔洞中。

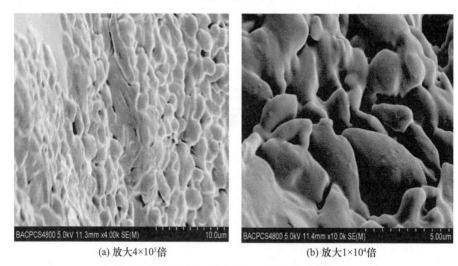

(a) 放大4×10³倍　　　　(b) 放大1×10⁴倍

图6.3　RDX/GAP纳米复合含能材料的SEM图

RDX/GAP纳米复合含能材料的孔径分布如图6.4所示，吸附-脱附等温曲线如图6.5所示。

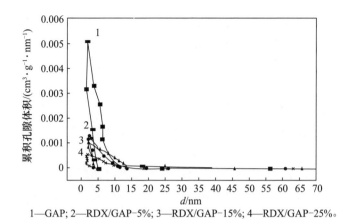

1—GAP; 2—RDX/GAP-5%; 3—RDX/GAP-15%; 4—RDX/GAP-25%。

图6.4 GAP空白凝胶和RDX/GAP复合含能材料的孔径分布（其中RDX/GAP−5%、RDX/GAP−15%、RDX/GAP−25%是指RDX的质量分数分别为5%、15%和25%制备成的纳米复合含能材料）

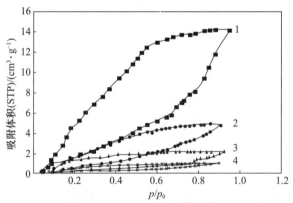

1—GAP; 2—RDX/GAP-5%; 3—RDX/GAP-15%; 4—RDX/GAP-25%。

图6.5 GAP空白凝胶和RDX/GAP复合含能材料的吸附-脱附曲线

由图6.4可知：不同RDX质量分数的RDX/GAP纳米复合含能材料的孔径分布曲线基本相同，孔尺寸主要位于5~30nm，大于30nm的孔很少；随RDX质量分数的增加，纳米复合含能材料的孔径分布峰越来越低矮。且GAP空白凝胶在最高峰的微分孔体积分别是RDX质量分数为5%、15%和25%的RDX/GAP复合含能材料在最高峰的微分孔体积的3倍、5倍和11倍，可知RDX的加载导致纳米复合含能材料的孔体积减小，孔径明显变大。这是因为RDX侵占了一定数量的孔洞，导致总孔体积减小。

比表面积参数可以反映材料的孔隙率，GAP与HDI的溶胶胶质粒子交联形成凝胶骨架中的纳米级孔洞，这是GAP空白凝胶比表面积的主要贡献。由于

GAP 湿凝胶干燥的特殊性,制备的干凝胶骨架中的孔洞在干燥过程中会有一定程度的收缩和坍塌,所以测定的孔洞比表面积比实际的偏低。由图 6.5 吸附-脱附等温曲线计算 GAP 空白凝胶的比表面积为 43.651m²/g;当 RDX 质量分数为 5%、15%、25% 时,RDX/GAP 纳米复合含能材料的比表面积分别为 14.508m²/g、11.376m²/g、4.656m²/g,比表面积比空白凝胶降低了 67% 以上。且随着 RDX 质量分数的增加,比表面积依次减小。这是 RDX 的填充占据了凝胶骨架中一定数量的孔洞,导致孔洞的比表面积随着 RDX 的增加而减小。

对 GAP 空白凝胶、RDX 和 RDX/GAP 复合凝胶进行了 X 射线粉末衍射分析,结果如图 6.6 所示。从图 6.6(a)可以看出,GAP 空白凝胶的 XRD 曲线是完全弥散的弧形衍射峰,没有结晶峰,而 RDX 的 XRD 谱图中有明显的晶体衍射峰,从图 6.6(b)可看出,当 RDX 的质量分数为 5% 时,RDX/GAP 纳米复合含能材料的衍射峰主要体现了 GAP 空白凝胶非晶态面包峰的特征,由于 RDX 在复合物中含量较少,其衍射峰被 GAP 凝胶的衍射峰所掩盖。随着 RDX 质量分数的增加,纳米复合含能材料中 GAP 凝胶的"馒头峰"逐渐变弱,RDX 衍射峰的结晶峰显著增强,且比纯 RDX 的衍射结晶峰明显宽化,呈现出超细/纳米粒子的特性。由 Scherrer 公式 $d = k\lambda/(\beta\cos\theta)$ 计算可知,当 RDX 质量分数为 5%、15%、25%、35% 时 RDX/GAP 纳米复合含能材料的平均粒径分别为 20.71nm、23.32nm、26.90nm、45.56nm。可见,随着 RDX 质量分数的增加,RDX/GAP 纳米复合含能材料的平均粒径也逐渐增大。这是因为 RDX 在 GAP 凝胶基体的孔洞中结晶析出,凝胶孔洞的大小限制了 RDX 晶体的生长,从而限制了 RDX 晶体的大小,同时凝胶孔洞的大小也受填充在其中的 RDX 数量的影响。相同条件下,RDX 质量分数高的纳米复合含能材料,其单位孔体积内含有的 RDX 数量也相对较多,致使孔洞孔径增加,填充其中的 RDX 的粒径也增大。

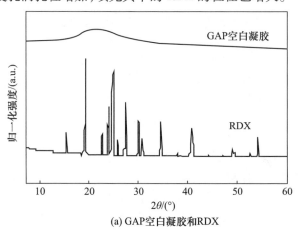

(a) GAP空白凝胶和RDX

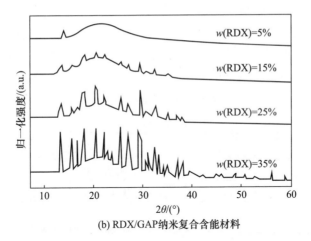

(b) RDX/GAP 纳米复合含能材料

图 6.6　GAP 空白凝胶、RDX 和 RDX/GAP 纳米复合含能材料的 XRD 图

6.3.2　RDX/GAP 纳米复合含能材料的热性能

图 6.7 为 RDX 质量分数均为 40% 时 RDX + GAP 物理共混物和 RDX/GAP 纳米复合含能材料的 TG 曲线,图 6.8 为 RDX、GAP 空白凝胶、RDX/GAP 纳米复合含能材料及 RDX + GAP 物理共混物的 DSC 曲线。

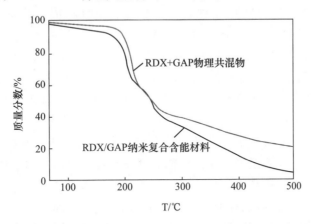

图 6.7　RDX + GAP 物理共混物和 RDX/GAP 纳米复合含能材料的 TG 曲线

由图 6.7 可看出,RDX + GAP 物理共混物和 RDX/GAP 纳米复合含能材料的 TG 曲线均大致分为 3 个阶段:第 1 阶段热失重率为 40%,温度为 168 ~ 237℃,这一阶段为 RDX 的热分解失重;第 2、3 阶段热失重温度为 237 ~ 498℃,为 GAP 凝胶骨架的特征热失重。比较两条曲线可看出,纳米复合含能材料的起

始热失重温度为 168.8℃,较物理共混物的起始热失重温度 195.9℃ 提前了 27.1℃。这是由于在纳米复合含能材料中 RDX 被凝胶骨架的纳米级孔洞限制生长,致使 RDX 的晶体尺寸也相应为纳米级,纳米粒子效应导致了纳米复合含能材料的热失重峰温大大提前。

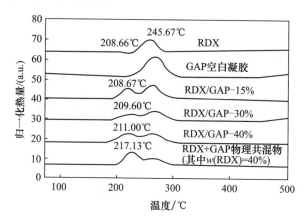

图 6.8　RDX、GAP 空白凝胶、RDX/GAP 纳米复合含能材料及 RDX+GAP 物理共混物的 DSC 曲线

由图 6.8 可知,在 RDX/GAP 纳米复合含能材料 DSC 曲线上看不到 RDX 的熔融吸热峰(208.67℃),其 RDX 的热分解峰温比原料 RDX 提前了 33～37℃。随着纳米复合含能材料中 RDX 质量分数的降低,其热分解峰温提前越多。RDX 质量分数相同时,纳米复合含能材料中的 RDX 热分解峰温比物理共混物中的 RDX 低,这主要和纳米复合含能材料中 RDX 晶体的大小有关。由 XRD 谱图分析可知,RDX/GAP 纳米复合含能材料中 RDX 的平均粒径为纳米级。由于纳米粒子粒径很小,处于表面的原子比例大,纳米粒子的体积效应、表面(界面)效应效果显著,其表面原子的热焓和熵焓较相内的原子有较大区别,使得其在热性能和化学活性等方面都较普通颗粒有很大变化。纳米粒子效应导致的纳米复合含能材料晶体放热峰提前的温度正好与 RDX 的熔融吸热峰温度范围相当,放热峰将熔融峰掩盖,表现为熔融吸热峰的消失。粒径越小,受到的纳米粒子效应越显著。而 RDX 质量分数较小时,纳米复合含能材料中的 RDX 平均粒径相对更小,因此受到的纳米粒子效应更显著,热分解峰温提前更多。

当 RDX 质量分数为 40% 时,RDX+GAP 物理共混物的放热量为 1890.81J/g,而 RDX/GAP 纳米复合含能材料的放热量为 2152.57J/g,比物理共混物的放热量多 262J/g。这是因为纳米复合含能材料中 RDX 与 GAP 在凝胶中纳米级复合,两者的接触面积较物理共混物大大提高,从而使分解放热更为完全,致使放热量显著提高。

6.3.3 RDX/GAP纳米复合含能材料的落锤感度

在炸药的制造、运输、储存和使用过程中,不可避免地会受到摩擦、撞击的作用,这些因素可能会引起爆炸。撞击感度是炸药安全性能的一项重要指标,反映了炸药或火药的敏感程度。撞击感度即是一定的冲撞下炸药发生爆炸或燃烧的程度,由落锤机所测得。对40% RDX/GAP 纳米复合含能材料和相同组分的物理混合物采用标准的撞击感度测试方法进行测试,其结果如表6.2所列。

表6.2 纯组分、纳米复合含能材料及物理混合物的撞击感度

样品	RDX质量分数/%	特性落高/cm
RDX/GAP纳米复合含能材料	40	30.2
RDX+GAP物理混合物	40	15.59
RDX	100	12.8

从表6.2中可以看出,复合物的撞击感度比同组分的机械混合物的撞击感度低得多。这主要是因为在复合物中RDX被包覆在GAP凝胶的纳米孔洞中,撞击压力被平均分配,不易形成大热点,在热点形成的初始阶段,由于热点的表面积/体积的比值大,热散失速度大于热产生速度,这使撞击感度降低很多。此外,根据热点理论,RDX在纳米复合含能材料中是纳米级的,粒径比物理混合物中的RDX小得多,热点尺寸更小,也导致感度降低。这也使得复合物的安全性能较纯RDX提高不少。

6.3.4 RDX/GAP纳米复合含能材料的爆热

爆热反映了炸药的能量性质。炸药爆热的过程非常接近定容过程,因此爆热一般指的是定容爆热。

表6.3分别为RDX/GAP纳米复合含能材料及其相同组分物理混合物的爆热值。由表可以知道,在RDX含量相同的条件下,RDX/GAP纳米复合含能材料的爆热值较机械混合物提高了19.3%。这是因为RDX在GAP凝胶骨架内部中是纳米级的,由于纳米粒子粒径较小,处于表面的原子比例较大,表面原子振动的热焓和熵与体相内的原子有较大差别,使得纳米粒子的热性能比常规颗粒有较大变化,使得纳米复合含能材料中的RDX爆热明显增大。同时,纳米复合含能材料中GAP凝胶骨架与RDX接触更紧密,分解放热更完全,所以纳米复合含能材料的爆热值得到提高。

表6.3　RDX/GAP 纳米复合含能材料及相同组分物理混合物的爆热值

样品	RDX 质量分数/%	爆热/($kJ \cdot kg^{-1}$)
RDX/GAP 纳米复合含能材料	40	4876
RDX + GAP 物理混合物	40	4084

6.4　CL-20/GAP 纳米复合含能材料

CL-20 是一种新研制的高爆军用猛炸药,能量很高,耐热性与 RDX 类似。粒径的大小会对 CL-20 的性能产生重要影响。将普通工业级的 CL-20 通过溶胶-凝胶法复合到 GAP 凝胶的孔洞中,GAP 凝胶的纳米级孔洞将限制 CL-20 晶体的生长,可以使 CL-20 晶体在凝胶孔洞中达到纳米级复合,从而得到 CL-20/GAP 纳米复合含能材料。

CL-20/GAP 纳米复合含能材料的制备:将反应前驱物 GAP、六亚甲基二异氰酸酯(HDI)、催化剂 DBTDL 在丙酮中溶解得到淡黄色的 GAP 溶胶。加入 CL-20 溶解后经老化得到深黄色块状 CL-20/GAP 湿凝胶,冷冻干燥得到颗粒状的 CL-20/GAP 纳米复合含能材料,如图 6.9 所示。

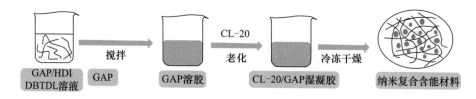

图 6.9　CL-20/GAP 纳米复合材料制备过程

6.4.1　CL-20/GAP 纳米复合含能材料的结构

采用溶胶-凝胶法将炸药 CL-20 复合到 GAP 与 HDI 缩二脲多异氰酸酯交联的柔软的聚氨酯含能凝胶孔洞中,并冷冻干燥制备出 CL-20/GAP 纳米复合含能材料。

对 CL-20/GAP 复合材料进行 SEM 扫描电镜测试如图 6.10 所示。相比空白凝胶,加载炸药后凝胶孔洞被炸药占据了一定数量,扫描图片中的孔洞明显变少。

CL-20/GAP 纳米复合含能材料的 N_2 吸附-脱附等温曲线如图 6.11 所示。其中 CL-20/GAP-5%、CL-20/GAP-10% 和 CL-20/GAP-20% 是由 CL-20 的质量分数分别为 5%、15% 和 20% 所制备的纳米复合含能材料。由吸

第6章　GAP基纳米复合含能材料

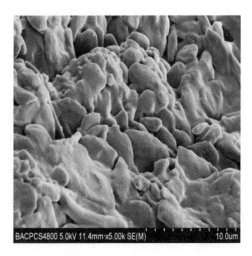

图6.10　CL-20/GAP纳米复合含能材料的SEM

附-脱附等温曲线计算GAP空白干凝胶的比表面积为$41.8m^2/g$。CL-20/GAP-5%复合凝胶的比表面积为$24.7m^2/g$；CL-20/GAP-10%复合凝胶的比表面积为$16.4m^2/g$；CL-20/GAP-20%复合凝胶的比表面积为$9.6m^2/g$。相比之下，复合材料的比表面积比GAP凝胶降低了41%以上。从图6.11中可以看出，随着炸药的质量分数的提高，复合含能材料的比表面积依次减小。这是炸药的填充占据了凝胶骨架中一定数量的孔洞，导致孔洞比表面积随着炸药的质量分数增加而减少。

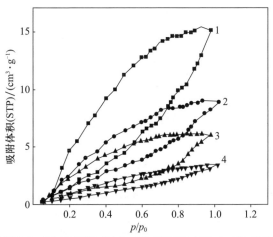

1—GAP凝胶；2—CL-20/GAP-5%；3—CL-20/GAP-10%；4—CL-20/GAP-20%。

图6.11　CL-20/GAP复合含能材料的N_2吸附-脱附曲线

表6.4是根据BET二常数公式计算的结果,表中列出了CL-20/GAP复合含能材料和CL-20凝胶的比表面积、孔体积和平均孔径。从表6.4中可知,随着炸药CL-20质量分数的增加,比表面积、总孔体积逐渐减少,平均孔径逐渐变大。CL-20填充在凝胶孔洞中占据了一定数量的孔洞,致使孔的比表面积和总孔体积随着CL-20加载量的增加而减小。在复合含能材料的制备过程中,由于溶剂的量不变,随着CL-20加载量的增加,单位体积内GAP溶胶粒子减少,且CL-20溶解在溶剂中以分子形式存在,这一定程度上阻碍了GAP活性胶质粒子的碰撞,减小了它们的交联机会,致使胶质粒子要长到足够大才能形成凝胶,故复合凝胶孔径随着CL-20加载量的增多而增大。

表6.4 不同CL-20加载量复合材料孔结构参数

样品	比表面积/($m^2 \cdot g^{-1}$)	孔体积/($cm^3 \cdot g^{-1}$)	平均孔径/nm
GAP空白凝胶	41.8	0.057	8.512
CL-20/GAP-5%	24.7	0.050	6.240
CL-20/GAP-10%	16.4	0.038	12.45
CL-20/GAP-20%	9.6	0.025	15.26

6.4.2 CL-20/GAP纳米复合含能材料的热性能

图6.12为原料CL-20的TG曲线。图中可以看出,原料纯CL-20的热分解只有一个阶段,且257℃后几乎完全分解,没有残重。

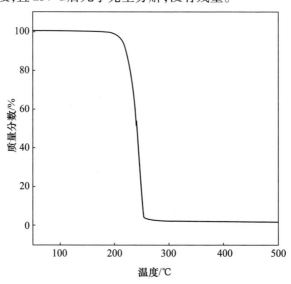

图6.12 CL-20的TG曲线

图 6.13(a)、(b)分别为 CL-20 质量分数为 50% 时的复合含能材料和相同组分的物理共混物的 TG/DTG 图。而从图 6.13(a)中可以知道,物理共混物和复合含能材料的 TG 曲线热分解都分为三个阶段,第一阶段热失重质量分数约为 47.5%,属于 CL-20 的热分解失重;复合物中的 CL-20 先于混合物中的 CL-20 分解完。进一步比较图 6.12(b)中 DTG 曲线,CL-20/GAP 物理共混物及其复合物的 DTG 热失重峰温峰分为两个部分,第一个 DTG 热失重峰属于 CL-20 的热分解失重峰,第二个热失重峰温属于 GAP 凝胶骨架的热分解失重峰。复合材料中的 CL-20 的 DTG 热失重峰温(210.8℃)比物理混合物的 DTG 热失重峰温(216.6℃)提前了 5.8℃。主要是因为纳米粒子效应引起的复合含能材料中的 CL-20 提前分解。

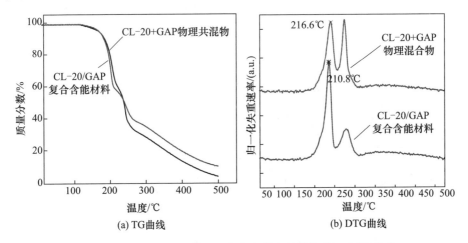

图 6.13 CL-20/GAP 物理混合物和复合材料的 TG-DTG 曲线

分别对不同 CL-20 质量分数的复合材料进行了热失重分析比较,图 6.14(a)、(b)分别是 CL-20 质量分数为 15%、20%、30%、50% 时的复合材料的 TG/DTG 曲线。从图 6.14(a)可知,由于复合材料中 RDX 在凝胶孔洞中达纳米级复合,纳米粒子效应导致 CL-20/GAP 复合物的初始热失重温度(198℃)比纯 CL-20 的始热失重温度(217℃)提前了约 19℃。从图 6.14(b)可以看出,随着复合材料中 CL-20 质量分数的降低,其 DTG 失重峰峰温相比原料 CL-20 提前越多,从 250℃ 提前到了 187℃。这是因为粒径越小,其受到的纳米粒子效应越显著。而 CL-20 质量分数少的复合物中的 CL-20 的平均晶粒尺寸相对更小,因此受到的纳米粒子效应更显著,故其热分解峰温较加 CL-20 质量分数高的复合物提前更多。而随着 CL-20 质量分数的增高,复合材料中 CL-20 的 DTG 失重峰峰高逐渐变大,说明热失重速率加快,当 CL-20 加载 50% 时热失重最快。

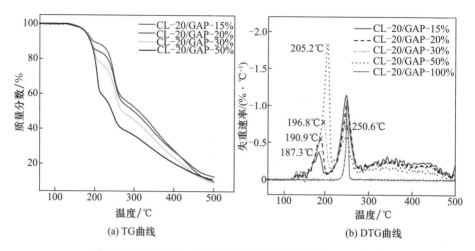

(a) TG曲线 (b) DTG曲线

图 6.14 不同 CL-20 质量分数的复合物的 TG/DTG 曲线

对原料 CL-20、GAP 空白凝胶及不同 CL-20 质量分数的复合材料的热分解进行了测试分析,其热分解曲线和数据如图 6.15 和表 6.5 所示。从图 6.15 可以看出,复合材料中 RDX 相比原料 RDX 的热分解峰温(251.82℃)提前了 40~58℃;且随着复合材料中 RDX 的质量分数的降低,其热分解峰温提前程度越大,这是和复合材料中 CL-20 晶体的大小有关。

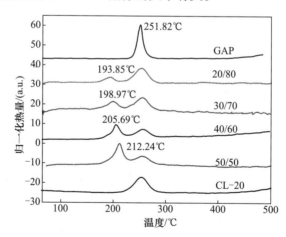

图 6.15 原料及不同 CL-20 质量分数的 CL-20/GAP 纳米复合含能材料的 DSC 曲线

从表 6.5 中可以知道,CL-20/GAP 纳米复合含能材料中的 CL-20 分解峰温 T_m 和放热量随着 CL-20 的质量分数的增加而增大。其中 20% 与 50%

CL-20/GAP 纳米复合含能材料中的 CL-20 分解峰温 T_m 分别为 193.85℃、212.24℃,两者相差 18.4℃;两者放热量分别为 2170J·g^{-1}、2076J·g^{-1},两者相差 94J/g。

表 6.5　CL-20/GAP 复合含能材料 DSC 分解数据

样品	T_m/℃	$\Delta H/(J·g^{-1})$
GAP/CL-20-20%	193.85	2076.37
GAP/CL-20-30%	198.97	2120.49
GAP/CL-20-40%	205.69	2152.57
GAP/CL-20-50%	212.24	2170.42

图 6.16 为 CL-20 质量分数为 50% 时的 CL-20/GAP 复合含能材料及相同比例物理共混物的 DSC 曲线。物理共混物的放热量为 2228J·g^{-1},而 CL-20/GAP 复合含能材料的放热量为 2461J·g^{-1},复合物的放热量比物理共混物的放热量高 10.5%。这是因为复合含能材料中 CL-20 与 GAP 凝胶纳米级复合,两者的接触面积较物理共混物大大提高,使分解放热更为完全致使放热量显著提高。

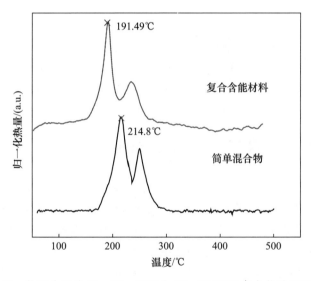

图 6.16　物理共混的 CL-20+GAP 和 CL-20/GAP 复合物的 DSC 曲线

6.4.3　CL-20/GAP 纳米复合含能材料的落锤感度

对含炸药 CL-20 质量分数 50% CL-20/GAP 干凝胶和相同组分的物理混合物采用标准的撞击感度测试方法进行测试,其结果如表 6.6 所列。

表6.6 纯组分、复合材料及机械混合物的撞击感度

样品	CL-20质量分数/%	特性落高H_{50}/cm
CL-20/GAP复合含能材料	50	15.59
CL-20+GAP物理混合物	50	11.8
CL-20	100	10.0

从表6.6中可以看出,复合含能材料的撞击感度比同组分的物理混合物的撞击感度低得多。这主要是因为在复合含能材料中RDX被包覆在GAP凝胶的纳米孔洞中,且RDX在复合含能材料中粒径比物理混合物中的RDX小得多,热点尺寸更小,也导致感度降低。

6.4.4 CL-20/GAP纳米复合含能材料的爆热

表6.7列出CL-20/GAP复合材料及其相同组分物理混合物的爆热值。在CL-20质量分数相同的条件下,CL-20/GAP复合含能材料的爆热值较物理混合物提高了10.2%。这是因为CL-20在GAP凝胶骨架内部中是纳米级的,凝胶骨架与CL-20接触更紧密,纳米效应使分解放热更完全,所以复合材料的爆热得到提高。

表6.7 CL-20/GAP复合材料干凝胶及相同组分物理混合物的爆热值

样品	CL-20质量分数/%	爆热/(kJ·kg^{-1})
CL-20/GAP复合材料	50	5216
CL-20+GAP物理混合物	50	4733

6.5 RDX/AP/GAP纳米复合含能材料

GAP凝胶无需外界氧的条件下就能够自身稳态燃烧,但其填充的炸药在没有添加氧化剂的条件下很难使之达到最大能量的释放,所以提高炸药的做功能力具有很重要的意义。改善炸药的氧平衡是一条重要的途径,即让炸药的分子组成或混合炸药组分的配比设计达到或接近零氧平衡,使炸药中的氧化剂恰好使可燃剂完全氧化。黑索今(RDX)是一种负氧平衡的高能炸药,高氯酸铵(AP)是一种常见的氧化剂,将黑索今和高氯酸铵按一定的配比设计复合成一种材料,可提高奥克托今的做功能力。

GAP凝胶的三维纳米网络结构能够将RDX和AP均匀复合到网络结构洞中,网络结构限制了晶体的生长能使RDX和AP达到纳米级的均匀复合,大大增加了它们的接触面积,实现了纳米粒子的分散。因此,制备纳米结构复合含能

材料 RDX/AP/GAP 有很好的应用意义。

RDX/AP/GAP 纳米复合含能材料的制备:将反应前驱物 GAP、六亚甲基二异氰酸酯(HDI)、催化剂 DBTDL 在丙酮中溶解得到淡黄色的 GAP 溶胶。加入 RDX 溶解后经老化得到深黄色块状 RDX/GAP 湿凝胶,冷冻干燥得到 RDX/GAP 干凝胶,再向 RDX/GAP 干凝胶中加入 AP 的丙酮溶液,使之凝胶后再老化,冷冻干燥得到 RDX/AP/GAP 纳米复合含能材料的制备,如图 6.17 所示。

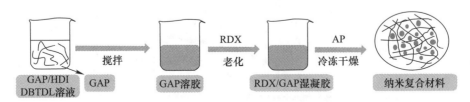

图 6.17 RDX/AP/GAP 纳米复合材料制备过程

6.5.1 RDX/AP/GAP 纳米复合含能材料的结构

采用溶胶-凝胶法与冷冻干燥法成功制备出了 RDX/AP/GAP 纳米复合含能材料。

图 6.18 中曲线 1 为 RDX 质量分数为 15% 的 RDX/GAP 复合含能材料的 N_2 吸附-脱附等温曲线。曲线 2、3、4 分别为向 15% RDX/GAP 复合含能材料中添加氧化剂 AP 后的 RDX/AP/GAP 复合含能材料的 N_2 吸附-脱附等温曲线。曲线 2、3、4 所代表的复合凝胶中 RDX 与 AP 质量配比分别为 2.1∶1、1.56∶1、1∶1,AP 在其复合凝胶中的含量是逐渐增加的,分别 6.7%、8.8%、13%。由此得到的复合含能材料样品 RDX/AP/GAP-15%-2.1∶1,RDX/AP/GAP-15%-1.5∶1 和 RDX/AP/GAP-15%-1∶1。由吸附-脱附等温曲线计算曲线 1 中 15% RDX/GAP 复合含能材料的比表面积为 $11.4m^2/g$。曲线 2、3、4 中复合凝胶 RDX/AP/GAP 的比表面积依次降低,分别为 $4.75m^2/g$、$3.0m^2/g$、$1.98m^2/g$。这可能是因为实验是向相同 RDX 含量的 RDX/GAP 复合含能材料中添加 AP,AP 的含量是逐渐变大的,而 RDX/GAP 复合含能材料中剩余的孔洞数量是一定的,随着 AP 加入量的变大,AP 所占据的孔洞变多,故比表面积就依次降低。

分别对 RDX、AP、空白凝胶及不同 GAP 凝胶含量的 RDX/AP/GAP 复合含能材料进行了 X 射线粉末衍射分析,结果如图 6.19 所示。图 6.19(b)中分别是 GAP 凝胶质量分数为 79.9%、77.5%、74% 时的 RDX/AP/GAP 复合凝胶的衍射峰图。可以知道,图 6.16(b)中三条曲线都具有相同的衍射特征峰,谱图中有明

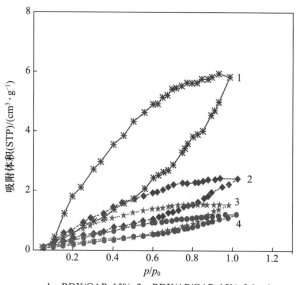

1—RDX/GAP-15%; 2—RDX/AP/GAP-15%-2.1∶1;
3—RDX/AP/GAP-15%-1.56∶1; 4—RDX/AP/GAP-15%-1∶1。

图 6.18　RDX/AP/GAP 复合含能材料的 N_2 吸附 - 脱附曲线

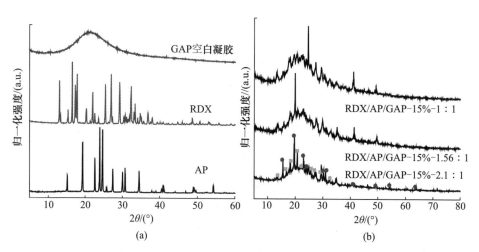

图 6.19　原料 RDX、AP 与 GAP 空白凝胶(a)与 RDX/AP/GAP 复合含能材料的 XRD 图(b)

显的 AP 晶体和 RDX 晶体衍射峰,而且明显宽化,呈现出超细/纳米粒子的特性。由于复合材料中凝胶的含量较高,故其衍射峰呈弧状"馒头"峰。

由 Scherrer 公式 $d = k\lambda/(\beta\cos\theta)$ 计算出不同 GAP 凝胶骨架含量的复合含能材料中 RDX 和 AP 的粒径,结果列于表 6.8 中。由表可知,凝胶骨架内的 RDX

和 AP 的粒径随其含量的增加而变大。这是因为含能晶体都是在凝胶骨架内结晶的，所以凝胶孔洞的尺寸决定了含能晶体的大小。同时，含能晶体所占比例增加，凝胶的孔洞孔径也就随着增大。

表 6.8 不同凝胶骨架质量分数的 RDX/AP/GAP 复合材料的粒径

样品	AP 粒径/nm	RDX 粒径/nm
RDX/AP/GAP-15%-2.1∶1	20	23
RDX/AP/GAP-15%-1.56∶1	36	40
RDX/AP/GAP-15%-1∶1	48	55

6.5.2 RDX/AP/GAP 纳米复合含能材料的热性能

图 6.20 为 RDX/AP/GAP-15%-1∶1 与相同组分的物理混合物的 DSC 曲线。从图中可以知道，复合材料与物理共混物中都有三个放热峰，第一个是 RDX 的放热峰，第二个是 GAP 凝胶的放热峰，第三个是 AP 的放热峰。由于 RDX 含量较少，其放热峰不是特别明显。而原料 AP 的吸热峰（249℃）被 GAP 凝胶的放热峰掩盖。复合物中 RDX 的放热峰峰温（222.9℃）较共混物中的放热峰（231.1℃）提前了 8.2℃。这可能是因为复合物中 RDX 的粒径较小，处于分子表面的原子增多，表面原子振动的热焓和熵较体内原子有较大差别，其分解所需的热焓降低。同时复合物中 AP 与 RDX 紧密接触，使 AP 与 RDX 之间的相互作用更强烈，导致 RDX 热分解峰温提前。其中复合物的分解放热量为 1935J·g^{-1}，较共混物的分解放热量（1639J/g）提高了 18%。

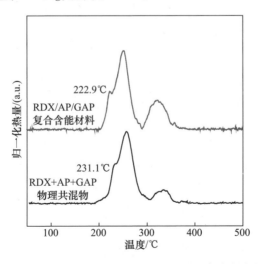

图 6.20 RDX+AP+GAP 物理混合物和 RDX/AP/GAP 复合含能材料的 DSC 曲线

图 6.21 是 RDX 与 AP 质量比分别为 2∶1、1∶1、1.56∶1 时的 15% RDX/AP/GAP 复合含能材料的 DSC 曲线。图 6.21 中曲线 1、2、3 分别代表的是正氧平衡(12%)、负氧平衡(-11.4%)、零氧平衡时的复合材料的热分解曲线。从图中可以看出，RDX/AP/GAP 复合物随着氧平衡不同，RDX 的热分解峰温不同，较原料 RDX 的热分解峰温(251℃)提前了 23.0~25.2℃。当 RDX 与 AP 质量比为 1.56∶1 时，复合材料中的 RDX 热分解峰温提前最多，且分解放热量最大。这是因为在零氧平衡下，RDX 的热分解放热做功最大。具体数据如表 6.9 所列。

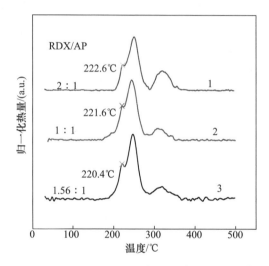

图 6.21 RDX/AP/GAP 复合材料的 DSC 曲线

表 6.9 不同氧平衡的 RDX/AP/GAP 复合材料热分解数据

样品	氧平衡/%	T_m/℃	$\Delta H/(\mathrm{J \cdot g^{-1}})$
RDX/AP/GAP-15%-2∶1	12	222.6	1935
RDX/AP/GAP-15%-1∶1	-11.4	221.6	1650
RDX/AP/GAP-15%-1.56∶1	0	220.4	2238

6.6 PETN/NC/GAP 纳米复合含能材料

硝化纤维素(NC)价格便宜且容易制备，作为双基推进剂的黏结剂基体得到了广泛应用。NC 对能量的贡献大，但受射流、热、冲击波、机械等易发生燃烧转爆轰，具有高度可燃性和爆炸性。此外，NC 玻璃化转变温度 T_g 较高且分子中含有大量的环，所以在低温条件下易脆变，且力学性能差，这就限制了 NC 黏结剂基体在复合含能材料中的应用。聚叠氮缩水甘油醚(GAP)作为一种新型含能的叠氮类黏结剂,具有氮含量高、机械感度低、热稳定好、玻璃化转变温度低及特征信号低等优点,因此在纳米复合含能材料的制备中,GAP 是 NC 黏结剂基体理想的替代品。然而使用 GAP 作为黏结剂的复合材料缺乏刚性。另外,GAP 的分子链中具有较大的侧链基团 $-CH_2N_3$,使得 GAP 的主链承载的原子数少且分子间作用力小,导致其抗拉强度较低。因此,将 NC 与 GAP 复合形成纳米级凝胶骨架,可能获得一种性能互补的含能黏结剂。

PETN 是猛炸药之一,对撞击和热敏感,分解时放出很毒的氮的氧化物气体,这些气体将和可被氧化的物质猛烈反应,是标准军用弹炸药中安定性最差的。高灵敏度 PETN 的实际应用,一般有两种方法解决这一问题:一种是制备共晶材料,即将灵敏度较高的 PETN 与不敏感的炸药共晶形成不敏感的共晶炸药;另一种是将单质炸药制备成纳米复合炸药。

NC/GAP/PETN 纳米复合含能材料的制备:将 NC、GAP 和 PETN 在乙酸乙酯中完全溶解,滴入甲苯二异氰酸酯(TDI)、三乙烯二胺溶液和二月桂酸二丁基锡(T-12),放入恒温水浴中形成湿凝胶,通过二氧化碳超临界干燥得到 NC/GAP/PETN 纳米复合材料含能材料,如图 6.22 所示。

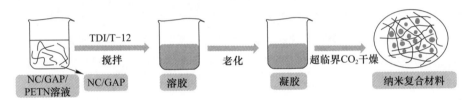

图 6.22　PETN/NC/GAP 纳米复合材料制备过程

6.6.1　PETN/NC/GAP 纳米复合含能材料的结构

采用溶胶-凝胶法制备 PETN、NC 和 GAP 湿凝胶,通过超临界干燥法将湿凝胶进行干燥,得到 PETN/NC/GAP 纳米复合材料含能材料。

图 6.23 是 NC/GAP-50%(其中指 NC 的质量分数为 50%)和 NC/GAP/PETN(其中 $w(NC)/w(GAP)/w(PETN)=0.33:0.34:0.33$)纳米复合材料的 SEM 图像。由图 6.23(a)可以看出,NC 和 GAP 交联成网络孔洞结构,凝胶骨架的微观结构由近似 30nm 的纳米颗粒组成,并且颗粒之间存在大量纳米级空隙。图 6.23(b)是 NC/GAP/PETN 纳米复合含能材料的扫描电镜图。与 NC/GAP-50% 纳米复合含能材料的图像不同,纳米复合物的网络结构消失,PETN 颗粒分散在 NC/GAP 凝胶骨架中,且 PETN 周围仍有部分孔洞存在,这说明纳米复合材

料仍然保留了部分多孔结构。

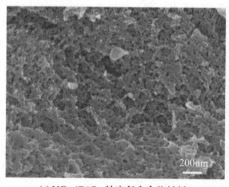
(a) $NC_{0.5}/GAP_{0.5}$ 纳米复合含能材料

(b) $NC_{0.33}/GAP_{0.34}/PETN_{0.33}$ 纳米复合含能材料

图 6.23　$NC_{0.5}/GAP_{0.5}$ 纳米复合含能材料和 $NC_{0.33}/GAP_{0.34}/PETN_{0.33}$ 纳米复合含能材料的 SEM 图

NC/GAP/PETN 的 XRD 图谱如图 6.24 所示。由图可以观察到,在 NC/GAP-50% 基体中,$2\theta=10°\sim 50°$ 之间出现两个较宽的无定形非晶弥散峰,对应 GAP 和 NC 的非晶结构。在 NC/GAP/PETN 纳米复合含能材料中,在 $2\theta=10°\sim 22°$ 处仍存在非晶弥散峰,但是只出现一个非晶衍射峰。这可能是因为,在纳米复合材料中,NC 和 GAP 交联形成网状孔洞结构,两者相互作用,相互影响。同时,纳米复合材料在 $2\theta=22°\sim 50°$ 处出现明显的晶体衍射峰,对应于 PETN 的结晶峰。

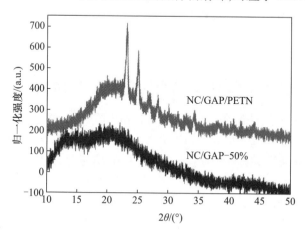

图 6.24　NC/GAP/PETN 的 XRD 曲线

通过 X 射线光电子能谱分析了纳米复合材料的表面元素,结果如图 6.25 所示。从图 6.25(a) 中可以看出,纳米复合材料的 XPS 全谱图中有三个峰,分别对应 O、N 和 C 三种元素。通过全谱图可以获得 N、C 和 O 三种元素的信息,结果如图 6.25(b)~(d)所示。N 的 1s 能谱图是由结合能分别为 400.5eV、404.2eV 和 407.9eV 的三个峰叠加而成,结合能为 407.9eV 处的峰归属于 PETN 和 NC 的 O—NO$_2$,404.2eV 处的峰对应氨基甲酸酯基中的—NH—,说明凝胶过程发生了交联反应生成了氨基甲酸酯,结合能为 400.5eV 处的峰归属于 GAP 的能量基团—N$_3$;C 元素的峰是由结合能为 284.7eV、286.3eV 和 288.8eV 三个峰叠加而成,分别对应 C—C、C—N 和 C=O;O 的 1s 能谱图是由结合能在 531.1eV、532.6eV 和 534.3eV 的三个峰叠加而成,分别对应为 C—O—C、C=O 和—NO$_2$。

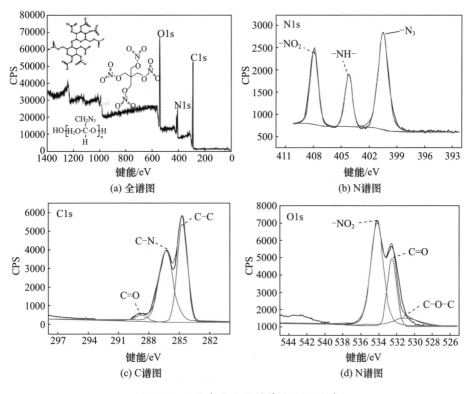

图 6.25 纳米复合含能材料的 XPS 图谱

通过 N$_2$ 吸附试验分析了 NC/GAP 和 NC/GAP/PETN 纳米复合材料的多孔性差异,N$_2$ 吸附-脱附等温曲线和 BET 表面积图如图 6.26 所示。根据 Brunauer 的五种类型的吸附等温线,NC/GAP 凝胶和 NC/GAP/PETN 纳米复合材料可能属于第四类等温线,磁滞回线属于 H3 型和 H1 型。该等温线在低压下凸出,表明吸附物和吸附剂之间具有较强亲和力。随着压力的增加,多层吸附逐渐变为毛细管凝结,这种现象导致吸附等温线在一定的压力范围内迅速增加,因此曲线变得更陡,吸附量强烈增加。当 p/p_0 接近 1 时,吸附饱和,并且吸附-脱附曲线趋于平坦,表明孔径范围存在极值。

计算比表面积、孔径和孔体积,结果如表 6.10 所列。与 NC/GAP 凝胶相比,NC/GAP/PETN 的比表面积、孔径和孔体积明显减少,表明 PETN 颗粒填充了 NC/GA 凝胶的孔隙。

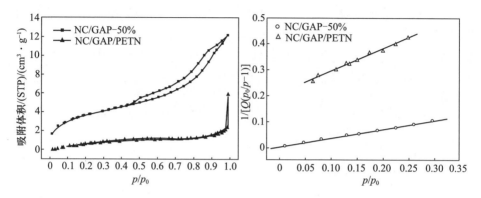

图 6.26　NC/GAP/PETN 的 N_2 吸附-脱附等温曲线

表 6.10　样品的孔结构参数

样品	比表面积/(m²·g⁻¹)	孔体积/(cm³·g⁻¹)	平均孔径/nm
NC/GAP-50%	290.8	0.4429	61.95
NC/GAP/PETN	4.1	0.0084	18.15

6.6.2　NC/GAP/PETN 纳米复合含能材料的热性能

动力学参数和热力学参数对于研究含能材料的热分解性能非常重要,因此对纳米复合材料进行了热性能分析,其 DSC 曲线如图 6.27(a)所示。

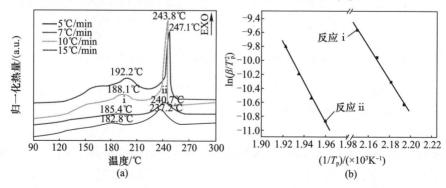

图 6.27　纳米复合物的 DSC 曲线及 $\ln(\beta/T_p^2)$ 和 $1000/T_p$ 的关系图

在 NC/GAP/PETN 的 DSC 曲线中,每条曲线有两个峰分别对应样品的两次放热分解,分别标记为反应 i 和反应 ii,且每个峰对应单独的分解反应。我们认为反应 i 是 NC/GAP 的热分解,反应 ii 是 PETN 的热分解。随着加热速率的增加,反应的峰值增加。图 6.27(b)描绘了 $\ln(\beta/T_p^2)$ 和 $1000/T_p$ 的关系图,可以得到反应 i 和反应 ii 的线性回归方程。反应的 E_k 和 A_k 值如表 6.11 所列。根据 Arrhenius 方程计算出 k 值。E_k 值可以反映化学反应的难易程度,活化能越低,反应速率越快,因此降低活化能可以有效地促进反应;反应 i 的 E_k 值低于反应 ii,因此反应 i 更容易发生。k 为速率常数,它半定量地表征了热分解反应的快慢,反应 i 具有更高的 k 值,表明反应 i 热分解反应的速度更快。其结果列于表 6.11。$\Delta G^{\neq}$ 是炸药普通状态和爆炸激活状态之间的吉布斯自由能差,反应 i 和 ii 的 $\Delta G^{\neq}$ 是正值,这表明炸药的活化过程不是自发进行的并且从外界需要吸收能量。$\Delta H^{\neq}$ 表示分子在化学反应过程中吸收或释放的反应热,反应 i 和反应 ii 的 $\Delta H^{\neq}$ 值都是正值,表明分子需要从外部吸收能量以使反应发生;$\Delta H^{\neq}$ 越小,反应越容易发生,反应 i 的 $\Delta H^{\neq}$ 小于反应 ii,因此反应 i 更容易发生。$\Delta S^{\neq}$ 是炸药从普通状态被加热到活化状态所产生的熵变,体系的 $\Delta S^{\neq}$ 越大,自由度越小,混乱度越大;气体产物越多,导致 $\Delta S^{\neq}$ 越大,混乱度越大。反应 i 和反应 ii 的 $\Delta S^{\neq}$ 值均为正,表明活化复合物的混乱度高于反应物分子的混乱度。因此,NC/GAP 凝胶的热反应性高于 PETN。

表 6.11 样品的热力学参数和动力学参数

样品	$T_p(K)$	热力学参数			动力学参数		
		$\Delta H^{\neq}/(KJ \cdot mol^{-1})$	$\Delta G^{\neq}/(KJ \cdot mol^{-1})$	$\Delta S^{\neq}/(J \cdot mol^{-1} \cdot K^{-1})$	$E_k/(KJ \cdot mol^{-1})$	$\ln A_k$	k/s^{-1}
反应 i	455.95	195.32	115.22	175.69	199.12	52.01	0.60
	458.55	195.30	114.80	175.65	199.12	52.01	0.81
	461.25	195.28	114.29	175.60	199.12	52.01	1.10
	465.35	195.25	113.57	175.52	199.12	52.01	1.73
反应 ii	510.35	232.53	129.87	201.15	236.77	55.19	0.54
	513.85	232.50	129.17	201.09	236.77	55.19	0.79
	516.95	232.48	128.55	201.04	236.77	55.19	1.10
	520.25	232.45	127.88	200.99	236.77	55.19	1.57

DSC - IR 用于研究 NC/GAP/PETN 热分解的气体产物,结果如图 6.24 所示。检测出纳米复合物的主要气体产物,其红外光谱如图 6.28(b)所示。2310~2380cm^{-1} 和 668cm^{-1} 处的强峰表明了大量 CO_2 气体的存在;2140~2250cm^{-1} 和 1250~1375cm^{-1} 处的峰为 N_2O 气体,主要是由来自 PETN 分子中的 O-NO_2 基

团分裂的自由基 NO_2 在高温下衰变为 N_2O。CO 气体占据了 2010~2140 cm^{-1} 处的吸收峰；1880~2010 cm^{-1} 处的峰是 NO 气体；H_2O 气体的吸收峰在 3750 cm^{-1} 处；一些非极性分子，如 N_2 等，通过 IR 仪器检测不到，但我们认为气体产物中也含有大量氮气。这主要是因为 GAP 的热分解过程中，叠氮键（$-N_3$）断裂会释放氮气。

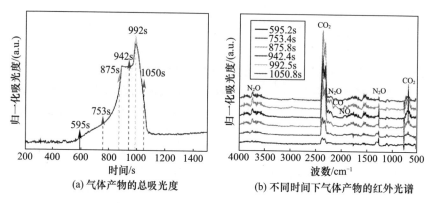

(a) 气体产物的总吸光度　　(b) 不同时间下气体产物的红外光谱

图 6.28　NC/GAP/PETN 的 DSC-IR 分析

6.6.3　NC/GAP/PETN 纳米复合含能材料的机械感度

为了表征纳米复合材料的安全性能，对其机械感度进行了研究，其结果如图 6.29 所示。图 6.29 表明，随着 GAP 质量分数的增加，纳米复合材料的撞击感度和摩擦感度都降低。说明随着 GAP 质量分数的增加，纳米复合含能材料的安全性能得到了提高。

理论上，在外界机械作用下，炸药吸收的机械能转变为热能，热能集中于局部或某些点上，集中能量可使温度迅速升高，形成"热点"。热点的形成、成长和扩散的特性决定了爆炸的难易程度。在爆炸性电荷中，微小的孔隙受到绝热压缩，导致孔隙内的温度迅速升高。当温度超过临界温度时，形成热点。热点加热邻近的爆炸性颗粒并使其分解，然后释放出大量的热量；同时，形成有效的加热层。如果释放的热量可以持续维持邻近爆炸性粒子的分解，则有效的加热层迅速发展并发生爆炸。在这个过程中，有两个影响因素非常重要：一个是热点的温度和热含量；另一个是爆炸性颗粒的反应性。具有较高温度和含热量热点的爆炸体系更可能发生爆炸，而温度和热含量主要取决于孔隙的大小；在相同的压缩条件下，较大的孔隙将导致较高的温度和热含量。随着炸药的粒径减小到纳米级，纳米粒子中孔隙的尺寸也明显减小。因此，纳米级炸药中的热点含有较少的热量，在机械感度测试中，纳米复合材料表现出较低的敏感性。同样，纳米炸药的机械感度比微米级炸药要低得多。

从图 6.29 可以看出,其中 $GAP_{0.67}/PETN_{0.33}$、$NC_{0.17}/GAP_{0.5}/PETN_{0.33}$、$NC_{0.33}/GAP_{0.34}/PETN_{0.33}$、$NC_{0.3}/GAP_{0.17}/PETN_{0.33}$、和 $NC_{0.67}/PETN_{0.33}$ 是指由相应相分的质量分数制备成的纳米复合含能材料,其中下标代表组分在复合材料中的物质百分含量。随着 GAP 质量分数的增加,H_{50} 的值变大,摩擦感度降低。主要是因为 PETN 颗粒分散在不敏感的 NC/GAP 凝胶骨架中,基体起到了保护和缓冲的作用。含能材料的颗粒尺寸被控制在纳米级,孔的尺寸减小,温度和热含量减少,热点产生变得困难,爆炸物不容易发生爆炸。因此,纳米复合材料具有较低的机械敏感性,并且随着复合材料中 GAP 质量分数的增加,其安全性能变得更好。

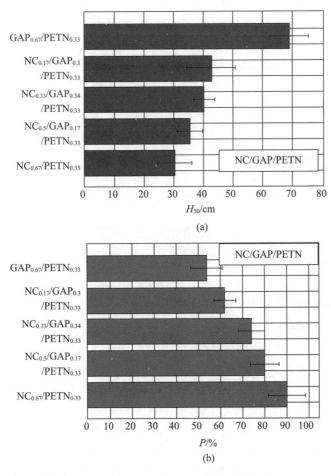

图 6.29　NC/GAP/PETN 的撞击感度和摩擦感度

6.7 NC/GAP/CL-20 纳米复合含能材料

CL-20 是近年来高能量密度材料合成研究中比较突出的笼型单质炸药,是新研制的高爆军用猛炸药,是迄今为止密度和能量水平最高的单质炸药之一;然而 CL-20 较高的机械感度,使其在生产、运输、储存及使用过程中很容易受到外界的刺激而发生燃烧或爆炸,很大程度上限制了其应用。高灵敏度 CL-20 的实际应用,一般有两种方法解决这一问题:一种是制备共晶材料,即将灵敏度较高的 CL-20 与不敏感的炸药共晶形成不敏感的共晶炸药;另一种是将单质炸药制备成纳米复合炸药。

NC/GAP/CL-20 纳米复合含能材料的制备:将 NC、GAP 和 CL-20 在乙酸乙酯中完全溶解,滴入甲苯二异氰酸酯(TDI)、三乙烯二胺溶液和二月桂酸二丁基锡(T-12),放入恒温水浴中形成湿凝胶,通过二氧化碳超临界干燥得到 NC/GAP/CL-20 纳米复合材料含能材料,如图 6.30 所示。

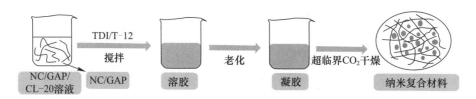

图 6.30 NC/GAP/CL-20 纳米复合材料制备过程

6.7.1 NC/GAP/CL-20 纳米复合含能材料的结构

采用溶胶-凝胶法制备 NC、GAP 和 CL-20 湿凝胶,通过超临界干燥法将湿凝胶进行干燥,得到 NC/GAP/CL-20 纳米复合材料含能材料。其中本节所说的 NC/GAP、NC/GAP/CL-20 分别是指由 $w(NC)/w(GAP) = 0.5:0.5$、$w(NC)/w(GAP)/w(CL-20) = 0.33:0.34:0.33$ 所制备的纳米复合含能材料。

图 6.31(a)是 NC/GAP 基体的 SEM 图像。NC/GAP 基体呈现交联网络结构,其粒子尺寸大约为 30nm,且在网络结构中形成了大量的纳米级空隙,为 CL-20 的重新析出提供了位点。图 6.31(b)为 NC/GAP/CL-20 的扫描电镜图。很明显,纳米复合材料的形态与基体的形态不同。纳米复合材料中,交联的网络结构消失,可能是因为 CL-20 颗粒嵌入孔洞中,负载到了 NC/GAP 基体上,占据了基体的纳米孔隙。纳米复合材料的尺寸约为 100nm,比基体尺寸大。这是因为随着 CL-20 颗粒析出量的增加,GAP 颗粒之间的间距逐渐增大,交联

过程中所形成的孔径逐渐增大,因此粒径随孔径的增大而增大。

(a) NC/GAP

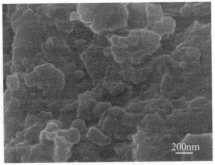
(b) NC/GAP/CL-20

图 6.31　SEM 图

XRD 谱图如图 6.32(a)所示,在 2θ 为 $10°\sim20°$ 和 2θ 为 $25°\sim40°$ 处有明显的晶体衍射峰,对应 CL-20 晶体。根据 Bolton 的研究, $2\theta=13.2°$ 的峰为纳米 CL-20 基体。该峰值的 FWHM 约为 0.1062。根据 Scherrer 公式,得到纳米晶粒度约为 74nm。出现在 $2\theta=20°\sim25°$ 的无定型峰为 NC/GAP 的非晶弥散峰。

FTIR 表征了 NC/GAP/CL-20 纳米复合材料的分子结构和官能团,如图 6.32(b)所示。位于 $2100cm^{-1}$ 处的峰对应 GAP 分子中 $-N_3$ 的伸缩振动; $1580cm^{-1}$ 和 $1284cm^{-1}$ 处的峰分别为 $-N-H$ 键的剪切弯曲振动和 $C-N$ 的伸缩振动, $1740cm^{-1}$ 处的峰是 $C=O$ 的伸缩振动,表明 NC/GAP 中的 $-OH$ 基团与 TDI 中的 $-NCO$ 基团在溶胶-凝胶过程中形成氨基甲酸酯; $2360cm^{-1}$ 处的峰对应 TDI 中的 $-NCO$ 基团,说明纳米复合材料中保留了残余的 TDI; $1390cm^{-1}$ 处的峰反映了 $-NO_2$ 的伸缩振动,是 CL-20 的特征基团;峰值范围为 $1126\sim992cm^{-1}$

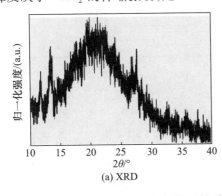
(a) XRD

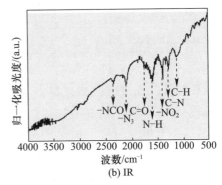
(b) IR

图 6.32　NC/GAP/CL-20 图谱

对应 C-H 的面外弯曲振动。

N_2 吸附试验研究了纳米复合材料的比表面积和多孔性差异,结果如图 6.33 所示。低 p/p_0 区曲线向上凸,表明被吸附物和吸附剂之间具有强亲和力。在较高的 p/p_0 区域,吸附质发生毛细管凝聚,等温线迅速上升。当所有的孔均发生凝聚之后,吸附仅发生在远小于内表面积的外表面上,且曲线趋于平坦。在相对压力接近 1 时,吸附发生在大孔上,曲线上升。由于毛细管凝聚,在该区域中可以观察到滞后现象,即在脱附过程中获得的等温线与吸附过程中获得的等温线不重合,脱附等温线位于吸附等温线的上方,发生脱附滞后,呈现滞后环。这种脱附滞后现象与孔的形状及其大小有关。样品的孔结构参数如表 6.12 所列。可以观察到纳米复合材料的所有参数与 NC/GAP 凝胶相比急剧下降。这归因于 CL-20 纳米颗粒占据了 NC/GAP 基体结构中的孔洞。

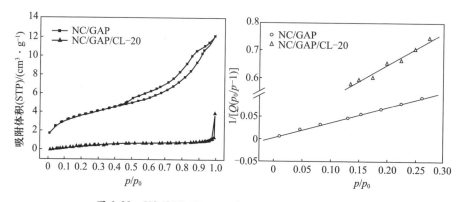

图 6.33 NC/GAP/CL-20 的 N_2 吸附-脱附等温曲线

表 6.12 样品的孔结构参数

样品	比表面积/($m^2 \cdot g^{-1}$)	孔体积/($cm^3 \cdot g^{-1}$)	平均孔径/nm
NC/GAP	290.8	0.4429	61.95
NC/GAP/CL-20	2.7	0.0055	23.21

对纳米复合材料的表面元素进行了 XPS 表征,结果如图 6.34 所示。图 6.34 可以看出,纳米复合材料中出现 3 个明显的峰,分别对应 O、N 和 C 三种元素。O 元素在结合能为 531.5eV、532.9eV 和 534.1eV 处出现了峰,对应 C-O-C、C=O 和 $-NO_2$ 三种基团中的氧原子。N 的 XPS 能谱是由结合能在 400.6eV、401.9eV、404.3eV 和 407.5eV 四个峰叠加而成,分别对应于 $-N_3$、N-NO_2、-NH 和 $-NO_2$。C 的 1s 轨道的电子激发也有三个峰,分别对应结合能为 284.7eV、286.3eV 和 288.5eV 处的 C=O、C-N 和 C-C,这些结果与 NC、GAP

和 CL-20 的分子结构一致。同时,图 6.34 中并没有出现除 C、N、O 以外的其他元素,说明在复合材料的制备过程中并没有引入外来杂质。

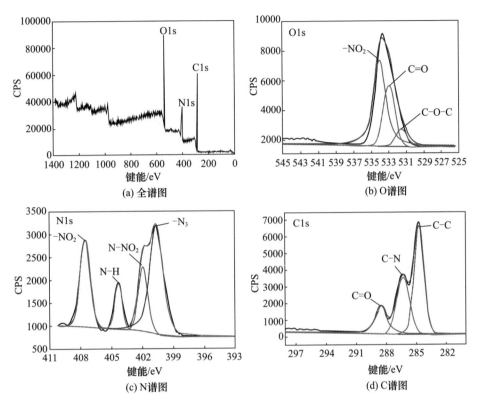

图 6.34 NC/GAP/CL-20 的 XPS 图

6.7.2 NC/GAP/CL-20 纳米复合含能材料的热性能

对 NC/GAP/CL-20 纳米复合材料的热分解性能进行了热分析,其 DSC 曲线如图 6.35 所示。每条曲线都呈现出纳米复合材料分解的两个放热峰。166.9~170.8 ℃ 的峰(分解 i)应归因于 NC/GAP 基体的分解;在 238.1~246.6 ℃ 的峰(分解 ii),归因于 CL-20 的热分解。计算动力学和热力学参数,结果如表 6.13 所列。动力学参数包括活化能 E_k、指前因子 A_k 和速率常数 k。很明显,$\ln(\beta/T_{p2})$ 随 $1/T_p$ 呈线性变化。活化能的大小反映了化学反应发生的难易程度,速率常数 k 直观地反映化学反应的反应速率。分解 i 具有比分解 ii 更低的 E_k 和更高的 k 值。

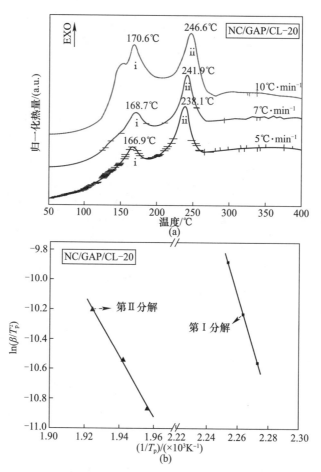

图6.35 NC/GAP/CL-20的DSC曲线及$\ln(\beta/T_p^2)$和$1000/T_p$的关系图

表6.13 NC/GAP/CL-20的热力学参数和动力学参数

样品	$T_p(K)$	热力学参数			动力学参数		
		$\Delta H^{\neq}$(KJ·mol^{-1})	$\Delta G^{\neq}$(KJ·mol^{-1})	$\Delta S^{\neq}$(J·mol^{-1}·K^{-1})	E_k/(KJ·mol^{-1})	$\ln A_k$	k/s^{-1}
分解 i	440.05	292.94	109.40	417.10	296.60	81.02	0.95
	441.85	292.93	108.65	417.06	296.60	81.02	1.32
	443.75	292.91	107.86	417.03	296.60	81.02	1.86
分解 ii	511.25	166.83	131.38	69.34	171.08	39.34	0.40
	515.05	166.80	131.11	69.28	171.08	39.34	0.54
	519.75	166.76	130.79	69.20	171.08	39.34	0.78

6.7.3 NC/GAP/CL-20 纳米复合含能材料的能量性能

分析了 NC/GAP/CL-20 纳米复合材料的能量性能,结果见图 6.36 和表 6.14。标准比冲 I_{sp}、特征速度 C^*、燃烧室温度 T_c、燃烧产物的平均分子量 M_c,以及爆热 Q_p 随着 NC 含量的增加大致呈上升趋势;但热量越高,烧蚀更严重,作为推进剂的添加剂,有必要考虑纳米复合材料的能量性能,选择合适的 NC/GAP/PETN 配比。

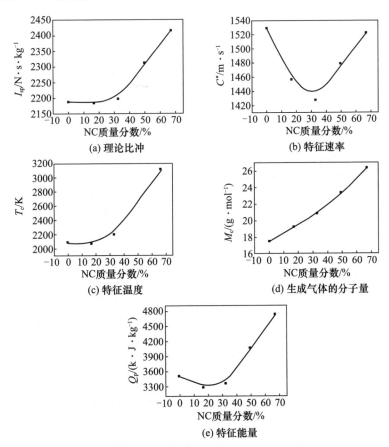

图 6.36 NC/GAP/CL-20 能量参数随 NC 质量分数变化曲线

表 6.14 NC/GAP/CL-20 的能量参数

样品	$I_{sp}/(N\cdot s\cdot kg^{-1})$	$C^*/(m\cdot s^{-1})$	T_c/K	$M_c/(g\cdot mol^{-1})$	$Q_p/(kJ\cdot kg^{-1})$
$NC_{0.67}/CL-20_{0.33}$	2414.7	1522.4	3105	26.29	4719.6
$NC_{0.5}/GAP_{0.17}/CL-20_{0.33}$	2310.8	1477.4	2665	23.31	4065.8

续表

样品	$I_{sp}/(N \cdot s \cdot kg^{-1})$	$C^*/(m \cdot s^{-1})$	T_c/K	$M_c/(g \cdot mol^{-1})$	$Q_p/(kJ \cdot kg^{-1})$
$NC_{0.33}/GAP_{0.34}/CL-20_{0.33}$	2196.2	1427.1	2204	20.85	3342.0
$NC_{0.17}/GAP_{0.5}/CL-20_{0.33}$	2184.4	1456.6	2080	19.14	3282.7
$GAP_{0.67}/CL-20_{0.33}$	2188.3	1528.8	2082	17.47	3498.1

6.7.4 NC/GAP/CL-20 纳米复合含能材料的机械感度

机械感度是表征纳米复合材料的能量性能的参数,即纳米复合材料的安全性。随着复合材料中 GAP 质量分数的增加,NC/GAP/PETN 纳米复合含能材料的撞击感度和摩擦感度都降低,安全性能得到了提高。这意味着 GAP 是一种比 NC 更钝感的材料。在 GAP 分子中,含能基团是 $-N_3$,在 NC 分子中,含能基团是 $-ONO_2$,$C-N_3$ 的键能远高于 $C-ONO_2$ 的键能,$-ONO_2$ 比 $-N_3$ 对撞击和摩擦刺激更敏感,所以 NC 具有比 GAP 更高的机械感度。

6.8 HMX/GAP 纳米复合含能材料

奥克托今(HMX)是现今军事上使用的综合性能最好的炸药,具有八元环的硝胺结构,长期存在于乙酸酐法制得的黑索今(RDX)中,但是直到 1941 年才被发现并分离出来。奥克托今的密度大于黑索今,爆速、爆热都高于黑索今,化学安定性甚至好于梯恩梯,是已知单质炸药中爆炸效果最好的一种,通常用于高威力的导弹战斗部,也用作核武器的起爆装药和固体火箭推进剂的组分。

在典型的溶胶-凝胶过程中,凝胶网络形成,高能粒子被限制在网络内,可以有效地防止再结晶粒子的团聚。HMX 颗粒被限制在凝胶网络中,颗粒尺寸减小到纳米级,制备的 HMX/GAP 纳米复合材料热分解活性增强,冲击敏感性降低。

HMX/GAP 纳米复合含能材料的制备:将 GAP、HMX、HDI 和 DBTDL 在 1.4-丁内酯中完全溶解,放入恒温水浴中形成湿凝胶,湿凝胶经老化得到增强凝胶,最后通过超临界二氧化碳干燥制备 HMX/GAP 纳米复合含能材料,如图 6.37 所示。

图 6.37 HMX/GAP 纳米复合材料制备过程

6.8.1 HMX/GAP 纳米复合含能材料的结构

图 6.38(a)为未添加 HMX 的气凝胶 SEM 图,观察到一个间隙交联的网络结构,在网状结构中形成了大量的多孔结构,说明气凝胶具有较大的表面积。图 6.38(b)为 HMX 原料颗粒图。从图 6.38(c)~(f)可以看出,HMX/GAP 复合材料中的 HMX 颗粒是纳米级的,为 100~500nm。加入 HMX 后,HMX/GAP 纳米复合材料的形貌与 GAP 气凝胶不同。由于 HMX 在间隙骨架中发生再结晶,导致交联网络结构不明显,孔隙数量大大减少。随着 HMX 加入量的增加,颗粒尺寸增大。与 HMX 的原材料相比,由于间隙矩阵的限制,HMX 在 HMX/GAP 中的平均粒径有所下降。

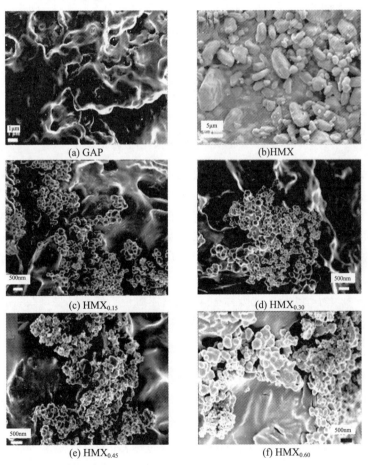

图 6.38　GAP、HMX、HMX/GAP－15%、HMX/GAP－30%、HMX/GAP－45% 和 HMX/GAP－60% 的 SEM 图

从图 6.39 可以观察到气凝胶中出现了一个宽衍射峰,表明气凝胶是无定形的。由于间隙凝胶基质含量较低,在合成的 HMX/GAP 纳米复合材料的衍射图谱中,间隙气凝胶的宽衍射峰消失。合成的 HMX/GAP 纳米复合材料的衍射角与原 HMX 的衍射角相同,然而,衍射峰的强度随着空隙中 HMX 含量的增加而增加,这表明在干燥过程中 HMX 的晶相形成,HMX 颗粒嵌入空隙基质中。

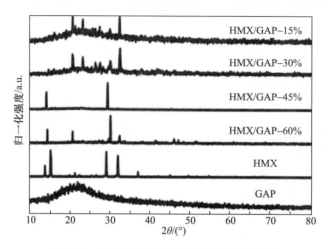

图 6.39 GAP、HMX 和 HMX/GAP 的 XRD 图

HMX/GAP-15% 的比表面积占气凝胶的 37.4%,HMX/GAP-45% 的比表面积占气凝胶的 16.3%。结果表明,随着 HMX 质量比的增大,纳米复合材料的比表面积明显减小。HMX 颗粒重结晶,在凝胶间隙基质中占据一定数量的孔隙,比表面积减小。GAP 气凝胶、HMX/GAP-15% 和 HMX/GAP-45% 纳米复合材料的平均孔径分别为 10.51nm、13.37nm 和 14.59nm,HMX/GAP 纳米复合材料之间的间距远大于 GAP 气凝胶之间的间距,这种现象归因于 HMX 的加入。加入 HMX 粒子后,间隙浓度被稀释,间隙胶体粒子的碰撞活性降低。由于需要收集足够的间隙胶体颗粒形成整体凝胶,因此孔尺寸分布范围较大,随着 HMX 比例的增大,孔尺寸增大。

6.8.2 HMX/GAP 纳米复合含能材料的热性能

通过 DSC 测试,研究了在 20℃/min 下 HMX/GAP 纳米复合材料的热分解特性。图 6.40 为 HMX、GAP 和 HMX/GAP 纳米复合材料的 DSC 曲线。从图 6.40(a)可以看出,HMX 表现出较强的放热峰,开始分解温度约为 282.3℃。同样,纯间隙凝胶也有分解峰,温度约为 220.1℃。HMX/GAP 纳米复合材料的 DTA 曲线如图 6.40(b)所示。与原 HMX 相比,HMX/GAP-60%、HMX/GAP-

45%、HMX/GAP-30%、HMX/GAP-15%的分解温度分别降低了79.8℃、78.0℃、75.8℃和74.7℃。此外,HMX/GAP 纳米复合材料的分解温度低于纯 GAP 气凝胶。可以看出,随着 HMX/GAP 纳米复合材料中 HMX 质量分数的增大,开始分解温度升高。由于间隙矩阵的限制,HMX 粒子在间隙骨架中再结晶,平均晶粒尺寸减小到纳米级。含能材料的热分解特性与颗粒尺寸有关,由于纳米颗粒的尺寸效应和表面效应,HMX/GAP 的热释放速率增大,开始分解温度降低。

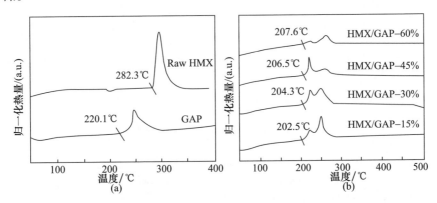

图 6.40　HMX、GAP 和 HMX/GAP 纳米复合材料的 DSC 曲线

参 考 文 献

[1] 程红波,李洪旭,陶博文,等. 纳米含能复合材料的研究进展[J]. 化学推进剂与高分子材料. 2014,12(6):10-14.
[2] 王瑞浩,张景林. 纳米复合含能材料的制备研究[J]. 当代化工研究. 2011,08(6):28-31.
[3] 陈炉洋,唐承志,李忠友,等. 1,3-极环加成反应在叠氮推进剂中的应用[J]. 含能材料,2011,19(4):469-472.
[4] 黄进. 基于 Click 反应的新材料的合成及性能研究[D]. 南京:南京理工大学,2013.
[5] 俞国星,范晓东,张翔宇,等. 高能画体推进剂用黏合剂的研究进展[J]. 中国胶粘剂,2006,15(8):37-41.
[6] 左海丽. GAP 基含能热塑性弹性体研究[D]. 南京:南京理工大学,2011.
[7] 张斌,毛彪旺,王赫,等. 高能复合固体推进剂的研究进展[J]. 材料导报,2009,23(7):17-20.
[8] 徐武,王煌军,刘祥萱,等. 含能黏合剂研究的新进展[J]. 火箭推进,2007,33(2):44-47.
[9] 张君启,张讳,朱慧,等. 固体推进剂用含能黏合剂体系研究进展[J]. 化学推进剂与高分子材料,

2006,4(3):6-7.

[10] VANDENBERG E J. Polyethers containing azidomethyl side chains[P] U. S. Patent 3,645,917. 1972.

[11] 王旭朋,罗运军,郭凯,等. 聚叠氮缩水甘油酸的合成与改性研究进展[J]. 精细化工,2009,26(8): 813-817.

[12] 张立德,牟季美. 纳米材料和纳米结构[M]. 北京:科学出版社,2001.

[13] 赵一搏,罗运军,李晓萌,等. BAMO-GAP三嵌段共聚物的热分解动力学及反应机理[J]. 高分子材料科学与工程,2012,28(11)42-45.

[14] 齐晓飞,付小龙,刘萌. 固体推进剂用黏合剂的改性研究进展[J]. 化工新型材料. 2015,12(1): 2-5.

[15] 邵自强,杨斐霏,王文俊,等. 新一代纤维素基高性能黏合剂的研究和发展[J]. 火炸药学报. 2006, 29(2):55-57.

[16] FRANKEL M B,GRANT L R,FLANAGAN J E. Historical development of glycidyl azide polymer [J]. Journal of Propulsion & Power. 2012,8(3):560-563.

[17] KANTI S A,REDDY S. Review on energetic thermoplastic elastomers(ETPEs) for military science [J]. Propellants Explosives Pyrotechnics. 2013,38(1):14-28.

[18] 胡义文,郑启龙,周伟良,等. GAP-ETPE/NC共混聚合物的制备与性能[J]. 含能材料. 2016,24 (4):331-335.

[19] GUO M,MA Z,HE L,et al. Effect of varied proportion of GAP-ETPE/NC as binder on thermal decomposition behaviors,stability and mechanical properties of nitramine propellants[J]. Journal of Thermal Analysis & Calorimetry. 2017,130(2):909-918.

[20] 李国平,刘梦慧,申连华,等. RDX/GAP纳米复合含能材料的制备及热性能[J]. 火炸药学报. 2015, 37(2):25-29.

[21] ORDZHONIKIDZE O,PIVKINA A,FROLOV Y,et al. Comparative study of HMX and CL-20[J]. Journal of Thermal Analysis & Calorimetry. 2011,105(2):529-534.

[22] SIMPSON R L,URTIEW P A,ORNELLAS D L,et al. CL-20 performance exceeds that of HMX and its sensitivity is moderate[J]. Propellants Explosives Pyrotechnics. 2010,22(5):249-255.

[23] 马婷婷,苟瑞君,李文军,等. CL-20的合成及应用[J]. 山西化工. 2010,30(5):21-24.

[24] TURCOTTE R,VACHON M,KWOK Q S M,et al. Thermal study of HNIW(CL-20)[J]. Thermochimica Acta. 2005,433(1):105-115.

[25] LIU J,JIANG W,YANG Q,et al. Study of nano-nitramine explosives:preparation,sensitivity and application[J]. Defence Technology. 2014,10(2):184-189.

[26] KHOLOD Y,OKOVYTYY S,KURAMSHINA G,et al. An analysis of stable forms of CL-20:A DFT study of conformational transitions, infrared and Raman spectra[J]. Journal of Molecular Structure. 2007, 843 (1):14-25.

[27] TENG C,WEI J,PING D. Facile preparation of 1,3,5,7-tetranitro-1,3,5,7-tetrazocane/glycidylazide polymer energeticnanocomposites with enhanced thermolysisactivity and low impact sensitivity[J]. RSC Adv:2017,7:5957-5965.

内 容 简 介

本书从纳米复合含能材料的定义和性能入手，主要阐述了 5 类性能优良的纳米复合含能材料的设计、制备、结构与性能关系。这 5 类纳米复合含能材料是作者及其研究小组近 20 年的研究成果，分别包括氧化石墨烯基、二氧化硅基、酚醛树脂基、硝化棉基和含能黏合剂基纳米复合含能材料。

本书可供从事含能材料尤其纳米复合含能材料的科研、生产、管理等人员参考，也可作为高等院校从事相关研究工作的教师和研究生的教材和参考书。

Starting from the definition and properties of nanocomposite energetic materials, this book mainly describes the design, preparation, structure, and performance relationship of five kinds of nanocomposite energetic materials with excellent performance. These five kinds of nanocomposite energetic materials, including graphene oxide – based, silica – based, phenolic resin – based, nitrocellulose – based and energetic binder – based nanocomposite energetic materials, are the research results of the author and his research group in recent 20 years.

Book is available for researchers in energetic materials research, production and management, but also as a textbook and reference book universities engaged in research and teaching faculty and graduate students.

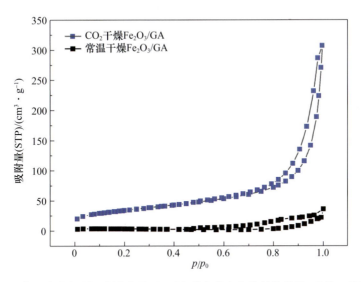

图 2.25　常温干燥和 CO_2 干燥的 Fe_2O_3/GA 纳米复合含能材料的 N_2 吸附 – 脱附曲线

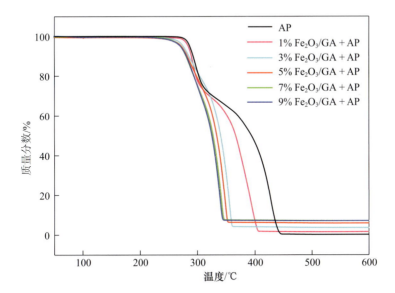

图 2.26　Fe_2O_3/GA 纳米复合含能材料与 AP 共混物的 TG 曲线

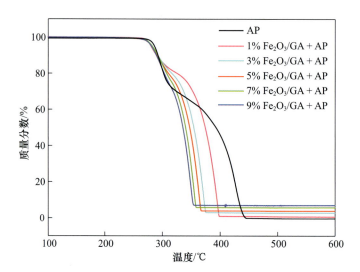

图 2.31 AP 和常温干燥的 Fe_2O_3/GA 纳米复合含能材料与 AP 共混物的 TG 曲线

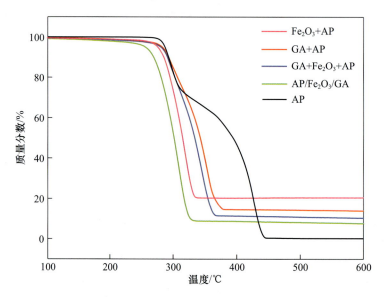

图 2.41 AP、GA + AP、Fe_2O_3 + AP、GA + Fe_2O_3 + AP 和 AP/Fe_2O_3/GA 纳米复合含能材料的 TG 曲线

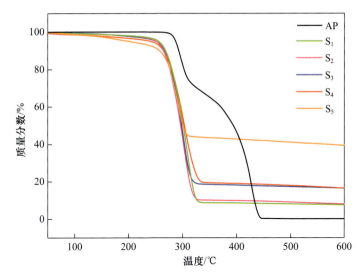

图 2.45 AP 和 AP/Fe$_2$O$_3$/GA 纳米复合含能材料的 TG 曲线

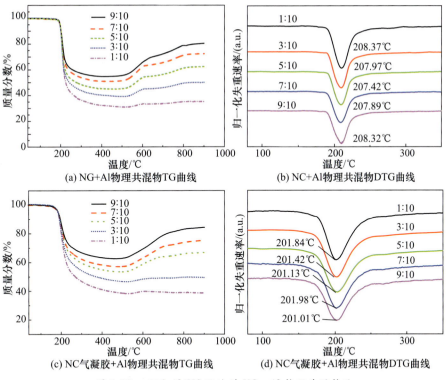

(a) NG+Al 物理共混物 TG 曲线
(b) NC+Al 物理共混物 DTG 曲线
(c) NC 气凝胶+Al 物理共混物 TG 曲线
(d) NC 气凝胶+Al 物理共混物 DTG 曲线

图 5.30 不同 Al/NC 配比的 NC–Al 物理共混物及
NC 气凝胶–Al 物理共混物的 TG 及 DTG 曲线

彩 3